周 期 表

族 周期	1	2	3	4	5	6	7	8	9	10	11	12	13	14	15	16	17	18
1	1 H 1.008																	2 He 4.003
2	3 Li 6.941	4 Be 9.012											5 B 10.81	6 C 12.01	7 N 14.01	8 O 16.00	9 F 19.00	10 Ne 20.18
3	11 Na 22.99	12 Mg 24.31											13 Al 26.98	14 Si 28.09	15 P 30.97	16 S 32.07	17 Cl 35.45	18 Ar 39.95
4	19 K 39.10	20 Ca 40.08	21 Sc 44.96	22 Ti 47.87	23 V 50.94	24 Cr 52.00	25 Mn 54.94	26 Fe 55.85	27 Co 58.93	28 Ni 58.69	29 Cu 63.55	30 Zn 65.38	31 Ga 69.72	32 Ge 72.64	33 As 74.92	34 Se 78.96	35 Br 79.90	36 Kr 83.80
5	37 Rb 85.47	38 Sr 87.62	39 Y 88.91	40 Zr 91.22	41 Nb 92.91	42 Mo 95.96	43 Tc (99)	44 Ru 101.1	45 Rh 102.9	46 Pd 106.4	47 Ag 107.9	48 Cd 112.4	49 In 114.8	50 Sn 118.7	51 Sb 121.8	52 Te 127.6	53 I 126.9	54 Xe 131.3
6	55 Cs 132.9	56 Ba 137.3	57-71 *	72 Hf 178.5	73 Ta 180.9	74 W 183.8	75 Re 186.2	76 Os 190.2	77 Ir 192.2	78 Pt 195.1	79 Au 197.0	80 Hg 200.6	81 Tl 204.4	82 Pb 207.2	83 Bi 209.0	84 Po (210)	85 At (210)	86 Rn (222)
7	87 Fr (223)	88 Ra (226)	89-103 **	104 Rf (267)	105 Db (268)	106 Sg (271)	107 Bh (272)	108 Hs (277)	109 Mt (276)	110 Ds (281)	111 Rg (280)	112 Cn (285)	113 Nh (286)	114 Fl (289)	115 Mc (289)	116 Lv (293)	117 Ts (293)	118 Og (294)

*ランタノイド	57 La 138.9	58 Ce 140.1	59 Pr 140.9	60 Nd 144.2	61 Pm (145)	62 Sm 150.4	63 Eu 152.0	64 Gd 157.3	65 Tb 158.9	66 Dy 162.5	67 Ho 164.9	68 Er 167.3	69 Tm 168.9	70 Yb 173.0	71 Lu 175.0
**アクチノイド	89 Ac (227)	90 Th 232.0	91 Pa 231.0	92 U 238.0	93 Np (237)	94 Pu (239)	95 Am (243)	96 Cm (247)	97 Bk (247)	98 Cf (252)	99 Es (252)	100 Fm (257)	101 Md (258)	102 No (259)	103 Lr (262)

(注) ここに与えた原子量は概略値である。

( )内の値はその元素の既知の最長半減期をもつ一つの同位体の質量数である。

JN028955

新・物質科学ライブラリ＝1

基礎 化学 ［新訂版］

梶原　篤・金折　賢二　共著

サイエンス社

サイエンス社のホームページのご案内
https://www.saiensu.co.jp
ご意見・ご要望は　rikei@saiensu.co.jp　まで.

新訂版まえがき

　基礎化学の出版から 10 年が経過し，今回幸いにも改訂する機会をいただいた．改訂にあたっては，分量を旧版と同じにした上で，高校化学から大学の化学への接続と，2 年次以降の専門課程の化学への橋渡しを意識した．改訂における最も大きな変更は第 1 章で，旧版の原子・分子論に加えて，20 世紀までに成立した熱力学，統計熱力学，分光学について述べて近代化学の流れを簡潔にまとめ，第 2〜10 章との関係を整理した．また，物理，化学の発展に大きな寄与のあった国際単位系（SI 単位）の成立についても第 1 章の最後に記述した．2019 年に SI 単位に大きな変更があり，キログラム原器が廃止され，すべての SI 基本単位が物理化学の重要な定数（プランク定数，電気素量，ボルツマン定数，アボガドロ定数）によって定義されるようになった．SI 基本単位と誘導単位を理解することは，本書の内容を理解する上で重要であるだけでなく，将来においても必要不可欠であり，単位変換を含めて修得してほしい．本書で使用する単位は SI 単位で表現するように努め，標準状態の圧力は $1\,\mathrm{bar}\ (= 10^5\,\mathrm{Pa})$ に変更した．

　第 2〜5 章では，前期量子論について発見の経緯をふまえていくつかの内容を再配列し，図表を変更した．第 6〜10 章では，アトキンス物理化学などの専門課程の教科書へのスムーズな導入を意識して，熱力学第 1，第 2 法則，化学平衡の内容を見直し，10 章の反応速度式の数学的な導出については，付録にまとめた．全体にわたって，例題，演習問題などを修正加筆してあるので，定期試験や大学院入試の勉強に役立ててほしい．

　最後に，改訂にあたって多くのご助言をいただいた京都工芸繊維大学・田嶋邦彦先生，ならびに，改訂作業でご尽力いただいたサイエンス社の田島伸彦氏，鈴木綾子氏，西川遣治氏に心からお礼申し上げます．

　2021 年盛夏

奈良教育大学　　　　　梶原　篤

京都工芸繊維大学　　　金折　賢二

まえがき

　化学は，錬金術の時代を経て，19世紀から20世紀にかけて近代学問として確立した．身の周りの物質世界を理解するのに必須のエネルギー論が19世紀にまとめあげられ，原子・分子のミクロ世界を記述するのに必須の量子論は20世紀初頭に勃興した．いずれもその後の100年のあいだに大きく進展し，その両者をむすぶ統計力学の理解も進んだ．21世紀の現代では，その対象とする世界は，高分子化学をはじめとする材料化学や，生化学へと大きく広がり，医学・薬学・工学・農学の諸分野において化学の本質的な理解が不可欠となってきている．そのため，大学卒業（大学院入学）時において求められる化学の理解はより高いものが期待されてきている．その一方で，近年，大学の理系学部の学生に対してさえ，卒業単位に入らない化学補習授業が必要になりつつある．

　本書は大学学部課程の1年次（全30回の講義）において，化学を学習する際の教科書を意図して構成した．高校から大学へのスムースな化学への導入を意図して，高校で履修した化学 I, II および物理 II を復習しながら，2年次以降に履修する物理化学の基礎的な導入を目的としている．第1章序論のあと，第2〜5章には，主に原子・分子の量子論とそれにかかわる分野を記述し，第6〜10章には，物質の状態変化および化学反応について，熱力学を中心に記述している．基本的には，新・物質科学ライブラリの『基礎物理化学 I および II』の内容をやさしく解説し，大学で初めて学ぶ概念を中心に，必要最低限の内容に絞っている．本書での数学的な記述は，高等学校の履修範囲内となるように心がけ，偏微分表記はなるべく用いないようにした．詳しい説明や式の導出については，『基礎物理化学 I および II』の参照すべき箇所を示しておいた．また，紙面の都合上，無機化学や分析化学の分野については記述が不十分なので，新・物質科学ライブラリの『基礎無機化学』，『基礎分析化学』で補って頂ければ幸いである．単位については，できる限り国際単位系（SI 単位）で表現するように努めたが，従来の慣行と『基礎物理化学』などとの統一性から，大気圧を 1 atm と表記している．

　第 1～5 章は梶原が担当し，第 6～10 章は金折が担当した．本書の執筆にあたり，新・物質科学ライブラリの既刊図書をはじめ，数多くの教科書や関連書物を参考にさせていただいた．ここにそれらの著者と出版社に対して厚く御礼を申し上げる．また，参考にさせていただいた書物は最後に参考書としてそれらを列挙している．本書の内容は，十分に検討して万全を期したつもりだが，著者の浅学非才のために誤りや不備な点があるかと思うので，ご叱責，ご教示いただければ幸いである．

　最後に，本書の執筆を薦めていただき，構成や細かい内容までご助言いただいた京都大学名誉教授山内淳先生，ならびに原稿のやりとりなどで多大なるご尽力，ご配慮をいただいたサイエンス社の田島伸彦氏，鈴木綾子氏に深く感謝いたします．

　　2011 年新春

　　　　　　　　　　　　　　奈良教育大学　　　　梶原　　篤
　　　　　　　　　　　　　　京都工芸繊維大学　　金折　賢二

目　　次

第1章

近代化学の発展と単位系の確立

　古代ギリシアでは，万物は水・空気・火・土の4つの元素からなると考えられていた．その後，中世の錬金術や化学医療によって，物質に関するいくつかの基本的な法則が発見された．19世紀末までに，これらの法則を説明するために原子・分子論が確立したが，その過程には多くの紆余曲折があった．例えば，17～18世紀には，燃焼する物質には燃素という物質が含まれているというフロジストン説が信じられていた．また，19世紀後半まで，熱は，熱素という物質に由来する，というカロリック説や，光の媒体として宇宙空間にはエーテルとよばれる物質が満ちている，というエーテル仮説が信じられており，それらに基づいて物理現象は解釈されていた．この章では，原子，熱，光に焦点をあて，それらの解釈がどのように変化してきたかを概観し，主要な化学法則を学ぶ．1.5節では物理，化学の発展に大きな役割を果たしている国際単位系と単位変換について学ぶ．

1.1　原子論の起源と近代化学の始まり

Empedocles
(490-430BC 頃)

図 1.1　四元素説

Aristoteles
(384-322BC 頃)

Democritos
(460-370BC 頃)

† 原子　atom
ギリシア語の
atomos, 分割で
きない, が起源.

錬金術
alchemy

Paracelsus, T.
(1493-1541, 瑞)

Bacon, F.
(1561-1626, 英)

Torricelli, E.
(1608-1647, 伊)

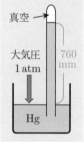

図 1.2　トリチェリ
の真空 (1643)

Boyle, R.
(1627-1691, 英)

ギリシアの物質観　　エンペドクレスが唱えたといわれる四元素説では，万物は火・空気・水・土の四元素からなる．これらの元素の割合の違いによって，いろいろな物質の性質や相互の関係を説明した（図 1.1）．これらの元素は，それぞれ，エネルギー・気体・液体・固体という物質の状態を象徴し，近代のエネルギー論につながるものといえる．アリストテレスは，四元素間の変化の根源をなす第五の元素を加えて，物質観を完成した．

　他方，デモクリトスは物質を細かく分割するという考えに立って，物質は最後にはもはやそれ以上に分割することができない**原子**†からできているとする原子説を提唱した．これは近代原子論の先駆けを成すものであるが，実証的根拠が未熟であったために，物質は連続であると考えていたアリストテレスに否定され，「自然（神）は真空を嫌う」という思想は永く受け入れられた．

錬金術と近代化学の始まり　　原子説は受け入れられなかったものの，アラビアを中心に金を製造する夢（元素の相互変換）を追うことで蓄積された化学技術（**錬金術**）の知識は，物質の性質を実証的に整理するには十分役立った．医療化学を開いたスイスのパラケルススは水銀・硫黄・塩の三元素説を考えていたといわれるが，原子論的思想ではなかった．中世に至り，ギリシア哲人流の演繹的方法ではなく，実験結果に基づいた帰納的方法が重要である，とベーコンが説き，自然研究の方法論が確立していった．トリチェリの真空の実験（図 1.2）から，真空と大気圧の存在が確認され，アリストテレスの物質観に疑義が芽生えた．その後，ボイルの法則（第 6 章）で有名なボイルは四元素説を否定し，1661 年に「懐疑的化学者」を著して原子や元素の存在を示唆したが，気体を構成する元素の発見には至らなかった．

質量保存の法則と原子論

近代化学が成立するまでには越えなければならない大きな問題があった．それは燃焼に関する化学変化である．17~18 世紀を通じて，金属や木材などの燃焼する物質は，**燃素**（フロジストン）をもち，燃焼させるとフロジストンが放出されて灰が残るというフロジストン説が有力であった．金属によっては，燃焼後に質量が増加することが確認されていたが，フロジストンが負の質量をもつためである，と解釈された．

ラヴォアジェは，金属を密封容器中で燃焼させ，燃焼の前後で質量が変化しないことを確かめ，**質量保存の法則**を見出した．また，燃焼で増量した金属化合物から，もとの純粋な金属をえることに成功し，燃焼（酸化）に伴う元素を「純粋な空気」あるいは酸素と名づけて，フロジストン説を否定した．化学反応前の物質の質量の和は反応後の生成物質の質量の和に等しい，と一般化された質量保存の法則は，化学変化を定量的に記述する基本的な法則となった．ラヴォアジェは現在でも認められている 23 種の**元素**を含む 33 種の元素を著書で挙げている[†]．

プルーストは数多くの金属酸化物を分析して，化合する物質間の量的関係を系統的に調べ，1799 年に化合物中の構成元素の質量比は常に一定である，という**定比例の法則**を発表した．1802 年にはドルトンが，2 種の元素からできる 2 種以上の化合物について構成元素の質量比を調べ，それが簡単な整数比になることを発見した（**倍数比例の法則**）．ドルトンはこれに先立ち，分圧の法則（7.2 節）を報告して，気体を構成している粒子についての考察を進めており，構成元素の質量比が整数になることは，1808 年の**原子論**の発表へとつながった．

燃素
phlogiston

Lavoisier, A.
(1743-1794, 仏)

質量保存の法則
law of conservation of mass

元素
element

[†]「化学原論」
（1789 年）

Proust, J.
(1754-1826, 仏)

定比例の法則
law of definite proportions

Dalton, J.
(1766-1844, 英)

倍数比例の法則
law of multiple proportions

原子論
atomic theory

例題 1 CO と CO_2 について倍数比例の法則を説明せよ．

解 12 g の C と化合する O の質量は，CO では 16 g，CO_2 では 32 g であり，それらの質量比は 1：2 の簡単な整数比となる．

1.2　原子論と分子説

ドルトンの原子論　　ドルトンは定比例および倍数比例の法則を基礎に**原子量**[†1]を求めて原子論を発表した．
「単体はそれぞれ物質に固有の原子から構成され，化合物はこれらの単体原子が結合して構成されている.」

†1 原子量
atomic weight
当初，一番軽い H を 1 として他の原子の相対質量を決めた．

化学反応においては，原子と原子の結合が変化するだけであり，原子は消滅したり，生成したりしないと述べた．原子を記号で表して（図 1.3），それらを結合させて**分子**を表したが，分子中の原子数の比は必ずしも正確ではなく[†2]，報告した原子量にも誤りが多かった．

分子
molecule

†2 二原子分子は 1 個の記号で，水は OH，アンモニアは NH の形で表されていた．(図 1.3)

ドルトンの原子論と同じ 1808 年にゲイ–リュサックは，
「気体反応における物質の体積比は整数比をなす」
という**気体反応の法則**を発表した．気体が同温・同圧・同体積において同数の“原子”を含む原子論では，化合物をつくるときに“原子”が分割されることになる（例題 2 参照）ため，原子論と気体反応の法則は対立した．

Gay-Lussac, J. L.
(1778-1850, 仏)

気体反応の法則
law of combining volumes

アボガドロの仮説　　原子論と気体反応の法則の矛盾を解くために，1811 年にアボガドロは，気体は最小粒子の分子からできており，同温・同圧・同体積の気体中には同数の分子を含み，水素分子や酸素分子は半分に分割できる，という仮説を発表した．当時は電気化学的二元論[†3]が主流で，H_2 や O_2 などの等核二原子分子は存在できないとされていたため，仮説は広まらなかった．

Avogadro, A.
(1776-1856, 伊)

†3 正負の電荷の引力によって原子間の結合が形成されるという考え．ベルセリウスが提唱した．

Berzelius, J. J.
(1779-1848, スウェーデン)
原子量をかなり正確に決定し，原子記号をアルファベットで表した．

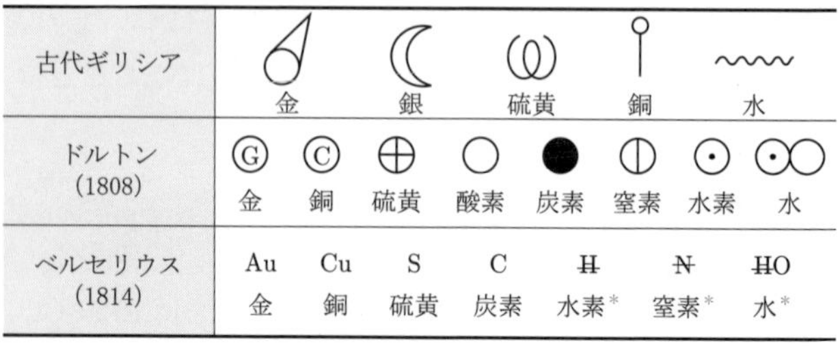
古代ギリシア
金
銀
硫黄
銅
水
ドルトン (1808)
G
C
金
銅
硫黄
酸素
炭素
窒素
水素
水
ベルセリウス (1814)
Au
Cu
S
C
H
N
HO
金
銅
硫黄
炭素
水素*
窒素*
水*

図 1.3　元素記号の変遷

* 横線は複合原子を表す．

原子・分子の実在的認識　　ドルトンの原子論以降，化学者の間では次第に原子・分子が実在的なものであるとの考えが広まった．1860 年に世界で初めての化学の国際会議がカールスルーエで開かれた．ブンゼン，ケクレ，メンデレーエフ，カニツァロなど 140 人が集まり，原子と分子の概念に関する問題，化学記号や原子量の決め方の問題などについて話し合われた．

　この会議で，カニツァロは，50 年前のアボガドロの仮説を取りあげ，分子の概念（原子の集合体）から気体反応の法則を説明すべきで，気体について等核二原子分子の存在を認めるべきだと主張した[†1]．電気化学的二元論は，多くの例外が報告されて破綻しており，アボガドロの仮説は**アボガドロの法則**となった．会議では原子量の数値が統一され，他の原子と化合物をつくりやすい酸素 O を 16 として基準としたが，1900 年代に同位体が発見されたため，現在では $^{12}C = 12$ が基準になっている[†2]．

元素の周期律　　メンデレーエフは，元素を原子量の順に並べると，性質のよく似た元素が一定の間隔で周期的に現れることを指摘した（1869 年）．原子量の順が原子価と一致しない元素[†3] は順番を変え，当時発見されていない元素[†4] は「?」にして存在を予言した．予言した元素が発見されて**周期律**は広く認められ，1890 年代にラムゼーが貴ガスを次々に発見して現在の形になった（2.9 節）．

Karlsruhe
ドイツ南部の都市

Bunsen, R.
(1811-1899, 独)

Kekule, A.
(1829-1896, 独)

Mendelejev, D.I.
(1834-1907, 露)

Cannizzaro, S.
(1826-1910, 伊)

[†1] 共有結合による等核二原子分子の安定性が解明されるのは量子力学が完成する 1920 年代である（第 3 章）．

アボガドロの法則
Avogadro's law

[†2] 原子量の定義
^{12}C 原子 1 個の質量に対する比の 12 倍．p.19 参照

周期律
periodic rule

[†3] Te, I

[†4] Ga, Ge, Sc

Ramsay, W.
(1852-1916, 英)

例題 2　　ドルトンの考え方では気体反応が矛盾することを示し，アボガドロの考え方と比較して図に描け．

解

	容積比	2	:	1	:	2
ドルトンの考え方		水素2原子	酸素1原子			水2原子
アボガドロの考え方		水素2分子	酸素1分子			水2分子

1.3　熱力学の成立と原子論との融合

カロリック説　　火は四大元素（1.1 節）のうちの 1 つに
あげられ，元素だと考えられていた．1600 年代に熱とは
何か，という議論が広がり，熱物質説と熱運動説の 2 つ
が唱えられた．ベーコン，ボイル，フックらが熱運動説
を唱えたが，その後，燃素を想定するフロジストン説が
流布するようになると，熱物質説が有力となった．18 世
紀末に，質量保存の法則と空気中の酸素を発見して，燃
素を否定したラヴォアジェであったが，熱については物
質説の立場をとり，熱とは熱素（**カロリック**）と呼ばれる
物質で，その量は保存されるという熱量保存則を唱えた．
ラヴォアジェと同時期にランフォード伯は，大砲の砲身を
削る過程で大量の熱が発生するにもかかわらず，くりぬ
いた砲身の金属の物性は変化しないことからカロリック
説を否定して熱運動説を唱えた．カロリック説では説明
できない実験結果もあったが，ドルトンもゲイ–リュサッ
クもカロリック説に立脚して気体反応を考察し，熱力学
第二法則につながる思考実験であるカルノーサイクル[†]
（1824 年）もカロリック説で解釈された．

熱力学の成立　　1840 年代にマイヤー，ジュール，ヘル
ムホルツが熱と仕事は等価であることを示し，熱は運動
エネルギーに，逆に，運動エネルギーは熱に変わりうる
ことを示した．ジュールは，数多くの実験を元に，熱の**仕
事当量**を算出し，エネルギー保存則である熱力学第一法
則が確立した（8.1 節）．熱力学の法則が確立すると，カ
ロリック説の熱量保存則はその根拠を失ってカロリック
説は衰退した．1865 年にはクラウジウスが熱力学第一法
則を定式化し，さらに，カルノーサイクルを数学的に解
析して，熱移動の方向性を決める熱力学第二法則と**エン
トロピー**の概念を発見した（9.3 節）．熱力学の成立と原
子・分子の存在認識が統計熱力学へと発展した．

熱力学
thermodynamics

Hooke, R.
(1635-1703, 英)

熱素
caloric

Rumford
(Thompson, B.)
(1753-1814, 英)

Carnot, N. L. S.
(1796-1832, 仏)

[†] 最大効率を与える仮想的な熱機関．

Mayer, J. R.
(1814-1878, 独)

Joule, J. P.
(1818-1889, 英)

Helmholtz, H.
(1821-1894, 独)

仕事当量
Mechanical
equivalent of
heat
$4.1855\,\mathrm{J\,cal^{-1}}$

Clausius, R.
(1822-1888, 独)

エントロピー
entropy

統計熱力学の成立　　気体分子運動論（6.1 節）から，気体は分子から構成されており，それらは絶えず無秩序に運動し，マクロな気体の性質はその統計的結果であることが示される．原子論や気体反応の法則が発見されるかなり前の 1738 年に，スイスのベルヌーイが気体の圧力は壁への気体分子の衝突によって生ずることを示して，ボイルの法則を説明した．1807 年にヤングはエネルギーという言葉を「仕事をする能力」と定義したが，熱の解釈については，原子論よりもエネルギー論が支配的であった．その後，原子・分子論が認められた 1860 年に，19 世紀の天才マクスウェルが机上で気体分子の速度分布関数を求め，それをボルツマンが一般化した（マクスウェル–ボルツマン分布，6.1 節）．ボルツマンはさらに，熱力学第二法則のエントロピー S と，原子・分子の微視的状態数 W との間の関係式（ボルツマンの関係式）

$$S = k \log_e W$$

を 1877 年に発表し，エントロピーを統計的に解釈した．比例定数 k は後にボルツマン定数（1.5 節）と名付けられた．同時期に米国のギブスは，アンサンブル（集合）と化学ポテンシャルの概念（6.3 節）を作りだし，相平衡，相律（6.2 節），化学平衡（9.4 節）などを統計熱力学で解釈して，原子・分子論で物理化学現象を説明した．統計熱力学は，多くの物理学者に大きな影響を与え，1900 年代の量子力学誕生の基盤となった（2.1 節）．

　　マッハやオストワルドは，原子・分子という概念を持ち込まずに，直接的に測定できる物理量とエネルギーの概念だけで説明可能であると主張し，原子論の立場に立つボルツマンと論争した．しかし，液体中に懸濁する微粒子の不規則な運動（ブラウン運動）を液体分子の衝突から説明する理論が 20 世紀の天才アインシュタインによって 1905 年に提出され，1910 年代にペランによって実験的に証明されて，この論争にも終止符が打たれた．

統計熱力学
statistical
thermodynamics

Bernoulli, D.
(1700-1782, 瑞)

Young, T.
(1773-1829, 英)

Maxwell, J. C.
(1831-1879, 英)
電磁気学も確立
（1864 年）

Boltzmann, L.E.
(1844-1906, 墺)

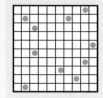

図 1.4　微視的状態
100 マスに 10 個の粒子の W は
1.7×10^{13}

Gibbs, J. W.
(1839-1903, 米)

Mach, E.
(1838-1916, 墺)

Ostwald, W.
(1853-1932, 独)

Brown, R.
(1773-1858, 英)

Einstein, A.
(1879-1955, 独)

Perrin, J.
(1870-1942, 仏)
アボガドロ定数を正確に決めたことでも有名．

1.4 光と物質の相互作用

光の粒子説と波動説　　17 世紀の中ごろ，ニュートンは白色光をプリズムで分け，白色光が混合色であるとして色と光の関係について言及し，光の直進性から光は粒子であると唱えた．18 世紀では光の粒子説が主流であったが，1800 年頃にヤングは，光源からの光を平行な 2 つのスリットを通すと衝立上に干渉縞が生じることを示し（図 1.5），光が波動であることを主張した．そのため 19 世紀において光は波であるという波動説が有力となった．

　太陽光をプリズムに通すと，虹のように色が連続的に切れ目なく変化する連続スペクトルが観測される．19 世紀前半に，太陽光の可視光スペクトルの中に複数の暗線（フラウンホーファー線，図 1.6）が存在することが報告され，回折格子を使って主要な暗線について**波長**が測定された．キルヒホフやブンゼンによって，暗線は太陽の表面にある水素，ナトリウム，鉄などの元素による太陽光の**吸収**が原因であることが示された．水素原子の輝線の波長の考察は前期量子論（2.2 節）へと発展した．

図 1.5　ヤングの干渉実験

Newton, I.
(1642-1727, 英)

Fraunhofer, J.
(1787-1826, 独)

波長
wavelength

Kirchhoff, G.
(1824-1887, 独)

吸収
absorption

図 1.6　フラウンホーファー線とナトリウムの輝線スペクトル[†]

[†]Na の輝線は近接した 2 本線からなる．

物質の光吸収の定量的考察　　1850 年代には物質と光の相互作用についての定量的理解が進み，「測定試料に当てた光の**透過率** T は，光を吸収する試料の濃度 c と光路長 l に対して指数関数的に減衰する」という**ランベルト–ベールの法則**が確立した．透過率の逆数の常用対数を**吸光度** A $(= -\log_{10} T)$ とすると $A = \varepsilon c l$ と表される．ここで，ε は**吸光係数**とよばれる測定試料に依存する比例定数である．

Lambert, J. H.
(1728-1777, 独)

Beer, A.
(1825-1863, 独)

透過率
transmittance

吸光度
absorbance

吸光係数
absorption
coefficient

エーテル説と光速不変の原理　　真空中は媒体がないので波が進めないと考えられたので，宇宙空間は**エーテル**で満たされ光はその中を進む，というエーテル説が唱えられた．マクスウェルもエーテル説を信じていたが，自身が確立した電磁気学に基づき，**電磁波**とは

「直交する電場と磁場の横波で，その速さ c は一定[†1]」

であると予言した（1864 年）．電磁波の速さは，フィゾーやフーコーによって当時観測されていた光速度（約 $3 \times 10^8 \, \mathrm{m\,s^{-1}}$）と一致したため，光は電磁波であることが強く示唆された．

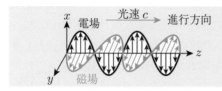

図 1.7　電磁波の進行方向（z 軸）と電場と磁場

　19 世紀の半ばにはエーテルの存在を検証するために様々な実験が行われた．マイケルソンとモーリーは，地球の運動によるエーテルの流れが光速に及ぼす影響を干渉計で精確に求める実験を行った（1887 年）．しかし，エーテルの存在は確認できず，光速は常に一定値を示したため，エーテル説に疑義が生じた．1905 年にアインシュタインは，真空中の光速不変の原理と相対論から**特殊相対性理論**を構築して，エーテル説は否定された．アインシュタインは，同じ年に光電効果を例にとって，光が粒子であるという**光量子仮説**（2.1 節）を発表して学会を驚かせ，論議が続くことになった．

> **例題 3**　吸光度 $A = 1$ の試料は入射光の何％が吸収されるか，また試料濃度を 2 倍にしたとき何％が吸収されるか．

解　$A = 1$ のとき透過率 $T = 10^{-1} = 10\%$ なので入射光の 90％が吸収される．濃度を 2 倍にすると $T = 10^{-2} = 1\%$ で，99％の入射光が吸収される[†2]．

エーテル
aether

電磁波
electromagnetic
wave

[†1] $c = \frac{1}{\sqrt{\varepsilon_0 \mu_0}}$

電気定数 ε_0
$8.854 \times 10^{-12} \, \mathrm{F\,m^{-1}}$

磁気定数 μ_0
$1.2566 \times 10^{-6} \, \mathrm{N\,A^{-2}}$

Fizeau, A.
(1819-1896, 仏)

Foucault, L.
(1819-1868, 仏)

Michelson, A.
(1852-1931, 米)

Morley, E.
(1838-1923, 米)

特殊相対性理論
special
relativity

光量子仮説
light-quantum
hypothesis

[†2] $A = 0$ のとき
$T = 10^0 = 100\%$
である．

1.5　国際単位系（SI）

SI 単位　　18 世紀末にフランスの主導でメートル法[†1]ができ, 長さを決めて, 度量衡（面積, 体積, 質量）を世界的に統一する動きが生じた. 様々な単位系が作られたが, m, kg, s, A を基本単位とする MKSA 単位系が発展して**国際単位系**（SI）が標準となった（付録1）. SI では物理量を 7 つの基本単位（m, kg, s, A, K, mol, cd）で表現し, それぞれの**次元**を記号 L, M, T, I, Θ, N, J で表す.

　　1983 年に真空における光速度 c が定義値とされ, 1 m は c と秒の定義から決まる数値に変更された[†2]. 2019 年に SI の基本単位の定義が大きく改訂され, 人工物で, その質量自体が変化するキログラム原器が廃止された[†3]. 質量の単位 kg は, 量子力学の最重要な定数であるプランク定数 h（2.1 節）を

$$h = 6.62607015 \times 10^{-34}\,\mathrm{J\,s}\ (= \mathrm{s^{-1}\,m^2\,kg})$$

と定義し, これと, 秒とメートルの定義を使って決められるようになった. また, 電気素量 e, ボルツマン定数 k, アボガドロ定数 N_A といった科学の重要な定数が定義定数となり, これらの数値だけを使って基本単位は定義される（図 1.8）. 1 A は電気素量 e の（$10^{19}/1.602176634$）倍の電気量（1 C）が 1 s 間流れたときの電流の大きさで, e の定義値と秒の定義から決まる. 水の三重点（6.2 節）で決まっていた温度の単位 K は, ボルツマン定数

$$k = 1.380649 \times 10^{-23}\,\mathrm{J\,K^{-1}}\ (= \mathrm{s^{-2}\,m^2\,kg\,K^{-1}})$$

と, s, m, kg の定義を使用して決定される. 物質量の単位の mol は, 以前は, ^{12}C のモル質量を正確に $12\,\mathrm{g\,mol^{-1}}$ とすることで決まっていたが, 新しい mol の定義では, ^{12}C のモル質量と関係がなくなり, アボガドロ定数 N_A の数値 $6.02214076 \times 10^{23}$ 個の粒子を含むことが定義となった. そのため, ^{12}C のモル質量は不確かさをもつ[†4].

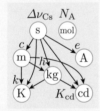

SI 誘導単位と単位換算　　力の単位 N や圧力 Pa，エネルギー J などのように，SI の基本単位を組み合わせて作る単位を **SI 誘導単位**（付録1，付表4）という．誘導単位は基本単位のべき乗の積に変換できる．N は運動方程式 $F = ma$ を使って $N = m\,kg\,s^{-2}$ と変換される[†1]．同様に

$$Pa = N/m^2 = m^{-1}\,kg\,s^{-2}, \quad J = N\,m = m^2\,kg\,s^{-2}$$

となる．体積の単位 L やエネルギー eV（電子ボルト，エレクトロンボルト）などは，SI 誘導単位ではないが，SI 単位と併用してもよい**非 SI 単位**である．

> **例題 4**　電気定数 ε_0（単位 $F\,m^{-1}$）を次元解析せよ．

解　　1 F（ファラッド）は，1 V の電圧をかけたときに 1 C の電気量をためることができる静電容量で $C = F\,V$ である．1 C の電荷を 1 V の電圧の中で動かすのに必要な仕事が 1 J である関係（$C\,V = J$）から $F\,m^{-1} = C^2\,J^{-1}\,m^{-1}$ となる．$C = A\,s$ と $J = m^2\,kg\,s^{-2}$ を代入して，SI 基本単位で表すと，

$$F\,m^{-1} = (A\,s)^2 (m^2\,kg\,s^{-2})^{-1} m^{-1} = m^{-3}\,kg^{-1}\,s^4\,A^2$$

となる．次元解析では，$[\varepsilon_0] = L^{-3}\,M^{-1}\,T^4\,I^2$ と表記される．

> **例題 5**　気体定数 R を $L\,atm\,K^{-1}\,mol^{-1}$ で表せ[†2]．ただし，1 atm は，正確に $1.01325 \times 10^5\,Pa$ である[†3]．

解　　単位を変換する方法は，単位自身を方程式の中の定数のように扱い，数値との間に乗算が入っているとして，一次方程式を機械的に解く．SI 接頭語を 10 のべき乗で記述して指数は指数だけで計算する．非 SI 単位を基本単位や誘導単位へ変換すると両辺の単位は必ず同じになるので消去できる．ここでは数値と単位の間にも乗算を表す記号（·）を入れて計算してみよう．

$$R = y \cdot L \cdot atm \cdot K^{-1} \cdot mol^{-1} = 8.31446 \cdot J \cdot K^{-1} \cdot mol^{-1}$$

とおき，両辺に共通の $K^{-1} \cdot mol^{-1}$ を消去する．

$$y \cdot dm^3 \cdot 1.01325 \times 10^5 \cdot Pa = 8.31446 \cdot J$$

Pa と J を N を使って表記し，$dm = 10^{-1} \cdot m$ を代入すると

$$y \cdot (10^{-1} \cdot m)^3 \cdot 1.01325 \times 10^5 \cdot N \cdot m^{-2} = 8.31446 \cdot N \cdot m$$

$$y \cdot 1.01325 \times 10^2 = 8.31446 \rightarrow y = 8.2057 \times 10^{-2}$$

よって，$R = 8.2057 \times 10^{-2} L\,atm\,K^{-1}\,mol^{-1}$ となる．

SI 誘導単位
（SI 組立単位）
SI derived unit

[†1] F の次元解析
$[F] = L\,M\,T^{-2}$

電子ボルト
electron volt

$1\,eV =$
$1.602176634 \times$
$10^{-19}\,J$

非 SI 単位
Non-SI units

指数計算の公式
$10^a \cdot 10^b = 10^{a+b}$
$(10^a)^b = 10^{ab}$

[†2] $R = k N_A$
不確かさのない物理定数である．

[†3] 1 atm は標準大気圧で以前は標準状態の圧力であった．国際純正·応用化学連合（IUPAC）が人為的な数値

$1\,bar = 10^5\,Pa$

を標準状態として推奨しており，本書でも標準状態を 1 bar とする．

$1\,atm \fallingdotseq 1\,bar$

である．

SI 接頭語
SI prefix
（付録 1 付表 2）

演 習 問 題
第 1 章

1　フロジストン説，カロリック説，エーテル説それぞれについて説明し，どのようにして否定されたかを述べよ.

2　酸化銅について定比例の法則を説明せよ. また, $100\,\mathrm{g}$ の酸化銅からえられる銅の質量はいくらか.

3　窒素の酸化物（一酸化窒素と二酸化窒素）について倍数比例の法則を説明せよ.

4　周期表の中で原子量が原子番号の順にならない例を挙げて理由を説明せよ.

5　$1\,\mathrm{cal}$ は，質量 $1\,\mathrm{g}$ の水の温度を $1^\circ\mathrm{C}$ 上昇させる熱量である. これと等しい仕事は，重力に逆らって質量 $1\,\mathrm{kg}$ の物質を何 cm 引き上げる仕事に等しいか. 仕事当量を $4.2\,\mathrm{J\,cal^{-1}}$，重力加速度を $9.8\,\mathrm{m\,s^{-2}}$ とせよ.

6　以下の括弧の中に入る適切な単語を答えよ.
　　熱力学第一法則は（ア）保存の法則とよばれ，熱力学第二法則は（イ）増大の法則とよばれる.

$c = \nu\lambda$
p.20 参照

7　光を波と考えると，光速度 c，光の振動数 ν，波長 λ との間には，$c = \nu\lambda$ の関係が成立する. 波長によって光の呼び名は異なっている. ア〜エに当てはまる光の名称を答えよ.

波長（nm）

300	400	500	600	700	800	

紫藍青　緑黄　橙　　　　赤
可視光

γ 線	ア	イ	ウ	マイクロ波	エ	長波
10^{-12}	10^{-9}	10^{-6}	10^{-3}	10^{0}	10^{3}	

波長（m）

8　透過率 $50\,\%$ のときの吸光度を求めよ.

ε_0 と μ_0 は 2019 年以前は定義値であったが，現在は不確かさをもつ物理定数である.

9　電気定数 ε_0 と磁気定数 μ_0 を使って $1/\sqrt{\varepsilon_0\mu_0}$ を次元解析して，光速度の値を有効数字 4 桁で答えよ.

10　トリチェリの実験（図 **1.2**）において $760\,\mathrm{mm}$ の高さの水銀柱が及ぼす圧力（$760\,\mathrm{mmHg}$）は何 Pa か求めよ. ただし，水銀の密度は $13.5951\,\mathrm{g\,cm^{-3}}$，重力加速度を $9.80665\,\mathrm{m\,s^{-2}}$（定義値）を用いよ.

第2章

原子の構造と原子軌道

　19世紀はじめ頃までの研究で，科学者たちはこれ以上分割できないものまでたどり着いたと考えて，それを原子（atom）と名付けた．しかしその後に行われたいろいろな実験によって原子を構成するさらに小さなものが見つかるようになってきた．原子の構造の研究は電子，陽子，中性子の発見につながり，そこから電子のエネルギー状態や電子軌道の考え方が導き出された．その結果は新しい「量子力学」という考え方を導入することによってえられた．それによって，それまで経験的に解釈されてきた化学反応や物質の性質が理論的に説明できるようになってきた．

　この章では古典的な原子のイメージから抜け出して，ミクロの世界の原子や電子のイメージをもってもらえるように説明したい．

■ 2.1　歴史的な経緯

電子の発見　　雷のような自然界で起こる放電現象や現代の都市の夜を彩るネオンサイン，現代生活に欠くことのできない明りである蛍光灯，これらはいずれも気体に高電圧をかけることによって生じる放電現象である．特に希薄な気体による放電では気体特有の色を発することが知られていて，「真空放電」とよばれている．19 世紀の終わり頃のヨーロッパの科学者はこのような放電現象について興味をもって研究をしていた．その研究からえられた結果が原子の内部構造を解き明かす手掛かりを与えることとなった．

　　1890 年代にトムソンは**陰極線**の研究を行っていた．真空放電の際に陰極から一種の放射線（陰極線）が発生し，それがあたるとガラス面に蛍光が現れることを見出した．さらにその陰極線は電圧をかけるとプラス側に曲がることから負の電荷をもっていると推測された（図 2.1(b)）．トムソンは陰極線の中の気体，陰極の物質，電場，磁場などいろいろな条件を変えて実験し，実験結果をもとに陰極線から出ている粒子と思われるものの速度や質量/電荷比を求め，その結果から陰極線が「たった 1 種類の粒子からなり，決まった質量と電荷をもち，粒子を放出する陰極の物質には無関係である」という結論をえた（図 2.1）．トムソンの実験から 10 年ほどたつと陰極線から発生する基本粒子が実在するという考え方は広く受け入れられるようになり，各国の物理学者がトムソンの見出した粒子を**電子**とよぶようになった[†]．その後しばらくして，電子 1 つのもつ電荷はミリカンによって実験的に測定された（1917 年）．

　　これらのことからトムソンが見出した電子は決まった大きさの質量と電荷をもち，電磁場の中ではニュートンの運動法則に従う荷電粒子としてふるまうとされた．

Thomson, J. J.
(1856-1940, 英)

陰極線
cathode rays

電子
electron

電子の質量
$9.1093836 \times 10^{-31}$ kg

電子の電荷
$-1.602176634 \times 10^{-19}$ C
現在では定義値
（p.11 参照）

[†] 後に，電子は波の性質ももつことが明らかになった（p.28）．

Millikan, R. A.
(1868-1953, 米)

Newton, I.
p.8

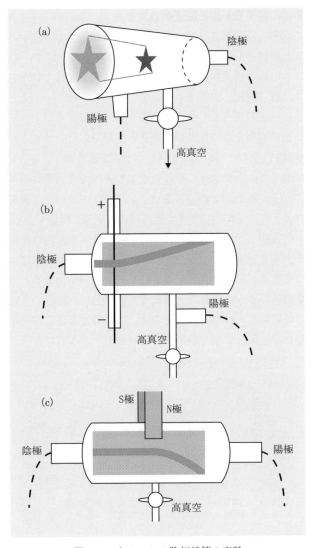

電子の実在はその質量と素電荷を測定することにより最終的に確定された．トムソンは実験により比電荷 e/m を測定した．素電荷はミリカンの油滴の実験などによって測定された（『基礎化学演習』p.6）．素電荷が決まると比電荷から質量も求められた．

図 2.1　　トムソンの陰極線管の実験

(a)　陰極線の道筋に物体を置くと影ができる
(b)　放電管に垂直に電圧を加えると曲がる
(c)　磁石を近づけて磁場を加えると曲がる

初期の原子モデルと原子核の大きさ　　電子が発見され
て以来，原子はさらに分割できる内部構造をもっている
ことが明らかになり，それがどのようなものかについて，
いろいろな模型が考えられた．原子は電気的に中性なの
で，負に帯電した電子を含んでいることがわかったこと
から，正の電荷をもつ別の粒子があると考えられた．そ
の正の電荷をもつ部分がどのような形をしているのかが
問題で，主に 2 つの模型が考案され，議論された．電子を
見出したトムソンは，正に帯電した連続的な組織体の中
に電子が埋め込まれている（ブドウパンの中の干し葡萄
のように原子の中に電子が散らばっている）模型を 1903
年に提唱した（図 2.2(a)）．同じ頃，長岡半太郎は土星
モデルを提案した（図 2.2(b)）．正電荷をもつ球のまわ
りを電子がリング状に配置されて回っている，土星と土
星の輪のような関係だと考えた．数学的に可能という点
ではどちらの模型も同等なので，実際の姿を明らかにす
るには実験によるしか方法がなかった．

長岡半太郎
(1865-1950)

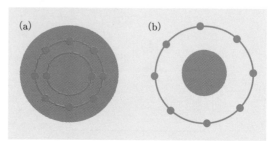

図 2.2　　ブドウパンモデル (a) と土星モデル (b)
灰色丸は正電荷，青色丸は電子を表している．

ラザフォードの弟子であったガイガーとマースデンは
ラジウムから発生する α 線（α 粒子）を金箔にあて，透
過したり反射したりする α 線を周囲に張り巡らせた硫化
亜鉛を塗った板を検知器として検出する実験（図 2.3）を
行った（1909 年）．硫化亜鉛はたった 1 個の α 線があ
たっても蛍光を発する．

Rutherford, E.
(1871-1937，英)
Geiger, H.
(1882-1945，独)
Marsden, E.
(1889-1970，英)

α 線は正電荷を帯びているが（参考），ラジウムから発生した α 線はほぼすべて金箔をそのまま突き抜けた．いくつかの α 線は金箔を通過すると少し曲がった．そして，ごくわずかの α 線はほぼ真後ろへと反射した．

　この結果からラザフォードは，金の原子の内部はすかすかで，原子の正電荷は狭い領域に集まっていると考えた．その大きさは，金の密度から計算した金原子の大きさの約 10000 分の 1 であった．非常に小さな 1 点に正電荷と質量が集中し，負電荷をもつ電子は雲のように原子全体を覆っていることが示唆された．図 **2.2(b)** の長岡の模型の正電荷が集まる灰色丸の部分が非常に小さいことを見出したのがラザフォードである．ラザフォードは質量の集中する 1 点を**原子核**とよんでいた．その後の実験で，原子核を構成する**陽子**と**中性子**が見出された．しかし，このモデルでは，負に帯電して回転運動している電子が，正に帯電した陽子に吸収されずに運動し続ける理由は説明できなかった．

ラザフォードがどのようにして原子核の大きさを推定したのかについては「基礎化学演習」p.9 問題 2.4 参照.

原子核
atomic nucleus

陽子
proton
陽子の質量
$m_{\mathrm{p}} = 1.672626190$
　　$\times 10^{-27}\,\mathrm{kg}$

中性子
neutron
中性子の質量
$m_{\mathrm{n}} = 1.67492797$
　　$\times 10^{-27}\,\mathrm{kg}$

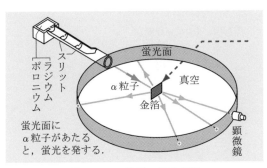

図 2.3　α 粒子の散乱実験

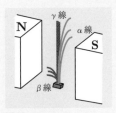

図 2.4
α 線, β 線, γ 線

参考 **α 線, β 線, γ 線**　ラジウムやポロニウムのような放射性元素は放置しておくと粒子や電磁波などの放射線を出して別の原子核に変わる．図 2.4 のように，放射線は磁場の中で，α 線と β 線は逆方向に曲がり，γ 線は曲がらない．このことは，α 線は正電荷，β 線は負電荷をもち，γ 線は電荷をもたないことを示す．α 線はヘリウムの原子核，β 線は電子，γ 線は電磁波である．

原子核の内部構造　　ラザフォードは窒素ガスに α 線を射入する実験で陽子の存在を示した（1918年）．中性子は電荷をもたないため検出が難しく，電子や陽子に比べると見つけ出されるのが遅かった．ボーテとベッカーはポロニウムから発生する α 線をベリリウムやリチウムなどにあて，そこから強い透過力をもった未知の放射線が発生することを見出した．チャドウィックはこの放射線を検出して中性子と名付けた（1932年）．中性子は電荷をもたないため原子核の内部に入り込みやすく，そのため中性子をあてることで原子核の分裂を引き起こすことができることが明らかになった．原子は原子核とそれをとりまくいくつかの電子からなり，原子核はさらにいくつかの陽子と中性子からなることがわかった（図 2.5）．原子核に含まれる陽子の数はそれぞれの元素に固有なもので，この数を**原子番号**といい，原子核の陽子と中性子の和を**質量数**という．

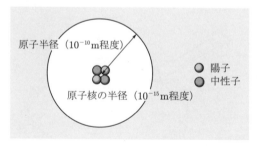

図 2.5　原子核の内部構造

　この原子核の内部構造には大きな問題点があった．中心のごく小さな1点に集中している原子核には正に帯電した陽子と中性の中性子としか存在していない．なぜ核の内部が静電反発によってばらばらにならないのかという問題である．この問題は当時の物理学者の多くが関心を寄せた難題であったが，湯川秀樹によって**中間子**という素粒子が仲立ちをしているということで解決された[†]．

Bothe, W.
(1891-1957，独)
Becker, H.
ボーテの学生
Chadwick, J.
(1891-1974，英)

原子番号
atomic number
質量数
mass number

湯川秀樹
(1907-1981)
中間子
meson

[†] 電荷をもった中間子が陽子と中性子との間を光速に近い速度で交換することにより，陽子と中性子が素早く入れ替わり，反発によってばらばらになる暇がないと考えられている．

同位体　　陽子の数で元素の性質は決まる．陽子の数（原子番号）が同じで中性子の数（質量数）が異なる原子が存在する．そのような原子を**同位体**といい，元素としてはほぼ同じ化学的な性質をもつ．同位体には，**安定同位体**と，放射能をもつ**放射性同位体**がある．$^{3}_{1}H$, $^{14}_{6}C$, $^{234}_{92}U$, $^{235}_{92}U$, $^{238}_{92}U$ などは放射性同位体である．$^{2}_{1}H$ は物質の構造や反応性を調べるのに用いられる．$^{3}_{1}H$ は分子生物学の実験や蛍光塗料の原料に使用され，$^{14}_{6}C$ は放射性炭素年代測定に使われる．各元素の同位体存在比は地域等によらずほぼ一定である．

同位体
isotope

安定同位体
stable isotope

放射性同位体
radioactive
isotope
(radio isotope)

自然存在比
natural
abundance

表 2.1　同位体の例

	名称	記号	陽子の数	中性子の数	原子量*	自然存在比%
水素	水素	$^{1}_{1}H$	1	0	1.0078	99.9885
	重水素	$^{2}_{1}H$, D		1	2.0141	0.0115
	三重水素	$^{3}_{1}H$, T		2	3.0160	ごく微量
炭素	炭素 12	$^{12}_{6}C$	6	6	12	98.93
	炭素 13	$^{13}_{6}C$		7	13.0034	1.07
	炭素 14	$^{14}_{6}C$		8	14.0032	$< 10^{-12}$
酸素	酸素 16	$^{16}_{8}O$	8	8	15.9949	99.762
	酸素 17	$^{17}_{8}O$		9	16.9991	0.037
	酸素 18	$^{18}_{8}O$		10	17.9992	0.204
ウラン	ウラン 234	$^{234}_{92}U$	92	142	234.0410	0.0054
	ウラン 235	$^{235}_{92}U$		143	235.0439	0.7204
	ウラン 238	$^{238}_{92}U$		146	238.0508	99.2742

*原子量は 12 C 原子 1 個の質量に対する比の 12 倍で無次元量である．

12 C 原子の 1/12 の質量に等しい質量を 1 Da（ダルトン，統一原子質量単位）と表す．
1 Da =
1.6605390660 ×
10^{-27} kg

例題 1　　塩素には ^{35}Cl と ^{37}Cl の同位体が存在する．^{35}Cl と ^{37}Cl の存在比が 3：1 とすると，塩素の平均原子量はいくらになるか．

解　　^{35}Cl の割合は 0.75，^{37}Cl は 0.25 となり

$$35 \times 0.75 + 37 \times 0.25 = 35.5$$

となり，平均分子量は 35.5 と求められる．

プランクとアインシュタインの量子説

原子や分子の構造や性質を調べるのに非常に有効だったのが，光を用いた研究であった．水素原子スペクトルを学ぶ前に，光の性質について学ぶことにしよう．

ニュートンは光を粒子と考え，その考えに基づいてプリズムによる屈折などを説明しようとしたが，ホイヘンスらは光が**回折**や**干渉**をすることから波と考えて反論した．光の速度 c，振動数 ν，波長 λ の間には

$$c = \nu\lambda \tag{2.1}$$

の関係が成立する．

1900 年にプランクは，炉の中の物質（黒体）の放射する光の振動数とエネルギーの関係を研究し（参考），光の発するエネルギー E と光の振動数 ν の間には比例関係があることを実験的に突き止めた．

$$E = nh\nu \tag{2.2}$$

ここで，h は**プランク定数**とよばれる比例定数で，実際の測定値に合うように決定された．n は 0, 1, 2, $\cdots$ という整数であり，光のエネルギー E は $h\nu$ の整数倍の，とびとびの値しかとりえない，という仮説を唱えた．

その後，1905 年にアインシュタインが，金属に光（可視光や紫外線）を照射したとき金属内部から電子が叩き出されてくるという**光電効果**を，**光量子**（光子）**仮説**によって説明した．アインシュタインは，振動数 ν の光量子は，そのエネルギーを ε とすると

$$\varepsilon = h\nu \tag{2.3}$$

の粒子の集合のようにふるまうと仮定し，光電効果は金属中の電子がこの光の粒子 1 つのエネルギーを吸収して金属外に飛び出す現象であると説明した．この結果，光が粒子としての性質をもつことが示唆された．光のエネルギー E は，**プランク-アインシュタインの式**とよばれる，次の式で表される．

$$E = h\nu = hc/\lambda \tag{2.4}$$

Newton, I. p.8

Huygens, C. (1629-1695，蘭)

回折 diffraction

干渉 interference

光速度 c $c = 2.99792458 \times 10^8\,\mathrm{m\,s^{-1}}$

Planck, M. (1858-1947，独)

プランク定数 h $h = 6.62607015 \times 10^{-34}\,\mathrm{J\,s}$ 量子の世界の基本的な物理定数である（p.10）．

Einstein, A. p.7

光電効果 photoelectric effect

光量子 photon

その後，**コンプトン効果**などの実験（2.4 節）により，光は波の性質と粒子の性質の両方を併せもつことが明らかになった．

例題 2 波長が 560 nm の光の振動数はいくらか.

解 $\lambda = 560\,\text{nm} = 560 \times 10^{-9}\,\text{m}$. $\nu = c/\lambda$ なので
$\nu = (2.998 \times 10^8\,\text{m}\,\text{s}^{-1})/(560 \times 10^{-9}\,\text{m}) = 5.35 \times 10^{14}\,\text{s}^{-1}$

例題 3 波長が 632.8 nm の光子のエネルギーを計算せよ.

解 $\varepsilon = hc/\lambda$
$= (6.626 \times 10^{-34}\,\text{J}\,\text{s})(2.998 \times 10^8\,\text{m}\,\text{s}^{-1})/632.8 \times 10^{-9}\,\text{m}$
$= 3.139 \times 10^{-19}\,\text{J}$

参考 **プランクの輻射の研究** 19 世紀の終わり頃, 製鉄に使う溶鉱炉の中の温度を知ることは製鉄業にとって重要であった. 熱せられた鉄鉱石が光（輻射光）を発して, 温度によって赤や白に輝く（図 2.6）. 温度が上がるにつれて炉の中の物質（黒体）の輻射のエネルギーも増大し, スペクトルがエネルギーの高い（振動数の大きい）紫外領域の光が多く観測されると思われた. しかし実際には, 振動数が大きくなると輻射のエネルギーは小さくなった（図 2.7）. その温度とエネルギーの関係はそれまでの科学では説明困難であった. どの振動数にもエネルギーは均等に分配されると考えるならば, 光のエネルギーが $h\nu$ の整数倍という, とびとびの値しかとりえない, というプランクの理論式

$$E = nh\nu \quad (n = 0, 1, 2, \cdots) \tag{2.5}$$

を用いて, 振動数が高くなるときの実際の測定結果がうまく説明できた（図 2.8）. これで測定結果はうまく説明できたが, なぜそうなるのかはプランク自身にもわからなかった.

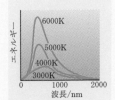

図 **2.6** 固体を熱したときに出る光の波長とエネルギーとの関係

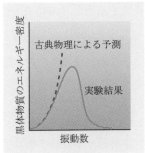

図 **2.7** 黒体輻射のエネルギーと振動数との関係

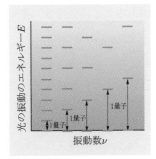

図 **2.8** 振動数ととりうるエネルギーとの関係

2.2　水素原子スペクトルと
　　　　　エネルギー準位

水素原子スペクトルの観測　　ガラス管に封入した低圧の水素に高い電圧をかけて放電を行わせると桃色の美しい光が見られる．この光を分光計で観察するとそれぞれの波長をもつ光が輝いた線（輝線）となって観察される（図 2.9）．これを**輝線スペクトル**という．可視光領域での水素原子スペクトルは数本の線スペクトルとして現れる．このとき観測される光の波長 λ は 656.3, 486.1, 434.0, 410.2 nm と，とびとびの値である．

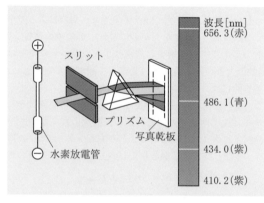

図 2.9　水素原子スペクトルの観測実験

　バルマーは観測されたスペクトル線の波長 λ に規則性があることに気付き，その関係式を求めた（1885 年）．

$$\lambda = A\frac{n^2}{n^2 - 4} \quad (n = 3, 4, 5, \cdots) \tag{2.6}$$

ここで，$A = 364.56$ nm である．この関係式をみたす輝線スペクトルを**バルマー系列**とよぶ．バルマーがどのようにして式 (2.6) を導いたのかは，よくわかっていないが，実測のスペクトルと非常によく合っている．バルマー系列と同様の線スペクトルは，紫外線や赤外線の領域でも次々と見出され，それぞれ**ライマン系列**，**パッシェン系列**と名付けられた．

水素原子スペクトルの法則　水素原子スペクトルの波長は，2つの整数 n_1, n_2 $(n_1 < n_2)$ を用いてリッツの結合法則から次のように導出された.

$$\frac{1}{\lambda} = R_\infty \left(\frac{1}{n_1^2} - \frac{1}{n_2^2} \right) \qquad (2.7)$$

この関係はリュードベリの式とよばれ，原子内部の電子のエネルギー状態と密接にかかわっている. R_∞ は（水素に対する）リュードベリ定数とよばれ，実験的に求められた. n_1 の値は，異なるスペクトル系列に対応している. 例えば，$n_1 = 1, n_2 = 2, 3, 4, \cdots$ となるのがライマン系列，$n_1 = 2, n_2 = 3, 4, 5, \cdots$ はバルマー系列である. 式 (2.6) から式 (2.7) への一般化で重要な点は，左辺が $1/\lambda$ になり，光のエネルギー $E\,(= hc/\lambda)$ に比例するようになっている点である.

> **例題 4**　リュードベリ定数 R_∞ から，バルマー系列の A の値を求め，$n = 3, 4, 5$ のときの輝線スペクトルの波長 λ を求めよ.

解　式 (2.7) に $n_1 = 2$ を代入して式 (2.6) と比較すると

$$A = \frac{4}{R_\infty} = \frac{4}{1.097 \times 10^7\,\mathrm{m}^{-1}} = 3.646 \times 10^{-7}\,\mathrm{m}$$

となるので，A は 364.6 nm となる.
　式 (2.6) に $A = 364.6\,\mathrm{nm}$, $n = 3$ を代入すると

$$\lambda = 364.6\,\mathrm{nm} \times \frac{3^2}{3^2 - 4} = 656.2\,\mathrm{nm}$$

となる. 赤色の可視光である. 同様に

$n = 4$ のとき，$\lambda = 486.1\,\mathrm{nm}$（青色の可視光）
$n = 5$ のとき，$\lambda = 434.0\,\mathrm{nm}$（紫色の可視光）

> **例題 5**　リュードベリの式 (2.7) を用いてライマン系列の最初の1本の波長を計算せよ.

解　
$$\frac{1}{\lambda} = R_\infty \left(\frac{1}{n_1^2} - \frac{1}{n_2^2} \right) = R_\infty \left(\frac{1}{1^2} - \frac{1}{2^2} \right)$$
$$= 8.226 \times 10^6\,\mathrm{m}^{-1}$$

$\lambda = 121.6\,\mathrm{nm}$

リッツの結合法則
Ritz's combination principle

Ritz, W.
(1878-1909，瑞)

Rydberg, J.
(1854-1919，スウェーデン)

リュードベリ定数
Rydberg constant
$1.097 \times 10^7\,\mathrm{m}^{-1}$

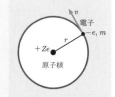

図 2.10
ボーアの原子模型

定常状態
steady state

角運動量
angular
momentum

† 次節のド・ブロイ波
を参照.

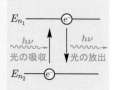

図 2.11　電子のエ
ネルギー準位間の
移動と光の吸収ま
たは放出

ボーア半径 a_0
$a_0 = 5.292$
　　$\times 10^{-11}$ m

ボーアの説明 (前期量子論)

デンマークのボーアは, 電子は, クーロン引力を向心力として, 原子核のまわりを等速円運動する, という古典力学のモデル (図 **2.10**) に, **量子条件**と**振動数条件**を仮定して, 水素原子のスペクトル系列の説明を試みた.

● **量子条件**: 電子は, 特定のとびとびのエネルギー状態しかとりえず, その状態にある電子は電磁波を出さずに原子核のまわりを等速円運動し続ける.

量子条件をみたす状態を**定常状態**とよび, 定常状態にある電子は, その波長の整数倍が円軌道に等しくなる.

$$2\pi r = n\lambda \quad (n = 1, 2, 3, \cdots) \tag{2.8}$$

式 (2.8) をみたす等速円運動では, 電子の**角運動量** $m_e rv$ が $h/2\pi$ の整数倍となっている[†].

$$m_e rv = n\frac{h}{2\pi} \quad (n = 1, 2, 3, \cdots) \tag{2.9}$$

● **振動数条件**: 電子がある定常状態から別の定常状態へと移るときに放出される光のエネルギー $h\nu$ は, 2つの定常状態のエネルギーの差 $(E_{n_2} - E_{n_1})$ に等しい (図 **2.11**).

$$E_{n_2} - E_{n_1} = h\nu \tag{2.10}$$

この2つの条件を使って水素原子の電子の運動を考えてみよう. クーロン引力と向心力が等しいので

$$\frac{e^2}{4\pi\varepsilon_0 r^2} = \frac{m_e v^2}{r} \tag{2.11}$$

となる. 式 (2.9) と式 (2.11) から, r について解き, r_n と書きなおすと次のようになる.

$$r_n = \frac{\varepsilon_0 h^2}{\pi m_e e^2}n^2 \quad (n = 1, 2, 3, \cdots) \tag{2.12}$$

式 (2.12) は, 定常状態は決まった, とびとびの軌道半径 r_n をもっていることを示している. 特に, $n = 1$ のときの軌道半径 r_1 は**ボーア半径** a_0 とよばれ, 実際の水素原子の大きさとよく一致している. n が大きくなるにつれてその軌道半径も大きくなる.

水素原子内の電子のもつ全エネルギーは運動エネルギー

と位置エネルギーの和なので

$$E = \frac{1}{2}mv^2 - \frac{e^2}{4\pi\varepsilon_0 r} \qquad (2.13)$$

と書ける．式 (2.11) と (2.13) から E がえられる．

$$E = -\frac{e^2}{8\pi\varepsilon_0 r} \qquad (2.14)$$

ただし，r は式 (2.12) の r_n しかとれないので，E も次式の E_n で示される，とびとびの値しかとりえない．

$$E_n = -\frac{m_{\mathrm{e}}e^4}{8\varepsilon_0^2 h^2}\frac{1}{n^2} \quad (n = 1, 2, 3, \cdots) \qquad (2.15)$$

$n = 1$ のときのエネルギーが最も低く，この状態を**基底状態**という．$n = 2, 3, \cdots$ となるにつれて電子の軌道は外側へ移り，エネルギーは高くなる．この状態を**励起状態**という（図 **2.12**）．電子が，エネルギー E_{n_2} の定常状態からエネルギー E_{n_1} の定常状態へと移るときに放出される光の波長を λ とすると，振動数条件 (2.10) から次の関係がえられる．

$$\frac{1}{\lambda} = \frac{\nu}{c} = \frac{E_{n_2} - E_{n_1}}{ch} = \frac{m_{\mathrm{e}}e^4}{8\varepsilon_0^2 ch^3}\left(\frac{1}{n_1^2} - \frac{1}{n_2^2}\right)$$
$$(2.16)$$

$m_{\mathrm{e}}e^4/8\varepsilon_0^2 ch^3$ を計算すると $1.097 \times 10^7\,\mathrm{m}^{-1}$ となり，リュードベリの式 (2.7) のリュードベリ定数 R_∞ と非常によく一致し，ボーアの仮説の正しさが証明された†．

基底状態
ground state

励起状態
excited state

† ただし，ボーアの原子モデルでは多電子原子が説明できない．

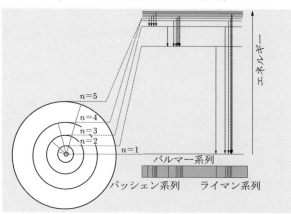

図 **2.12** 水素原子のエネルギー準位とスペクトル系列

2.3 ド・ブロイの物質波

　ボーアの量子条件と振動数条件を用いると，水素原子スペクトルのエネルギー状態を非常にうまく説明できる．しかし，この条件でスペクトルの様子をなぜうまく説明できるのかはボーアがこのことを考えついた時点ではよくわかっていなかった．それをより踏み込んで説明しようとしたのが，ド・ブロイの**物質波**という考え方である．

　ボーアの理論の鍵は電子の運動における角運動量がとびとびの値しかとれないという量子条件にある．ボーア以前の人類の知識でとびとびの値といえば，**定常波**であった．両端が固定された弦の振動においては決まった波長の波しか形成されない（図**2.13**）．

　光電効果の説明（1905年）以来，アインシュタインは，質量がなく，波と考えられている光に，粒子としての性質があると考え続け，1915年には相対性理論に基づいた光量子仮説を提唱して，光子の運動量 p と波長 λ には次の関係があるとした[†]．

$$p = \frac{h}{\lambda} \qquad (2.17)$$

　ド・ブロイは，アインシュタインとは逆に，それまで粒子と考えられてきた電子にも波としての性質があるのではないかと考えた．電子の場合，この電子に伴う物質波の波長（ド・ブロイ波長）λ は，運動量 p（$= mv$）を用いて次の式で与えられるとした．

$$\lambda = \frac{h}{p} = \frac{h}{mv} \qquad (2.18)$$

そして，電子だけでなく，質量をもって運動する物体は，すべからく，光と同じように波の性質を併せもっている，とド・ブロイは提唱した（1923年）．これは，すべての物質は粒子であると同時に，物質波としてもふるまうことを意味しており，速度 v で運動する質量 m の物体は式(2.18)によって h/mv で与えられるド・ブロイ波長をもつことになる．

de Broglie, L.
(1892-1987，仏)

物質波
matter wave

定常波
stationary
wave

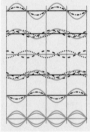

図 **2.13** 定常波
stationary
wave
右向き（点線）と
左向き（破線）の
波により形成される定常波．

[†] $E = mc^2$ より
$p = mc = E/c$
$E = hc/\lambda$ を代入
$p = h/\lambda$

さらに，電子が原子核に吸い寄せられずに，安定に存在することを説明するため，原子の中の電子は軌道上にこの波の定常波をつくっていると仮定した．つまり，図 2.14(a) のように 1 周してぴたりと元の位置に戻ってくる波だけが生き残り，そうでない波は図 2.14(b) のように少しずつ位相がずれていくので，干渉作用によって最終的に打ち消し合って消えてしまうと考えた．このとき形成可能な軌道の条件は $n = 1, 2, 3, \cdots$ とすると

$$2\pi r = n\lambda = \frac{h}{mv}n \quad (n = 1, 2, 3, \cdots) \qquad (2.19)$$

となり，これはボーアの量子条件†に他ならない．ボーアが考えたとびとびの値をとる条件とは，円周に定常波ができるような条件であった．

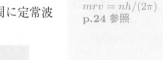

† 角運動量の量子化
$mrv = nh/(2\pi)$
p.24 参照

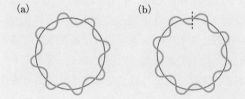

図 2.14　ド・ブロイ波の整合 (a) と不整合 (b) の様子

例題 6　光速度の 1 %の速さで飛んでいる電子と時速 100 km で飛んでいる野球のボール（150 g）のド・ブロイ波長をそれぞれ計算せよ．

解　電子の場合は

$$p = mv = (9.109 \times 10^{-31}\,\mathrm{kg}) \times (2.998 \times 10^{6}\,\mathrm{m\,s^{-1}})$$
$$\lambda = h/p = 2.43 \times 10^{-10}\,\mathrm{m} = 243\,\mathrm{pm}$$

野球のボール場合は

$$p = m\nu = 0.15\,\mathrm{kg} \times 27.8\,\mathrm{m\,s^{-1}} = 4.2\,\mathrm{kg\,m\,s^{-1}}$$
$$\lambda = h/p = 1.6 \times 10^{-34}\,\mathrm{m}$$

電子の場合の波長は原子の大きさ程度であり，電子が X 線のようにふるまうことがわかる．一方，野球のボールの場合は極めて小さな値で，質量が大きくなると原子の大きさに対して波のようにふるまうことがないことがわかる．

2.4　光の粒子性と電子の波動性の実証

Compton, A.
(1892-1962, 米)

Davisson, C.
(1881-1958, 米)

Germer, L. H.
(1881-1971, 米)

　アインシュタインの光量子仮説とド・ブロイの物質波を実証するための重要な実験が 1920 年代に行われた．コンプトンは X 線を電子にあてる実験で弾性散乱を観測して光の粒子性を実証し，デビソンとジャーマーは電子線の回折実験から，粒子である電子にも X 線と同様の波動性があることを実証した．

コンプトン効果　　光の粒子性の実験上の証拠はコンプトンの実験によりえられた（1923 年）．コンプトンは光（X 線や γ 線）を金属にあてたとき，光は物質の中に含まれる電子に衝突して，電子をはじき跳ばし，光自身も弾性散乱される現象を見出した（図 2.15）．光と電子は，玉突きの 2 つの球が弾性衝突したときのように振舞い，運動量保存則とエネルギー保存則によって説明できた．このことは，粒子である電子だけでなく，質量をもたない光も粒子の性質である運動量を備えていることを明確に示している．

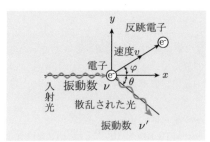

図 2.15　コンプトンの実験（光および電子の散乱）

デビソン−ジャーマーの実験と電子の回折　　電磁波である X 線を結晶にあてるとその結晶性物質の原子構造の特徴的なある決まった規則に基づいて X 線が散乱される．これを **X 線回折** といい，結晶中の原子の配置を決定するのに用いられている．結晶中の原子の間隔が X 線の波長とほぼ同じくらいであることから起こる現象であ

X 線回折
X-ray
diffraction

る．デビソンとジャーマーは単結晶のニッケルに電子線をあてた．するとその電子線は思いがけず回折像を描いた（1927年）（図 2.16）．それまで粒子と考えられてきた電子に波の性質があることが実験により見出されたことを意味している．この結果は，ド・ブロイ波を実験によって直接観測した結果として非常に重要である．この実験は現代でも電子線回折法として物質の微細構造を調べるのに使われている他，電子顕微鏡の技術を支える理論ともなっている．

コンプトン効果は光が波動性と粒子性の二重の性質をもつことを示し，デビソンとジャーマーによる実験は電子が粒子性と波動性の二重の性質をもつことを示している．ド・ブロイの物質波の考え方では野球のボールも波としての性質をもつが，その波長は極めて小さく，古典力学に対して，重要な影響を与えない（例題6）．一方，電子のような非常に小さなものではド・ブロイ波長が結晶中の原子の間隔と同程度まで大きくなり，そのエネルギーや運動を考えるときには波としての性質を考慮せざるをえない．この違いは主として質量の違いがもとになっている．これは原子や分子などのミクロの世界に特徴的な現象である．電子の波としての性質を考慮し，電子のエネルギーや運動を記述するためには，古典力学の運動方程式では極めて不十分で，新しい運動方程式（シュレディンガー方程式，2.5節）が必要となった．

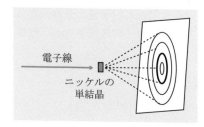

図 2.16 ニッケルの単結晶と電子線の回折

2.5 シュレディンガーの方程式

シュレディンガー方程式の導出　　水素原子のとびとびの値をもつスペクトルや，電子の粒子性と波動性など，相矛盾するような現象を統一的に説明したのがシュレディンガーであった．シュレディンガーが提唱した波動方程式，いわゆるシュレディンガー方程式を解くと，その解から電子のエネルギーと電子の存在確率とを知ることができる．

Schrödinger, E.
(1887-1961, 墺)

　電子の運動を一次元（x 軸方向）の定常的な波動と考えると，振幅を A，波長を λ，振動数を ν，時間を t として次の式が成立する．

$$\psi(x,t) = A \sin 2\pi \frac{x}{\lambda} \cos 2\pi\nu t \equiv \psi(x) \cos 2\pi\nu t \tag{2.20}$$

この $\psi(x,t)$ を x に関して2回微分すると時間を含まない一次元の波動の2階微分方程式がえられる．

$$\frac{d^2\psi(x)}{dx^2} = -\left(\frac{2\pi}{\lambda}\right)^2 \psi(x) \tag{2.21}$$

電子の全エネルギー E は，運動エネルギー（$mv^2/2$）とポテンシャルエネルギー $U(x)$ の和である．

$$\frac{1}{2}mv^2 + U(x) = E \tag{2.22}$$

運動量 $p = mv$ を代入して変形すると

$$p^2 = 2m\{E - U(x)\} \tag{2.23}$$

となる．ここに波動性と粒子性を兼ね備えた電子の性質を導入する．ド・ブロイの関係から導かれる

$$p = h/\lambda \tag{2.24}$$

を式 (2.23) に代入する．

$$\frac{1}{\lambda^2} = \frac{2m}{h^2}\{E - U(x)\} \tag{2.25}$$

これを式 (2.21) に代入して変形すると

$$\frac{d^2\psi(x)}{dx^2} = -\frac{8\pi^2 m}{h^2}\{E - U(x)\}\psi(x)$$

$$\left\{ -\frac{h^2}{8\pi^2 m}\frac{d^2}{dx^2} + U(x) \right\} \psi(x) = E\psi(x) \qquad (2.26)$$

この式を一次元の**シュレディンガー方程式**という. {　} は**演算子**で, これを $\mathscr{H}$ とおくと

$$\mathscr{H}\psi(x) = E\psi(x) \qquad (2.27)$$

と表現される. この式の意味は, 波動関数 $\psi(x)$ に $\mathscr{H}$ を作用させると, 波動関数のエネルギー値 E が求まることを意味している. $\mathscr{H}$ は**ハミルトニアン**とよばれる.

　水素原子のシュレディンガー方程式は, 式 (2.26) を三次元に拡張し, ポテンシャルエネルギー U に, 原子核と電子の間のクーロン相互作用を代入してえられる. 物理的に意味のある境界条件下で, その方程式を解いてえられる E の値は, 水素原子の線スペクトルから求まるエネルギーと正確に一致する[†1].

　波動方程式を解いて求まる波動関数 ψ によって, 電子が存在しうる空間がわかる. 電子ぐらい小さい物質では, ある時刻における位置 x と運動量 p の両方を正確に決定することはできず[†2], 存在確率密度でしか知ることができない. 電子の存在確率密度は, 波動関数の絶対値の2乗 $|\psi|^2$ として表される. 全空間にわたって $|\psi|^2$ を積分すると 1 になる.

　参考　　**古典物理量の演算子表現**　　量子力学においては, 式 (2.26) を求める際, 古典的な物理量 p を数学の演算子に置き換えることを行う. これを**量子化の手続き**という. 例えば, 運動量 p を次のように微分演算子に置き換える.

$$p_x \to -i\frac{h}{2\pi}\frac{d}{dx} \qquad (2.28)$$

x 方向の運動エネルギーは $p_x^2/2m$ だから, 式 (2.24) の対応する部分を書きなおすと

$$\frac{p_x^2}{2m} \to \frac{1}{2m}\left\{ -i\left(\frac{h}{2\pi}\right)\frac{d}{dx} \right\}^2 = -\frac{h^2}{8\pi^2 m}\frac{d^2}{dx^2} \qquad (2.29)$$

となり, 式 (2.26) と同じになる.

演算子
operator

ハミルトニアン
hamiltonian

†1 演算子を三次元に拡張した形と三次元のシュレディンガー方程式は『基礎物理化学 I [新訂版]』1 章 p.16 参照

†2 不確定性原理
$\Delta x \Delta p > h/4\pi$

不確定性原理については, 『基礎化学演習』p.124 総合演習問題 10 も参照.

ハイゼンベルグが 1927 年に唱えた.
Heisenberg, W. K. (1901-1976, 独)
『基礎物理化学 I [新訂版]』1 章 p.23
『基礎化学演習』p.124

2.6　原子の電子状態（原子軌道）

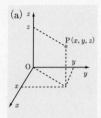

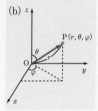

図 2.17　デカルト
座標 (a) と極座標
(b)

動径波動関数
radial function

球面調和関数
spherical
harmonic
function

量子数
quantum
numbber

主量子数
principle ～

方位量子数
azimuthal ～

磁気量子数
magnetic ～

主量子数が同じ電
子状態を電子殻を
よぶ.

波動関数の極座標表示　　水素原子のシュレディンガー
方程式を解くと波動関数 ψ と電子のエネルギー E がえら
れる. その計算はやや煩雑なのでここでは詳しくは述べ
ないが, 計算の手順とその過程で現れるいくつかの変数
について説明する. この計算は原子核の位置を原点とし,
原子核から電子までの距離を r, 原点から電子へのベク
トルと z 軸とのなす角を θ, 電子へのベクトルの xy 平面
への射影と x 軸とのなす角を φ とした極座標系 (r, θ, φ)
で計算する. x, y, z の 3 軸で三次元を示すデカルト座標
系と極座標系を並べて図 2.16 と図 2.17 に示す. 波動関
数は極座標で示して変数分離をすることができて

$$\psi(r, \theta, \varphi) = R(r)\Theta(\theta)\Phi(\varphi) \tag{2.30}$$

と表される. $R(r)$ を**動径波動関数**, $\Theta(\theta)\Phi(\varphi) = Y(\theta, \varphi)$
を**球面調和関数**とよぶ. ハミルトニアン $\mathscr{H}$ なども極座
標に変換して, 3 つの変数の関数をそれぞれ解いていく.

量子数　　水素原子について $R(r), \Theta(\theta), \Phi(\varphi)$ の 3 つの
方程式を解く過程で, エネルギーや角運動量がとびとび
の値をとるため**量子数** n, l, m_l が導入される. それらは

主量子数　　$n = 1, 2, 3, \cdots$
方位量子数　$l = 0, 1, 2, \cdots, (n-1)$
磁気量子数　$m_l = 0, \pm 1, \pm 2, \cdots, \pm l$

である. 動径部分 $R(r)$ は n と l を含み, 角度部分 $Y(\theta, \varphi)$
は l と m_l を含むので, 求められる波動関数は

$$\psi(r, \theta, \varphi) = R_{nl}(r)Y_{lm_l}(\theta, \varphi) \tag{2.31}$$

の形で書ける. このことから, 水素原子の波動関数は, 量
子数の組 (n, l, m_l) で表すことができる.

主量子数 n は, ボーアの模型における式 (2.15) の n と
同じで, 電子のエネルギー E を決める. $n = 1$ が K 殻
であり, n が増加するにつれて L, M, N 殻となる.

方位量子数 l は電子の角運動量と関係する量子数で角

軌道
orbital

運動量量子数ともよばれる．水素原子では主量子数 n に対して l のとりうる値は $0, 1, \cdots, (n-1)$ の n 個に決まる．l の値によって波動関数の形，**軌道**が決まる．$l = 0$ のとき，波動関数は **s 軌道**とよばれる球対称な形になり，主量子数 n を前につけて **ns 軌道**とよばれる．$l = 1$ のときは，**p 軌道**とよばれる方向性のある波動関数になり，これも主量子数 n を前につけて **np 軌道**という．同様に，$l = 2$ のときは **d 軌道**，$l = 3$ のときは **f 軌道**とよばれる．

軌道の数は，磁気量子数 m_l の個数（$= 2l+1$）によって決まる[†]．主量子数が n である水素原子の波動関数の数は n^2 個である．量子数の組と電子配置との関係を表 **2.2** にまとめて示す．

[†] 例えば，p 軌道 $(l = 1)$ の磁気量子数は $-1, 0, +1$ の3通りであり，軌道を軸方向にとることで，p_x, p_y, p_z と表記される．

表 **2.2** 量子数 n, l, m_l と電子配置

電子殻	n	軌道名	l	m_l
K	1	1s	0	0
L	2	2s	0	0
		2p	1	$-1, 0, +1$
M	3	3s	0	0
		3p	1	$-1, 0, +1$
		3d	2	$-2, -1, 0, +1, +2$
N	4	4s	0	0
		4p	1	$-1, 0, +1$
		4d	2	$-2, -1, 0, +1, +2$
		4f	3	$-3, -2, -1, 0, +1, +2, +3$

例題 7 水素原子の $(1,0,0)$, $(2,0,0)$, $(2,1,0)$ で表される軌道の名称を書け．

解 $(1,0,0)$ は 1s 軌道，$(2,0,0)$ は 2s 軌道，$(2,1,0)$ は 2p 軌道を示す．

例題 8 水素原子の主量子数 n が3の場合について，量子数の組 (n, l, m_l) がいくつあるか，すべて書け．

解 量子数の組は 3^2 個ある．それらは次の組合せである．

$(3,0,0), (3,1,-1), (3,1,0), (3,1,1),$
$(3,2,-2), (3,2,-1), (3,2,0), (3,2,1), (3,2,2)$

電子の原子軌道　　軌道の空間的な形は主量子数 n と方位量子数 l の 2 個の量子数によって決められる．波動関数の動径部分と角度部分から，軌道の空間的な広がりや角度に対する依存性がわかる．空間での軌道の分布は次章の化学結合の理論で使われる．

　　水素原子の 1s, 2s, 2p$_x$, 2p$_y$, 2p$_z$ 軌道について，動径部分と角度部分の波動関数を表 **2.3** に示した．図 **2.18** に水素原子の 1s, 2s, 2p 軌道の波動関数の動径部分 $R(r)$（**動径波動関数**）を示す．s 軌道の角度部分 $Y_{l m_l}(\theta, \varphi)$ には，θ も φ も含まれていないため，s 軌道の波動関数に角度依存性はなく球対称となる．1s 軌道の $R(r)$ は常に正になるが，2s 軌道の $R(r)$ は，$r = 2a_0$（a_0 はボーア半径）の点で波動関数の符号が変化するため，動径方向に**節面**が生じる．波動関数の正負の符号は，電荷とは全く関係がない．

　　3 つの軌道 2p$_x$, 2p$_y$, 2p$_z$ 軌道において $R(r)$ は同一で，常に正であるが，角度部分が異なる．2p$_x$, 2p$_y$ 軌道の角度部分は θ と φ の両方に依存して変化するが，2p$_z$ 軌道は $\cos\theta$ にのみ依存し，φ には依存しない．このことから，2p$_z$ は z 軸まわりで軸対称であることがわかる．

　　水素原子の波動関数は $R_{nl}(r)$ と $Y_{l m_l}(\theta, \varphi)$ の積で，(θ, φ) 方向の値 $Y_{l m_l}(\theta, \varphi)$ を $R_{nl}(r)$ に乗じると，空間の全ての点に対して波動関数の値が決まる．その値が同じ点をつないでいくと波動関数の形が見えてくる（図 **2.19**）．2p$_z$ 軌道に示す符号は，$0 \le \theta \le \pi$ の範囲での $\cos\theta$ の符号の変化によるもので，$\theta = \pi/2$ である xy 平面の点の値は 0 である．2p$_x$, 2p$_y$ 軌道では，φ に関して符号が変化する．よって，2p 軌道は $R(r)$ に節面をもたないが角度部分に節面を 1 つもち，2p 軌道と 2s 軌道の節面の数は同じである．節面の数が多くなるとエネルギーは高くなる．一般に，主量子数が n のとき節面の数は $(n-1)$ で，角度方向の節面の数は方位量子数 l に等しく，動径方向の節面の数は $(n-l-1)$ で求まる[†]．

節面
nodal plane

[†] $n = 3$ のとき節面の数は **2** である．3s $(l=0)$ は $R(r)$ に **2** つ節面があり 3p $(l=1)$ は $R(r)$ と $Y(\theta, \varphi)$ に 1 つずつ節面がある．3d $(l=2)$ は $Y(\theta, \varphi)$ に **2** つ節面をもつ．

表 2.3　水素原子 1s, 2s, 2p 軌道の波動関数の詳細

軌道	$R_{nl}(r)$	$Y_{lm_l}(\theta, \varphi)$
1s	$2\left(\dfrac{1}{a_0}\right)^{3/2} e^{-r/a_0}$	$\dfrac{1}{2\sqrt{\pi}}$
2s	$\dfrac{1}{2\sqrt{2}}\left(\dfrac{1}{a_0}\right)^{3/2}\left(2 - \dfrac{r}{a_0}\right)e^{-r/2a_0}$	$\dfrac{1}{2\sqrt{\pi}}$
2p$_x$	$\dfrac{1}{2\sqrt{6}}\left(\dfrac{1}{a_0}\right)^{3/2}\dfrac{r}{a_0}e^{-r/2a_0}$	$\dfrac{1}{2}\sqrt{\dfrac{3}{\pi}}\sin\theta\cos\varphi$
2p$_y$	$\dfrac{1}{2\sqrt{6}}\left(\dfrac{1}{a_0}\right)^{3/2}\dfrac{r}{a_0}e^{-r/2a_0}$	$\dfrac{1}{2}\sqrt{\dfrac{3}{\pi}}\sin\theta\sin\varphi$
2p$_z$	$\dfrac{1}{2\sqrt{6}}\left(\dfrac{1}{a_0}\right)^{3/2}\dfrac{r}{a_0}e^{-r/2a_0}$	$\dfrac{1}{2}\sqrt{\dfrac{3}{\pi}}\cos\theta$

$r \rightarrow \infty$ のとき $R(r) \rightarrow 0$ となる。$l = 0$ である s 軌道の $R(r)$ は $r = 0$ で値をもつが、$l \neq 0$ である p, d, f 軌道では $R(0) = 0$ である。

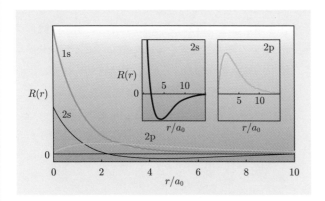

図 2.18　水素原子 1s, 2s, 2p 軌道の動径波動関数

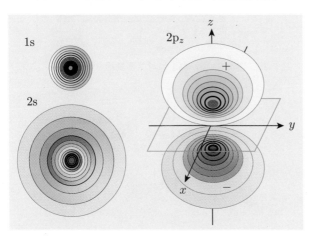

図 2.19　1s, 2s, 2p$_z$ 軌道の $\Psi(r, \theta, \varphi)$ の概形

電子の存在確率密度　　波動関数の絶対値の 2 乗は電子の存在確率密度であり，電子密度と密接な関係をもっている．水素原子の波動関数の動径部分は r/a_0 の関数で（表 **2.3**），その 2 乗は座標点 r での電子の存在確率に関係している．半径 r の球殻上に存在する電子の確率密度は**動径分布関数** $D(r)$ として次のように定義できる．

$$D(r) = r^2 R_{nl}(r)^2 \qquad (2.32)$$

$D(r)dr$ は中心から r の距離にある電子の存在確率密度を表している[†]．水素原子の 1s, 2s, 2p 軌道の動径分布関数を図 **2.20** に示す．また，動径分布関数をもとにした電子の存在確率密度の概形を図 **2.21** に示す．軌道の概形は電子が 90％の確率で見つかる点を結んだ形で描かれることが多い．原子核の周りでの電子密度は 0 になる．

動径分布関数
radial
distribution
function

[†] $D(r)dr$ を r の全範囲（0 から ∞）で積分すると 1 になる．
$\int_0^\infty D(r)dr = 1$
ns 軌道の $D(r)$ は
$\Psi_{ns} = (1/2\sqrt{\pi})R_{n0}(r)$
より
$D(r) = 4\pi r^2 \Psi_{ns}^2$
と表すことができる．ここで $4\pi r^2 dr$ は薄い球殻の体積．

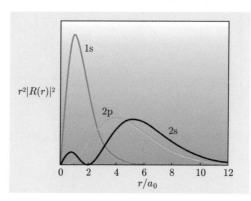

図 **2.20**　　1s, 2s, 2p 軌道に対する動径分布関数のグラフ

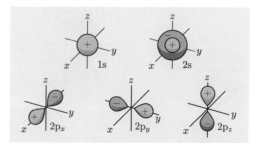

図 **2.21**　　1s, 2s, 2p 軌道に対する電子の存在確率密度の概形

d 軌道の空間的な広がり 方位量子数 $l = 2$ に対応し
た波動関数（**電子軌道**）は d 軌道である．d 軌道の波動
関数の角度部分 $Y_{l\,m_l}(\theta, \varphi)$ は $xy, yz, zx, x^2 - y^2, z^2$ な
どの関数になっていて，$\mathrm{d}_{xy}, \mathrm{d}_{yz}, \mathrm{d}_{zx}, \mathrm{d}_{x^2-y^2}, \mathrm{d}_{z^2}$ のよう
に表現される．この表示によって，電子の存在確率密度
の分布の三次元空間での角度依存性が表されている．d
軌道の確率密度関数の概略図を図 **2.22** に示す．5 種の d
軌道のうち $\mathrm{d}_{xy}, \mathrm{d}_{yz}, \mathrm{d}_{zx}$ の 3 種は波動関数が極大値をと
る軸を含む面の向きだけが異なる．$\mathrm{d}_{x^2-y^2}$ の軌道は，上
の 3 種の軌道と同じ形で，極大の軸が x 軸，y 軸と一致
している．d_{z^2} 軌道は形が全く異なり，z 軸方向に飛び出
した 2 つの膨らみと z 軸を囲むようなドーナツ状の輪が
ある．d 軌道の角度方向の節面の数は 2 である．電子の
確率密度分布は原子核から無限遠で限りなく 0 に近づく．

次字の xy, yz, zx は極大の軸を含む面を示し，極大の軸は直交座標軸 x, y, z と 45° の角度をなしている．

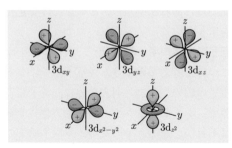

図 **2.22** d 軌道の電子の存在確率密度の概形

(参考) **波動関数の規格化条件と直交条件** 波動関数 ψ の絶対
値の 2 乗は電子の存在確率密度を与える関数なので，全空間に
わたって積分すると 1 にならなければならない．これを**規格化
条件**という．

$$\int_{-\infty}^{\infty} \int_{-\infty}^{\infty} \int_{-\infty}^{\infty} |\psi(x,y,z)|^2 dx dy dz = 1 \qquad (2.33)$$

また，量子数の異なる波動関数 ψ_n と $\psi_{n'}$ は直交する．波動関
数の直交条件は以下のように表現される．

$$\int_{-\infty}^{\infty} \int_{-\infty}^{\infty} \int_{-\infty}^{\infty} \psi_n^*(x,y,z)\psi_{n'}(x,y,z) dx dy dz = 0$$
$$(2.34)$$

ψ_n^* は ψ_n の共役複素関数 $|\psi_n|^2 = \psi_n^* \psi_n$ の関係がある．

規格化 normalization

直交性 orthogonality

2.7　原子軌道のエネルギー準位

水素原子のエネルギー準位図　　水素原子のエネルギー
準位は，方位量子数 l や磁気量子数 m_l には依存せず，主
量子数 n にのみ依存する．核の正電荷が Z（水素原子の場
合は 1）で，電子が 1 個だけ存在する原子のエネルギーは

$$E_n = -R_\infty \frac{Z^2}{n^2} \qquad (2.35)$$

縮退
degeneration

となる．ここで，R_∞ はボーアの原子模型でえられたリ
ュードベリ定数である（p.25）．言い換えると，水素原
子では，主量子数が等しいエネルギー準位はすべてエネ
ルギーが等しい（図 2.23）．すなわち，2s 軌道と 2p 軌
道のエネルギーは同じであり，**縮退**しているという．式
(2.35) から，エネルギー準位の符号は負であり，電子と
陽子が無限遠にある状態から，その値だけ安定化してい
ることを示している．

多電子原子のエネルギー準位図　　次に多電子原子の電
子配置について考えてみよう．多電子原子になると，原
子核と電子の間のクーロン引力の他に，電子間の反発が
生じるので，シュレディンガーの波動方程式を厳密に解
くことは不可能になる．そのため，多電子原子の電子状
態を表す場合に，電子が入りうる軌道は水素原子の場合
と同じである，という近似を用いる．すなわち，水素原
子の波動関数を用いて，多電子原子を記述する方法がと
られる（ハートリー近似）．

Hartree, D.
(1897-1958，英)
『基礎物理化学 I
［新訂版］』
2 章 p.35

遮へい
shielding

　複数の電子が入っていくと，内側の電子によって原子
核の正電荷が**遮へい**されて縮退していたエネルギー準位
は少しずつ変化して縮退がとける．例えば，2s 軌道と 2p
軌道は水素原子では縮退しているが，多電子原子では 2s
軌道が 2p 軌道より低いエネルギーになる．これは 2s と
2p とでは，空間的な広がりが異なることに由来し，原子
核の近傍で 2s は 2p より存在確率密度が高いためである
（図 2.20 参照）．主量子数 n が同じであれば，方位量子

数 l が小さい方が必ずエネルギーが低くなる. 図 2.24 は多電子原子における原子軌道のエネルギー準位である. 遷移金属の Sc～Zn では 3d 軌道より先に 4s 軌道が占有されるなどのエネルギー準位の逆転が生じる. 多電子原子の原子軌道への電子の入り方（占有順序）は, 低いエネルギー軌道から順番に 1 個ずつ入る. 詳しくは次節で述べる.

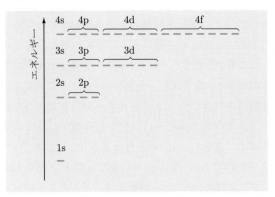

図 2.23　水素原子のエネルギー準位図

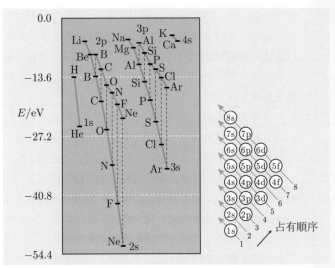

図 2.24　多電子原子のエネルギー準位と電子の軌道への入り方 原子番号が大きくなるにつれてクーロン相互作用が大きくなって, 軌道のエネルギー準位は低下する.

2.8 多電子原子の構成原理

　多電子原子の波動関数（軌道）への電子の配置を考える前に，電子の4番目の量子数である**スピン量子数** m_s について知っておく必要がある.

電子のスピン状態　　ナトリウムの原子スペクトルにD線とよばれる非常に接近した2本線のスペクトル線が観測される．この実験事実から電子自身が小さな磁石のようにふるまうことが提唱された．この性質は，電子自身がもつ固有の自由度[†]（電子の自転と表現される）に関係することから，**電子スピン**と名付けられた．この電子スピンは磁場中に置かれるとエネルギーの異なる2つの状態が生じ，そのエネルギーは**スピン量子数** m_s によって記述される（参考）. m_s のとりうる値は，$+1/2$ と $-1/2$ の2つだけである．$m_s = +1/2$ は α スピンとか上向きスピンとよばれ，$m_s = -1/2$ は β スピンとか下向きスピンなどとよばれる．図中に表示をする際には $m_s = +1/2$ は↑，$m_s = -1/2$ は↓の記号で表す．電子の状態は，n, l, m_l, m_s の4個の量子数の組で記述することができる.

パウリの排他原理とフントの規則　　図**2.24** の多電子原子のエネルギー準位に複数の電子を配置していく方法を，**構成原理**という.

- エネルギーの低い軌道から順次1個ずつ入る.
- 同じ軌道には最大2個までしか入れない．4個の量子数で決まる1つの量子状態には，ただ1個の電子しか存在することができない（パウリの**排他原理**）.
- s軌道以外の，エネルギーの等しい軌道が複数ある場合，1個ずつ別々の軌道に，かつ，スピンが互いに平行になるように入る（フントの規則）.

　これらを適用して，図**2.24** の軌道へ占有順序の順に電子のスピンを考慮して電子を入れていく（図**2.25**）．Heでは1s軌道にスピン量子数の異なる2個の電子が入る.

[†] スピン角運動量とよばれる.
『基礎物理化学 I [新訂版]』
2章 p.32

電子スピン
electron spin

スピン量子数
spin quantum number

構成原理
Aufbau principle

Pauli, W.
(1900-1958，墺)

パウリの排他原理
Pauli exclusion principle
(1925)

Hund, F.
(1896-1997，独)

フントの規則
Hund's rule

その量子数の組は

$$(1, 0, 0, +1/2), \quad (1, 0, 0, -1/2)$$

である．He の電子配置は $1s^2$ となり，$n = 1$ の状態が満たされる．この状態を**閉殻**といい，原子は安定になる．窒素は 2s 軌道が占有された後，$2p_x$ に 1 個，$2p_y$ に 1 個，$2p_z$ に 1 個電子が平行に入る．Ne では $n = 2$ の状態がすべてみたされていて閉殻である．

閉殻
closed shell

元素	電子配置	1s	2s	$2p_x$	$2p_y$	$2p_z$
$_{1}H$	$1s^1$	↑				
$_{2}He$	$1s^2$	↑↓				
$_{3}Li$	$1s^2 2s^1$	↑↓	↑			
$_{4}Be$	$1s^2 2s^2$	↑↓	↑↓			
$_{5}B$	$1s^2 2s^2 2p^1$	↑↓	↑↓	↑		
$_{6}C$	$1s^2 2s^2 2p^2$	↑↓	↑↓	↑	↑	
$_{7}N$	$1s^2 2s^2 2p^3$	↑↓	↑↓	↑	↑	↑
$_{8}O$	$1s^2 2s^2 2p^4$	↑↓	↑↓	↑↓	↑	↑
$_{9}F$	$1s^2 2s^2 2p^5$	↑↓	↑↓	↑↓	↑↓	↑
$_{10}Ne$	$1s^2 2s^2 2p^6$	↑↓	↑↓	↑↓	↑↓	↑↓

（電子のスピン状態：1s, 2s, $2p_x$, $2p_y$, $2p_z$）

図 **2.25**　電子のスピンを考慮した電子配置の図

シュテルン・ゲルラッハの実験については『基礎化学演習』p.23 問題 2.38 を参照．

参考　**電子スピンとゼーマン効果**　シュテルンとゲルラッハは加熱して蒸発させた銀の微粒子を粒子線にして磁場中を通過させると，粒子線は磁場によって 2 つの方向へと曲げられることを 1922 年に見出した．

Stern, O.
(1888-1969，独)

Gerlach, W.
(1889-1979，独)

また，磁場をかけると，ナトリウムの D 線の 2 本線のスペクトル線はさらに分裂する．この分裂は，発見者の名をとって**ゼーマン分裂**とよばれ，このような磁場の効果を**ゼーマン効果**とよぶ．外部から磁場がかからないときは，電子スピンのエネルギー準位は縮退しているが，磁場によってその縮退はとけ，エネルギー準位が分裂する．

Zeeman, P.
(1865-1943，蘭)

ゼーマン分裂
Zeeman splitting

ゼーマン効果
Zeeman effect

2.9　元素と周期律

　陽子と電子の数の組合せでいろいろな原子が存在することが考えられる．それらの原子はそれぞれ特徴的な性質をもっていて，**元素**と名づけられている．元素は現在まで 110 種類ほどが知られているが安定な元素は 80 〜 90 種ほどで，原子番号が大きくなればなるほど不安定で短寿命になるのは原子核の内部の静電反発力が陽子や中性子を結びつけている核力よりも強くなるからである．

電子の入り方と周期性　　フントの規則やパウリの排他原理に従って電子を入れていくと図 **2.25** のように入る．図 **2.25** の先について考えてみよう．ナトリウム Na（$Z = 11$）にはもう 1 つ電子があり，それは次の 3s 軌道に入り，その配置は $1s^2 2s^2 2p^6 3s^1$ となり，$1s^2 2s^2 2p^6$ はネオンと同じ電子配置なので，それを [Ne] と書いて，[Ne]$3s^1$ となる．ナトリウムからアルゴン Ar（$Z = 18$）までは 3s と 3p 軌道に電子が入っていく．その入り方は，リチウム Li からネオン Ne までと基本的に同じで，周期性を示していることがわかる．

周期表と電子配置との関係　　周期表と最外殻軌道との関係は図 **2.26** のようにまとめることができる．この図から，1 族元素であるアルカリ金属は最外殻の s 軌道に電子を 1 個もつことがわかり，互いに化学的な性質が似ていることがわかる．同様に 2 族のアルカリ土類金属は最外殻の s 軌道が 2 個の電子で占められている．13 族から 18 族までは，p 軌道が最外殻となり，順に電子が入っていく．17 族元素のハロゲンでは p 軌道に 5 個の電子があり，あと 1 つ電子が入れば，18 族の希ガスと同じ電子配置となって安定化する．3 族から 11 族の遷移元素および 12 族の元素では d 軌道が最外殻になっていることもわかる．

　原子半径の周期性を図 **2.27** に，価電子の数の周期性を図 **2.28** に示す．

元素
element

同一元素からできている物質を単体という．

周期表
periodic table

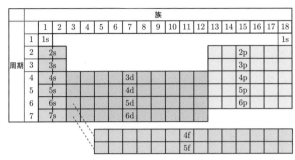

図 **2.26**　最外殻の軌道と周期表との関係

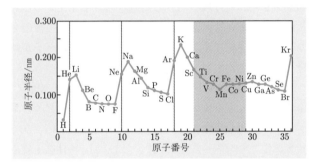

図 **2.27**　原子半径の周期性

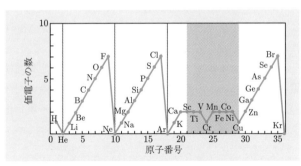

図 **2.28**　価電子の数の周期性

　3d より先に 4s に電子が入るため（図 **2.24**），遷移金属の価電子は 2 となる．Cr では d 軌道に 1 個ずつ電子が入った電子配置 $[\mathrm{Ar}]\,4s^1 3d^5$ が安定で，Cu は 5 つの d 軌道がすべて占有される $[\mathrm{Ar}]\,4s^1 3d^{10}$ が安定なため，これらの価電子は 1 となる．

イオン化エネルギー　　元素の物理化学的性質は周期表の左から右, あるいは上から下への順で変化していることが多い. これは, そういった諸性質が原子の電子配置の変化によるものとして説明できることが多いからである. **イオン化エネルギー**と**電子親和力**もそうした性質の一つである.

イオン化エネルギー I_p は, 原子をイオン化するときに必要なエネルギーである.

$$M \rightarrow M^+ + e^- \qquad (2.36)$$

　放出したり受け取ったりした電子の数をイオンの**価数**という. イオンは元素記号の右上に価数と電荷の種類をつけたイオン式で表される. また, 2 個以上の原子が結合した原子団からなるイオンを**多原子イオン**という.

　イオン化エネルギーが小さいほど電子を放出しやすく, 陽イオンになりやすい. ナトリウムのイオン化とそのエネルギー変化を図 **2.29** に, いくつかの元素の第 1, 第 2 イオン化エネルギーを表 **2.4** に示した. Mg では第 1 イオン化エネルギーや第 2 イオン化エネルギーの値に比べ, 第 3 イオン化エネルギーの値は極めて大きい. そのため Mg は 2 個の電子を放出して Mg^{2+} にはなりやすいが Mg^{3+} にはなりにくい (図 **2.30**).

　イオン化エネルギーの大きさは, 最外殻電子と**有効核電荷**とよばれる, 内殻電子による遮蔽の影響を除いた核の正電荷との間のクーロン引力で決まる. 第 1 イオン化エネルギーの周期性を示すグラフを図 **2.31** に示す.

イオン化エネルギー
ionization
energy

電子親和力
electron
affinity

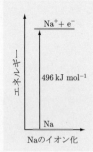

図 **2.29**　ナトリウムのイオン化とそのエネルギー

有効核電荷
effective
nuclear
charge

表 2.4　第 1 と第 2 イオン化エネルギー (kJ mol^{-1})

元素	第 1 イオン化エネルギー	第 2 イオン化エネルギー
H	1312	——
He	2372	5250
Mg	738	1451
Na	496	4562

イオン化：$X(g) \rightarrow X^+(g) + e^-(g)$

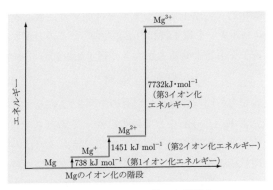

図 2.30 Mg のイオン化の各段階と
それぞれに必要なエネルギー

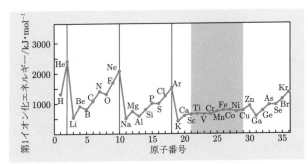

グレーの範囲は遷
移元素

図 2.31 第 1 イオン化エネルギーの周期性

例題 9 水素原子 1 mol あたりのイオン化エネルギーを計算せよ.

解 水素原子から電子を 1 つ奪ってイオン化するエネルギーは式 (2.15) の $n = 1$ から $n = \infty$ へのエネルギー変化に相当するので，1 原子あたりのイオン化エネルギー ε は

$$\varepsilon = \frac{m_e e^4}{8\varepsilon_0^2 h^2}$$

$$= \frac{(9.11 \times 10^{-31}\,\text{kg}) \times (1.602 \times 10^{-19}\,\text{C})^4}{8 \times (8.854 \times 10^{-12}\,\text{C}^2\,\text{N}^{-1}\,\text{m}^{-2})^2 \times (6.626 \times 10^{-34}\,\text{J s})^2}$$

$$= 2.18 \times 10^{-18}\,\text{J}$$

1 mol あたりのイオン化エネルギー I_p は，ε にアボガドロ定数をかけて次のようになる.

$$I_p = (6.022 \times 10^{23}\,\text{mol}^{-1})(2.18 \times 10^{-18}\,\text{J}) = 1.31 \times 10^3\,\text{kJ mol}^{-1}$$

電子親和力　原子に電子 1 個を付加するときに放出されるエネルギーを**電子親和力** E_A という．この力が大きいほど電子を引きよせる力が大きく陰イオンになりやすい．

$$M + e^- \to M^- \qquad (2.37)$$

電子親和力の周期性を示したものを図 **2.32** に示す．ハロゲン元素 F, Cl, Br などで最大になって希ガスでほぼ 0 になるという周期を繰り返している．希ガスでは内殻電子が閉核構造をとっていて核の正電荷を有効に遮蔽するので実際に最外殻電子に作用する電荷（有効核電荷）が小さく，電子配置が安定なので電子親和力はほぼ 0 を示す．一方，有効核電荷の大きいハロゲン原子では，加わった電子は原子核に強く引きつけられ，大きなエネルギーが放出される．よって電子親和力が大きくなる．

電気陰性度　それぞれの元素が電子を引きつける性質を定量的に表すことができれば，化学結合や分子の性質などを論じるときに役に立つ．ポーリングは，電子を引きつける目安として，各元素について相対的な値を**電気陰性度** χ_A として提案した（図 **2.33** 中の表）．電気陰性度が大きい元素は電子を引きつける力が強いので，化学結合をしている分子の中でどの部分に電子密度が高くなるのかを知る目安になる．

電子親和力の符号については第 8 章 8.3 節「電子付加エンタルピー」で学ぶ．

Pauling, L.
(1901-1994, 米)

電気陰性度
electronegativity

グレーの範囲は遷移元素

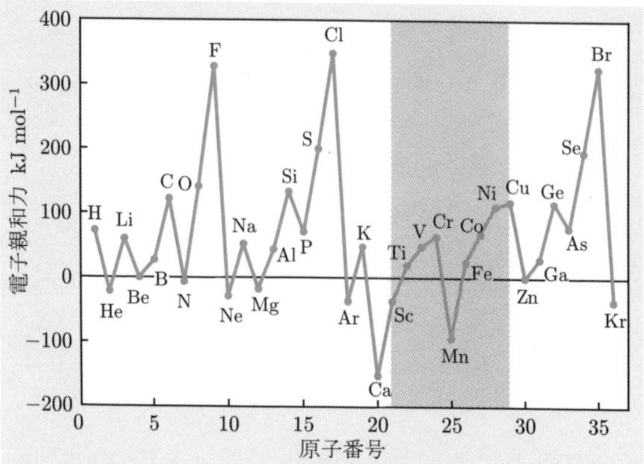

この電子の偏りは分子の化学的な性質を知る上で非常に重要である．それについては 3 章以降でさらに詳しく学ぶ．

図 **2.32**　電子親和力の周期性

　ポーリングが示した値は相対値であったが, その後マ
リケンが絶対値を評価する方法を考え出した. マリケン
は, 元素の電気陰性度 χ_A をそのイオン化エネルギー (I_p)
と電子親和力 (E_A) の相加平均で表した.

Mulliken, R. S.
(1896-1986, 米)

$$\chi_A = \frac{1}{2}(I_p + E_A) \qquad (2.38)$$

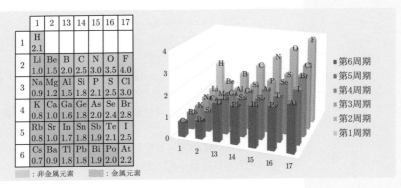

	1	2	13	14	15	16	17
1	H 2.1						
2	Li 1.0	Be 1.5	B 2.0	C 2.5	N 3.0	O 3.5	F 4.0
3	Na 0.9	Mg 1.2	Al 1.5	Si 1.8	P 2.1	S 2.5	Cl 3.0
4	K 0.8	Ca 1.0	Ga 1.6	Ge 1.8	As 2.0	Se 2.4	Br 2.8
5	Rb 0.8	Sr 1.0	In 1.7	Sn 1.8	Sb 1.9	Te 2.1	I 2.5
6	Cs 0.7	Ba 0.9	Tl 1.8	Pb 1.8	Bi 1.9	Po 2.0	At 2.2

■ 第6周期
■ 第5周期
■ 第4周期
■ 第3周期
■ 第2周期
■ 第1周期

：非金属元素　　：金属元素

図 **2.33**　ポーリングの電気陰性度と周期表との関係

例題 10　炭素と窒素の電子親和力の差を電子配置の観点
から説明せよ.

解　炭素の電子配置は $1s^2 2s^2 2p^2$ で, 窒素は $1s^2 2s^2 2p^3$ で
ある. 炭素が受け取る電子は空の p 軌道に入り, 窒素の場合は
既に 3 種の 2p 軌道に 1 つずつの電子が入っているところへ入
る. 窒素の方が電子−電子間の反発が大きいので, それに抗し
て電子を取り込むため, 炭素に比べて取り込まれにくくなる.

例題 11　マリケンの電気陰性度の妥当性を論ぜよ.

解　$A + B \rightarrow A^+ + B^-$ のときに必要なエネルギーは
$I_p^A - E_A^B$
$A + B \rightarrow A^- + B^+$ のときに必要なエネルギーは $I_p^B - E_A^A$

- $I_p^A - E_A^B = I_p^B - E_A^A$ の場合は, $I_p^A + E_A^A = I_p^B + E_A^B$ より
  $\chi_A^A = \chi_A^B$ となる.
- A の方が陰イオンになりやすい場合は $I_p^A - E_A^B > I_p^B - E_A^A$
  と考えられるので $I_A + E_A > I_B + E_B$ より $\chi_A^A > \chi_A^B$ と
  なる.

よって, マリケンの電気陰性度 (2.38) は妥当である.

中性原子 A, B から
A^+ と B^- もしく
は A^- と B^+ が生
じるのに必要なエ
ネルギーを考える.

演 習 問 題
第 2 章

1　球状の原子があるとする．この原子と中心にある原子核の半径をそれぞれ正確に 10^{-10} m と 10^{-15} m とする．原子の質量を 6.69×10^{-27} kg として次の問いに答えよ.
(1)　この原子の密度を kg m^{-3} の単位で表せ.
(2)　質量が原子核に集中しているとして，この原子核の密度を kg m^{-3} の単位で表せ.

2　自然界の水素には ^{1}H と ^{2}H の 2 種類の核種が存在する．水素の原子量を 1.0080 として次の問いに答えよ.
(1)　水素分子 H$_2$ には何種類の質量の異なる分子が存在するか.
(2)　^{1}H と ^{2}H の相対質量を 1.0078 と 2.0141 とすると，それぞれの核種の存在比はいくらになるか.

3　水素原子で $n = 5$ から $n = 2$ への遷移の際に放出される光の振動数および波長を計算せよ.

4　水素分子の質量はおよそ 3.4×10^{-27} kg である．水素分子が 1700 m s^{-1} の速度で動いているときのド・ブロイ波の波長を計算せよ.

5　p.30 の式 (2.20) から式 (2.21) を導け.

6　次の量子数の組 (n, l, m_l) で表される軌道は存在するか.
(1)　$(2, 2, 0)$　　(2)　$(3, 2, 0)$　　(3)　$(5, 2, -3)$

7　周期表の 11 番目から 18 番目の元素の基底状態の電子配置を図 **2.25** にならって描け.

8　炭素原子の基底状態の電子配置は $1s^2\, 2s^2\, 2p^2$ である．これを電子のスピンがわかるようにして表せ.

9　Be や N の第 1 イオン化エネルギーが原子番号がそれぞれ 1 つ大きい B や O よりも少し大きい理由を説明せよ.

10　回折実験で波長が 0.45 nm の電子を使う必要があるとする．このときの電子の速度を計算せよ.

11　電子親和力が第 1 イオン化エネルギーよりもずっと小さな値になる理由を説明せよ.

第3章

共有結合と分子軌道

　2つ以上の原子が共有結合すると分子ができる．原子が結合するときにはそれぞれのもつ電子が重要な役割を果たす．2章で学んだ原子軌道（s軌道とp軌道）が相互作用をして分子軌道が形成される．この化学結合の考え方も量子力学の考え方が取り入れられる前と後とで大きく異なる．電子が原子核を結びつけ，結合性軌道と反結合性軌道を形成する．そこでは電子の波動性が重要な役割を果たす．本章ではまず分子軌道の成立ちを学び，等核二原子分子や異核二原子分子などの分子が，原子を共有することにより共有結合を形成するしくみを分子軌道の考え方をもとに学ぶ．

3.1 共有結合の形成

共有結合
covalent
bond

電子の共有の考え方　水素原子はそれだけでは不安定
で，2 つの水素原子が化学結合を作って水素分子（H_2）
を形成したときに安定になる．一方，ヘリウムやアルゴ
ンのような希ガスは二原子分子を作らず単原子分子の方
が安定である．どのようにして原子が結合して分子がで
きるか永い間わからなかった．

Lewis, G. N.
(1875-1946, 米)

八隅説
（オクテット則）
octet theory

共有電子対
shared electron
pair

価標
bond

単結合
single bond

非共有電子対
unshared
electron pair

孤立電子対
lone pair

不対電子
unpaired
electron

† 磁場があるとその
方向に弱く磁化す
る性質.

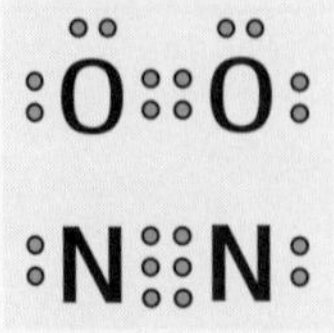

　点電荷式を考案したルイスは，希ガス型の閉殻の電子配
置をとると，原子でも分子でも安定になると考え，**八隅説**
（**オクテット則**）を提唱した（1919 年）．図 **3.1** に水素分
子とフッ素分子の点電荷式による電子の共有の様子を示
す．「$\overset{\bullet}{\underset{\bullet}{\circ}}$」のように，対になって共有されて結合を作る電
子を**共有電子対**という．F_2 の間にある共有電子対を**価標**
「−」で表し（F–F），**単結合**とよぶ．結合に関与していな
い電子対を**非共有電子対**または**孤立電子対**とよぶ．なお，
非共有電子対を形成していない 1 個の電子を**不対電子**と
よぶ．不対電子が分子にあると，分子は常磁性を示す[†]．

　図 **3.2** は点電荷式で表した O_2 と N_2 である．O_2 は二
重結合（O=O）をもち，N_2 は三重結合（N≡N）をも
つことなど，八隅説によって定性的に分子の性質（結合
距離や結合エネルギー）を説明することができる．そし
て，窒素，硫黄，ハロゲンなどを含む多原子分子にも応
用可能である．しかしながら，O_2 には，不対電子が 2 個
存在していて常磁性を示す，という事実などは，八隅説
では説明がつかない．また，電子を 1 個しかもたない水
素分子イオン H_2^+ は，なぜ安定化するのか，なども説明
することはできない．

図 **3.2**　O_2 と N_2 の点電荷式

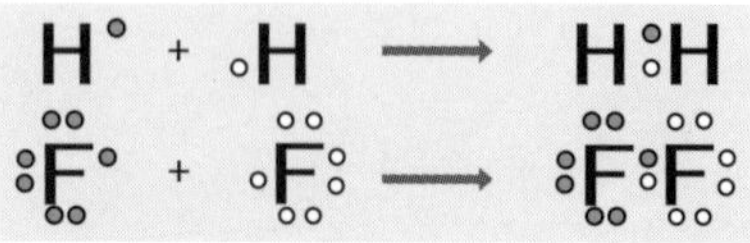

図 **3.1**　点電荷式による水素分子，フッ素分子の共有結合

表 3.1　N_2, O_2, F_2 の結合の性質

	N_2	O_2	F_2
共有電子対の数	3 三重結合	2 二重結合	1 一重結合
結合エネルギー $E/\mathrm{kJ\,mol^{-1}}$	941	493	138
結合距離 r/nm	0.110	0.121	0.142
不対電子の数	0	2	0
磁性	反磁性	常磁性	反磁性

常磁性
paramagnetic
磁場を印加すると磁場方向に弱く磁化する磁性

反磁性
diamagnetic
磁場を印加すると磁場と反対方向に磁化が生じる磁性

電子と原子核の静電相互作用　原子と原子が結合して分子ができるとき，原子を結びつける力は，負電荷をもつ電子と正電荷をもつ原子核との間のクーロン引力である．2つの原子核をつなぐ電子の働きを単純な系を例にとって見てみよう．

　2つの原子核 A, B の間には正電荷間の反発が生じているが，電子が2つの核の間にあるときは，電子は核 A, B それぞれとクーロン引力 f_A, f_B で引き合う．その結果，電子は核同士を引きつけ合う働きをする（図 3.3(a)）．ところが，電子が2つの核の間になく，どちらか一方の近傍にいるときには，核間の反発力の方が強くなるので，原子核は離れて結合は切れる傾向になる（図 3.3(b)）．すなわち，2つの原子核に対しての電子の存在する位置には，結合ができる結合性の領域と結合を破壊する反結合性の領域がある（図 3.4）．

電荷間に働く静電気力（クーロン力）の大きさは電気量に比例し，距離の2乗に反比例する．（章末問題1参照）．

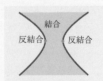

図 3.4　等核二原子分子の結合性領域と反結合性領域

等核二原子分子
homonuclear
diatomic
molecule

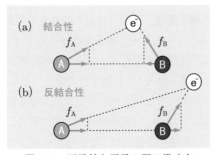

(a)　結合性

f_A　f_B
A　B　e⁻

(b)　反結合性

f_A　f_B
A　B　e⁻

図 3.3　原子核と電子の間に働く力

3.2　原子軌道から形成される分子軌道

分子軌道
molecular
orbital

分子軌道　　電子が結合性領域にあれば，共有結合が形成される．この核と電子の相互作用を 2 章で学んだ原子軌道（AO）を用いて考えてみよう．ここでは，2 つの水素原子 H_A と H_B の 1s 軌道同士が，1 つの電子によって結合している H_2^+ を例にとって説明する．

　1s 軌道の波動関数 φ は，空間のいたるところで同じ符号をもち，φ^2 を全空間で積分すると 1 である．そのため，φ には $\pm\varphi$ が可能である．H_A と H_B の 1s 軌道の波動関数（原子軌道）φ_A，φ_B の組合せには，同符号の場合と異符号の場合が存在する（図 **3.5(a)**）．同符号（**同位相**）の φ_A と φ_B が重なる場合には，互いを強め合うことになる．このときできる波動関数 Ψ_b（図 **3.5(b)**）は，2 つの原子が同等に寄与することから

同位相
in-phase
逆位相
anti-phase

$$\Psi_b = c_b(\varphi_A + \varphi_B) \tag{3.1}$$

と表される．ここで c_b は規格化定数である．逆に，異符号（**逆位相**）の波動関数が重なる場合には，互いを弱め合うことになり，原子間の中心で波動関数の正負が逆転する．このときできる波動関数 Ψ_a は，c_a を規格化定数として

原子軌道の線形
結合
linear
combination
of atomic
orbital
(LCAO)

$$\Psi_a = c_a(\varphi_A - \varphi_B) \tag{3.2}$$

と表される．Ψ_b および Ψ_a のように，AO の線形結合（LCAO）でできる波動関数を**分子軌道**（MO）という．

分子軌道の電子密度　　分子軌道の波動関数の絶対値の 2 乗 Ψ^2 から，分子軌道中の電子密度をえることができる．図 3.6 は**電子密度分布** Ψ_b^2，Ψ_a^2 を示す．同位相の AO からできる Ψ_b に電子が入ると，原子核の間，つまり結合性領域に電子が存在して 2 つの原子核を結びつける働きをするので（図 **3.6(a)**），Ψ_b は**結合性軌道**とよばれる．逆位相で弱め合う Ψ_a の電子密度には，原子核間に電子の存在確率が 0 になる**節面**があり，電子は反結合性領域に存在して結合を弱める（図 **3.6(b)**）．Ψ_a は**反結合性軌道**とよばれる．

分子軌道の絶対値
の 2 乗 Ψ^2 を全空
間で積分しても 1
になる．

結合性軌道 Ψ_b
bonding orbital

反結合性軌道 Ψ_a
antibonding
orbital

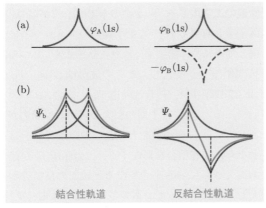

図 3.5　H_2^+ の原子軌道 (a) と分子軌道 (b)

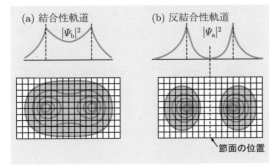

図 3.6　H_2^+ の電子密度分布

詳しい解説は『基礎
物理化学 I
［新訂版］』
4 章 p.66-67

例題 1　分子軌道 Ψ_b と Ψ_a が直交していることを示せ.

解　波動関数 Ψ_b と Ψ_a が直交する条件とは

$$\int_{-\infty}^{\infty}\int_{-\infty}^{\infty}\int_{-\infty}^{\infty}\Psi_b^*(x,y,z)\,\Psi_a(x,y,z)dxdydz = 0$$

である. Ψ_b^* と Ψ_a の積は

$$\Psi_b^*\,\Psi_a = c_b^*(\varphi_A^* + \varphi_B^*)\times c_a(\varphi_A - \varphi_B)$$
$$= c_a c_b^*(|\varphi_A|^2 - |\varphi_B|^2)$$

となる[†]. 原子関数の規格化条件より $|\varphi_A|^2$ と $|\varphi_B|^2$ を全空間
にわたって積分すると共に 1 となる.

$$\int_{-\infty}^{\infty}\int_{-\infty}^{\infty}\int_{-\infty}^{\infty}|\varphi_A|^2 dxdydz = \int_{-\infty}^{\infty}\int_{-\infty}^{\infty}\int_{-\infty}^{\infty}|\varphi_B|^2 dxdydz = 1$$

よって Ψ_b と Ψ_a は直交している.

[†] $\varphi^*\varphi = |\varphi|^2$

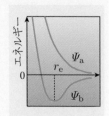

図 **3.7**　Ψ_b と Ψ_a のエネルギー

[†1] シュレディンガーの方程式を解くことで求められる.

結合距離
bond distance

[†2] 実際は，Ψ_a の不安定化の方が Ψ_b の安定化を上回る.

分子軌道のエネルギー　　2 つの水素原子核が近づいて 1 個の電子を共有する H_2^+ の分子軌道のエネルギーについて考察してみよう．無限遠に離れた状態から，2 つの原子核の核間距離 r が変化したときの波動関数 Ψ_b, Ψ_a の変化を図 **3.7** に示す[†1]．結合性軌道 Ψ_b の場合，2 つの核が近づいてくると，核–電子間の引力と核間の反発力がつり合って，$r = r_e$ で極小値をとる．この距離で結合は最も安定となり，共有結合を形成する．この距離 r_e が**結合距離**である．さらに r が小さくなると核間の反発力が急激に増大し，それに伴ってエネルギーも増大する．Ψ_a の場合は核間の接近と共に，エネルギーは連続的に増大する．

　原子軌道から分子軌道ができるときのエネルギー準位は模式的に図 **3.8** のように表される．両側に原子軌道を描き，間に分子軌道を描く．2 つの原子軌道から結合性 Ψ_b および反結合性 Ψ_a の 2 つの分子軌道が形成される．H_2^+ のように同核の場合は，原子軌道のエネルギーより Ψ_b は ΔE だけ安定化し，Ψ_a は ΔE だけ不安定化する[†2]．電子はエネルギーの低い結合性軌道から入る．H_2^+ には電子が 1 個しかなく，↑を 1 個だけ Ψ_b に描く．H_2^+ 分子を形成したときの安定化エネルギーは，近似的に $1 \times \Delta E$ となる．

分子軌道への電子の配置　　H_2^+ にもう 1 個電子が入ると水素分子 H_2 になる．分子軌道への電子の配置も構成原理（2.8 節）に従う．すなわち，2 個めの電子はパウリの原理に従って結合性軌道に逆向きに入って電子対を形成する（図 **3.9**）．1 電子が加わって 2 電子になると電子間の反発が生じてくるので，波動関数のエネルギーは H_2^+ の場合から変化するが，安定化エネルギーは $2 \times \Delta E$ と近似できる．

　H_2 にもう 1 個電子が付け加えられると H_2^- ができる．1 つの軌道には電子は 2 個までしか入ることができないので，3 個めの電子は反結合性軌道に入る．よって H_2^- の安定化エネルギーは $(2-1) \times \Delta E = \Delta E$ となり，H_2

よりも不安定になる. さらにもう 1 個電子が入ると $H_2{}^{2-}$ となるが, $H_2{}^{2-}$ の安定化エネルギーは $(2-2) \times \Delta E = 0$ となるために, $H_2{}^{2-}$ は安定に存在しない. これは He_2 が安定に存在しないのと同じ理由である.

結合次数　　結合ができる際には, 結合性軌道だけでなく, 反結合性軌道にも電子が入っていく. 結合性軌道に入った電子は結合を強める方向に働くが, 反結合性軌道に入った電子は弱める方向に働く. それぞれの電子の数の差を 2 で割った数が実質的に結合に関与する電子対の数であるといえる. その数を**結合次数**とよぶ.

結合次数 = $(1/2)\{($結合性軌道にある電子の数$)$
　　　　　　　　$-($反結合性軌道にある電子の数$)\}$

結合次数
bond order

ここで, 結合次数は必ずしも整数にはならない. 例えば $H_2{}^+$, H_2, $H_2{}^-$ の結合次数はそれぞれ $1/2, 1, 1/2$ となる. H_2 の原子間距離の実測値は $0.074\,\mathrm{nm}$ で, これは $H_2{}^+$ の $0.106\,\mathrm{nm}$ より短い. 結合次数が大きい方が, 結合距離が短く, 結合エネルギーが大きくなる.

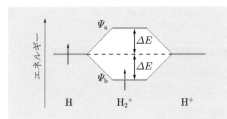

図 3.8　　$H_2{}^+$ の分子軌道のエネルギー準位と電子配置

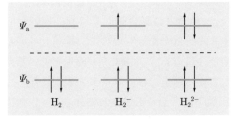

図 3.9　　H_2, $H_2{}^-$ および $H_2{}^{2-}$ の分子軌道の
　　　　エネルギー準位と電子配置

σ 結合と π 結合　　H_2^+ の Ψ_b, Ψ_a の形状は結合軸の周りに円柱対称である．このような分子軌道を $\overset{\text{シグマ}}{\sigma}$ **軌道**とよび，σ 軌道により形成される結合を **σ 結合**とよぶ．σ 軌道のうちで，反結合性の波動関数をもつものは，* をつけて σ^* と書かれる[†]．第 2 周期の元素，フッ素，酸素，窒素等が作る二原子分子では，s 軌道の他に p 軌道も分子軌道を形成して結合に関与する．2 つの $2p_z$ 軌道が分子軸に沿って接近して，結合性軌道を作る場合を考えよう（図 3.10）．このとき 2 つの原子の $2p_z$ 軌道から，結合性の σ_{2p_z} 軌道と反結合性の $\sigma_{2p_z}^*$ 軌道が生じる．

[†] Ψ_b が σ で，Ψ_a が σ^* となる．

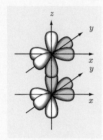

図 3.10　$2p_z$ 軌道と $2p_z$ 軌道の重なり分子軸は z 軸

$2p_z$ 軌道に互いに直交する $2p_x$ 軌道と $2p_y$ 軌道は結合軸に垂直に向きながら近づき，$\overset{\text{パイ}}{\pi}$ **軌道**とよばれる σ 軌道と異なる対称性をもつ分子軌道を形成する．2 つの $2p_x$ 軌道は，結合性の π_{2p_x} 軌道と反結合性の $\pi_{2p_x}^*$ 軌道を作り，2 つの $2p_y$ 軌道は結合性の π_{2p_y} 軌道と反結合性の $\pi_{2p_y}^*$ 軌道を作る．結合性である π_{2p_x} 軌道も π_{2p_y} 軌道も分子軸を含む節面をもっていて，原子核周りでの電子密度は低い（図 3.11）．反結合性の $\pi_{2p_x}^*$ と $\pi_{2p_y}^*$ 軌道は節面が 2 つある．

σ 軌道と π 軌道のエネルギー準位　　F 原子の 2s および 2p 軌道同士から形成される，F_2 の σ 軌道と π 軌道のエネルギー準位を図 3.12 に示す．結合軸上で大きく重なる σ_{2p_z} 軌道のエネルギーは最も低く，逆に $\sigma_{2p_z}^*$ のエネルギーは最も高くなる．結合軸から離れたところで，小さくしか重ならない π_{2p_x}, π_{2p_y} の安定化は小さい．π_{2p_x} 軌道と π_{2p_y} 軌道とは結合軸回りに 90° 回転しているだけでエネルギーは全く等しいので，縮退している．同じく，反結合性軌道 $\pi_{2p_x}^*$ と $\pi_{2p_y}^*$ も縮退している．これらの縮退している軌道には，フントの規則に従って電子が入る．2s 軌道同士から形成される σ_{2s} と σ_{2s}^* 軌道のエネルギーは，σ_{2p_z} 軌道のエネルギーより低いところにある．これは 2s の AO のエネルギーが低いためである．

Hund, F.
p.40

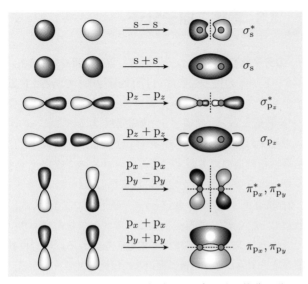

図 3.11 s 軌道および p 軌道からできる分子軌道の形.
点は原子核の位置を表し，破線は節面を表す.

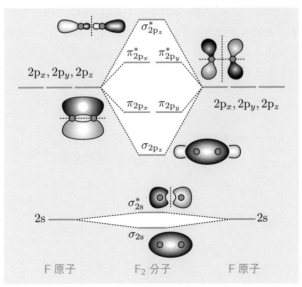

図 3.12 2s および 2p 軌道から作られる分子軌道の
エネルギー準位と分子軌道

3.3 等核二原子分子

F_2 の分子軌道　　F_2 の分子軌道と電子配置を図 3.13 に示す. F 原子の電子配置は $(1s)^2(2s)^2(2p)^5$ である. F 原子の 2 個の 1s 軌道から σ_{1s} 軌道と σ_{1s}^* 軌道ができ, 2 個の 2s 軌道から σ_{2s} 軌道と σ_{2s}^* 軌道ができる. これらのエネルギーの低い軌道から順次電子が入るが, 結合性と反結合性の軌道の両方がすべてみたされるので安定化エネルギーは 0 で, F_2 の安定化には寄与しない.

　2p軌道からは, σ_{2p_z} 軌道と $\sigma_{2p_z}^*$ 軌道および π_{2p_x}, π_{2p_y} 軌道と $\pi_{2p_x}^*, \pi_{2p_y}^*$ 軌道が生じる. これらの軌道にパウリの原理とフントの規則に従って電子を入れる. 結合性軌道が電子でみたされた後, 縮退した反結合性の $\pi_{2p_x}^*, \pi_{2p_y}^*$ 軌道も電子でみたされる. よって F_2 分子の電子配置は $(\sigma_{1s})^2(\sigma_{1s}^*)^2(\sigma_{2s})^2(\sigma_{2s}^*)^2(\sigma_{2p_z})^2(\pi_{2p_x})^2(\pi_{2p_y})^2(\pi_{2p_x}^*)^2(\pi_{2p_y}^*)^2$ と書ける. 結合を強める働きをする電子の数は 6 であり, 結合を弱める働きをする電子の数は 4 である. よって結合次数は $(1/2) \times (6 - 4) = 1$ となり, F_2 が一重結合であることと一致する.

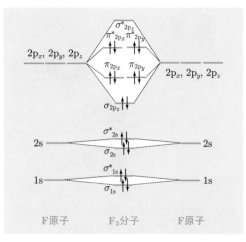

図 3.13　　F_2 の分子軌道エネルギー準位図と電子配置

第2周期の等核二原子分子

N_2, O_2, F_2 の分子軌道の相対的なエネルギー準位と軌道占有状態を図 **3.14** に示す. N_2 の結合次数は $(1/2) \times (6 - 0) = 3$ であり三重結合になる. ただし, 2p 軌道が作る結合性分子軌道 $\sigma_{2p_z}, \pi_{2p_x}, \pi_{2p_y}$ のエネルギー準位が, N_2 と O_2 の間で入れ替わっていることに注意が必要である. これは原子核の正電荷が小さくなると σ^*_{2s} と σ_{2p_z} のエネルギー差が小さくなり, 異なる分子軌道が形成するために生じる.

この σ_{2p_z} と π_{2p_x}, π_{2p_y} のエネルギー差は C_2, B_2, Be_2 と軽い原子になるほど大きくなる.

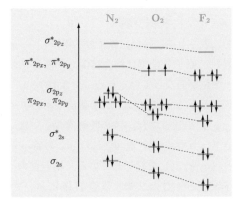

図 3.14　N_2, O_2, F_2 の分子軌道の相対的エネルギー準位と電子配置

例題 2　O_2 の分子軌道と電子配置から, O_2 の結合次数を求め, O_2 が常磁性であることを説明せよ.

解　酸素原子の電子配置は $(1s)^2(2s)^2(2p)^4$ である. O_2 の分子軌道のエネルギー準位は F_2 と同じである. パウリの原理とフントの規則に従って, 低いエネルギー準位から順次電子を入れていくと, 縮退した反結合性の $\pi^*_{2p_x}$ と $\pi^*_{2p_y}$ 軌道に電子が1個ずつ入る (図 **3.14**). 酸素の電子配置は

$$(\sigma_{1s})^2(\sigma^*_{1s})^2(\sigma_{2s})^2(\sigma^*_{2s})^2(\sigma_{2p_z})^2(\pi_{2p_x})^2(\pi_{2p_y})^2(\pi^*_{2p_x})^1(\pi^*_{2p_y})^1$$

となる. O_2 の結合次数は, $(1/2) \times (6 - 2) = 2$ であり O_2 が二重結合をもつことと一致する. 酸素分子は, 不対電子をもち常磁性である. 気体の酸素を液体窒素で冷却すると淡青色の液体酸素になる. 液体酸素は磁石に引き寄せられる.

3.4　異核二原子分子と分子の極性

異核二原子分子
heteronuclear
diatom
molecule

異核二原子分子の分子軌道　　HCl や CO など異核二原子分子の分子軌道も，本質的には，等核二原子分子と同様に，LCAO-MO によって表すことができる．これら異核二原子分子の結合性分子軌道 Ψ_b と反結合性分子軌道 Ψ_a を原子軌道 φ_A, φ_B で表すと

$$\Psi_b = c_1\varphi_A + c_2\varphi_B \qquad (3.3)$$

$$\Psi_a = c_2\varphi_A - c_1\varphi_B \qquad (3.4)$$

と近似的に表される．等核二原子分子では $c_1 = c_2$ であったが，異核二原子分子では結合に関与する原子軌道のエネルギー準位が異なっているため（図 **3.15**），$c_1 \neq c_2$ となる．係数が異なることは，原子軌道 φ_B のエネルギー準位が φ_A より低い場合，結合性軌道 Ψ_b には φ_B の寄与が大きく，反結合性軌道 Ψ_a には φ_A の寄与が大きくなること（$c_1 < c_2$）を意味している．結合性の Ψ_b において電子密度（係数の 2 乗）は原子 B において大きい．このように電荷の偏りをもつ共有結合を**極性結合**という．

極性結合
polar bond

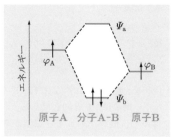

図 3.15　異核二原子分子 A-B の分子軌道エネルギー準位

図 3.16　正味の重なりが 0 になる原子軌道の重なり

　異核二原子分子において，原子軌道と原子軌道が結合して分子軌道を作るためには

- 原子軌道同士のエネルギーが近い
- 波動関数の正味の重なりが 0 でない

の 2 点が重要である．図 **3.16** のような s 軌道と p 軌道

の重なりでは波動関数の対称性から，波動関数の重なり $\varphi_A\varphi_B$ の全空間における積分（重なり積分）は 0 になるため，結合性軌道を形成することはできない．

フッ化水素の分子軌道　異核二原子分子の例としてフッ化水素（HF）の場合を考えよう．F 原子の原子軌道は $(1s)^2(2s)^2(2p)^5$ と占有されている．H 原子の 1s 軌道のエネルギー準位には F 原子の 2p 軌道が最も近い．$2p_z$ が H 原子の 1s 軌道と σ 結合して，分子軌道を形成すると，$2p_x$ と $2p_y$ は 1s 軌道と正味の重なりが 0 なので結合に全く関与しない．HF の分子軌道への電子配置は

$$(1\sigma)^2(2\sigma)^2(3\sigma)^2(1\pi_x)^2(1\pi_y)^2$$

となり，σ_{2p_z} 軌道が結合性分子軌道である．フッ素原子の 2 つの 2p 軌道の非共有電子対は $1\pi_x$ と $1\pi_y$ 軌道を占有するが，これらは非結合性軌道である（図 3.17）．

異核二原子分子の分子軌道の名称はエネルギーの下から $n\sigma, n\pi\ (n = 1, 2, 3, \cdots)$ とつける．

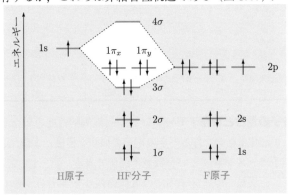

図 3.17　HF の分子軌道のエネルギー準位と電子配置

例題 3　HF の結合次数はいくらか．

解　HF の分子軌道（図 3.17）をみると，結合性軌道 3σ に電子が 2 個入り，反結合性軌道 4σ には入っていない．また，結合性軌道と反結合性軌道の間のエネルギーの $1\pi_x, 1\pi_y$ 軌道は，結合性軌道でも反結合性軌道でもなく，非結合性軌道である．そこに入っている非共有電子対は結合に関与していない．従って結合次数は $(1/2) \times (2 - 0) = 1$ となる．

結合のイオン性　異核二原子分子の場合，結合を形成する原子の電気陰性度は必ずしも同じでないため，結合ができた際には電子密度の偏りを生じることが多い．そのため，電子を共有してできている結合でもイオン性を帯びていると考えることができる．A–B という異核二原子分子を考えるとき，B の電気陰性度 χ_B が A の電気陰性度 χ_A より大きい場合，電子密度は B の方が少し大きくなり，A^+B^- というイオン的構造の寄与が考えられるようになる．ポーリングは電気陰性度の値を求めると共に，電気陰性度の差によるイオン性の寄与の割合を求めた（表 3.2）．

Pauling, L.
p.46

表 3.2　電気陰性度の差と一重結合の部分的イオン性との関連

$\chi_A - \chi_B$	イオン性の割合/%	$\chi_A - \chi_B$	イオン性の割合/%
0.2	1	1.8	55
0.4	4	2.0	63
0.6	9	2.2	70
0.8	15	2.4	76
1.0	22	2.6	82
1.2	30	2.8	86
1.4	39	3.0	89
1.6	47	3.2	92

分子の極性と双極子モーメント　電気陰性度の異なる原子が化学結合を作るときの電荷の偏りを**極性**とよび，**双極子モーメント** μ という数値で評価できる．図 3.18 のように，異核二原子分子内での電荷の偏りを $+\delta_e$ C, $-\delta_e$ C とし，両電荷を結ぶ距離を r m とすると，μ は

極性
polarity

双極子モーメント
dipole moment

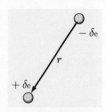

$$\mu = \delta_e r \qquad (3.5)$$

で与えられる．この双極子モーメントの単位にはデバイ（D）が用いられ，1 D は 3.33564×10^{-30} C m である．等核二原子分子では双極子モーメントは 0 である．

図 **3.18** 双極子モーメント．本来ベクトル量である．

Debye, P.
(1884-1966, 蘭)

　双極子モーメントから結合のイオン性が評価できる．例えば，HF の双極子モーメントは 1.98 D，その結合距離は 0.092 nm である．電荷が完全に移動したイオン性 100% の H^+F^- の双極子モーメントは er と考えられるの

で，HF の結合のイオン性は次の式で計算でき，45％となる．

$$結合のイオン性 (\%) = \frac{\mu}{er} \times 100 = \frac{\delta_e}{e} \times 100 \quad (3.6)$$

同様に HCl, HBr, HI の結合のイオン性はそれぞれ 17, 11, 5％となる．結合のイオン性は，共有結合にイオン結合の性質が混ざっていることを示す．二原子分子の双極子モーメントの値を表 3.3 に示す．

多原子分子の双極子モーメントはそこに含まれる結合の双極子モーメントのベクトル和で表されるので，その値は分子構造によって異なる．直線構造をとる CO_2 や四面体構造の CCl_4 はここの結合に極性があっても全体としてのベクトル和が 0 になるので，分子としての極性はない．これについては 4 章で学ぶ．

表 3.3　二原子分子の双極子モーメント

分子	μ/D	分子	μ/D	分子	μ/D
Ar	0	HF	1.98	CO	0.10
H_2	0	HCl	1.03	NO	0.15
N_2	0	HBr	0.78	NaBr	9.12
O_2	0	HI	0.38	KBr	10.63

例題 4　次の分子の電気陰性度の差を求め，その値からイオン性のおよその割合を求めよ．
(a) HCl　　(b) NaBr　　(c) KBr

解　電気陰性度の差は 2 章の図 2.33 中の表より求める．
(a) HCl の電気陰性度の差は $(3.0 - 2.1) = 0.9$
　　表 3.2 よりイオン性は 19％
(b) NaBr の電気陰性度の差は $(2.8 - 0.9) = 1.9$
　　表 3.2 よりイオン性は 59％
(c) KBr の電気陰性度の差は $(2.8 - 0.8) = 2.0$
　　表 3.2 よりイオン性は 63％

演 習 問 題
第3章

1 静止している 2 つの陽子の中央に電子 1 個を置いたとき，陽子がこの電子から受ける引力の大きさは，その陽子がもう 1 つの陽子から受ける斥力の何倍か.

2 式 (3.1) および (3.2) の分子軌道 Ψ_b, Ψ_a の規格化定数 c_b, c_a を，原子軌道 φ_A と φ_B の積 $\varphi_A\varphi_B$ を全空間で積分した値 S（重なり積分とよばれる）を用いて表せ.

$$S = \int_{-\infty}^{\infty} \int_{-\infty}^{\infty} \int_{-\infty}^{\infty} \varphi_A(x,y,z)\varphi_B(x,y,z)dxdydz$$

3 He_2 分子と He_2^+ イオンの電子配置を考え，これらの化合物の結合次数を求めよ.

4 以下の (1) から (3) の軌道について，節面を図示して結合性分子軌道と反結合性分子軌道の形を描け.
(1) 1s 軌道と 1s 軌道から生じる σ 軌道
(2) $2p_z$ 軌道と $2p_z$ 軌道から生じる σ 軌道
(3) $2p_x$ 軌道と $2p_x$ 軌道から生じる π 軌道

5 酸素 O_2，およびその分子イオン O_2^+, O_2^-, O_2^{2-} について分子軌道のエネルギー準位と電子配置にもとづいて以下の問に答えよ.
(1) それぞれの結合次数を求め，結合距離 r と結合エネルギー E の表 3.4 の数値を説明せよ.
(2) 不対電子数を求めて常磁性物質かどうか判断せよ.

表 3.4 酸素分子とそのイオンの結合長と結合エネルギー

	r/pm	E/kJ mol^{-1}
O_2^+	112	643
O_2	121	494
O_2^-	135	395
O_2^{2-}	149	215

6 ホウ素分子 B_2 について分子軌道のエネルギー準位と電子配置にもとづいて以下の問に答えよ.
(1) 結合次数を求め，B_2 が常磁性であることを説明せよ.
(2) ホウ素原子とホウ素分子では，どちらの第 1 イオン化エネルギーが大きいと考えられるか.

7 NaCl の双極子モーメントは 9.00 D である. 両イオン間の距離を 0.236 nm として，NaCl のイオン性を求めよ.

第4章

分子の形と混成軌道

　分子は直線型，折れ曲がり，四面体形，平面形など様々な立体構造をとる．このような多様なかたちは何によってきまるのだろうか．前章では原子軌道の電子が共有されて分子軌道ができる様子を学んだ．共有結合には方向性がある．これは球対称の s 軌道を除いて結合に関与する p 軌道や d 軌道が角度依存性をもつためである．この章では分子軌道への電子の入り方によって，分子の形が決まることを特に軌道の混成という考え方を中心に学ぶ．

4.1 分子の形と混成軌道

分子の形　　前章で化学結合のできる様子を量子化学の
考え方をもとに学んだ．結合によって結びつけられた原
子は分子をつくる．分子は様々な形をもっている．例え
ばメタン（CH_4）やエタン（CH_3CH_3）の炭素は正四面体
型，エチレンは平面型，アセチレンや二酸化炭素（CO_2）
は直線状，アンモニア（NH_3）は傘が開いたような立体
的な三角錐型で，水（H_2O）は折れ曲がっている．また
ベンゼンは平面状の六角形で，シクロヘキサンはいす型
や舟型をとる（図 4.1）．このように分子がそれぞれ固有
の形をとることはたまたまではなく原子核と電子との相
互作用によって決まっている．量子力学の考えを取り入
れた量子化学を学ぶ前の化学ではこのような形をとる原
因は明確ではなく「そういうもの」として覚えるしかな
かった．しかし，量子化学の考え方を用いるとそれぞれ
の形を合理的に説明することができる．

　　フッ素分子，酸素分子，窒素分子など二原子分子はど
れも直線状に結合しているが，三原子以上の原子が結合
してできる分子の場合は結合角が分子の構造と性質とを
決める重要な鍵を握っている．分子の立体的な構造は結
合の安定性を示した八隅説では説明できないし，これま
で見てきた炭素と水素との間の分子軌道だけを考えてい
ても説明困難である．しかし，この分子軌道の考え方を
もとに分子の立体構造を合理的に説明しようとする考え
方がポーリングによって提唱された**軌道の混成**という考
え方である．s 軌道や p 軌道の線型結合で新たな分子軌
道を定式化するもので，その結果できる軌道を用いて結
合をつくることによって，いろいろな分子の結合の数や
立体構造を説明しようとするもので，軌道の角度依存性
ともつじつまが合っている．電子対反発則という経験則
と併せて考えると形についてさらに詳しく議論できる．

混成
hybridization

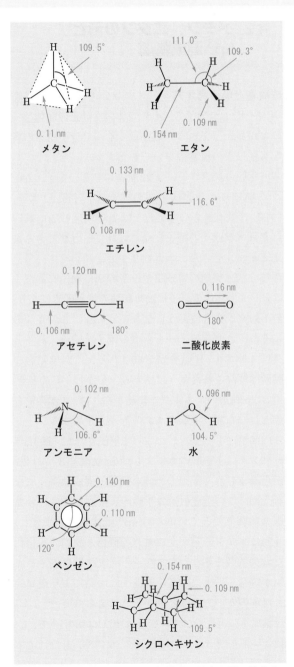

図 **4.1** いろいろな分子の立体構造，結合距離，結合角

4.2 メタン，エタンの形と sp³ 混成軌道

混成軌道
hybrid orbital

メタン
methane

混成軌道という考え方　メタン分子は4本の等価なC–H結合をもつ分子で，その立体構造は正四面体型であることがわかっている．第3章で学んだ分子軌道の考え方をもとにこの構造について考えよう．

基底状態の炭素原子には2s軌道に2個の電子，$2p_x$軌道 $2p_y$軌道にそれぞれ1個の電子（不対電子）がある（図4.2）．共有結合の考え方では$2p_x$軌道と$2p_y$軌道にそれぞれ水素原子の電子を受け入れて結合ができるように見えるが，それだと水素は2つしか結合せず，現実と合わない．2s軌道の電子1個を空の$2p_z$軌道に昇位させることにより，炭素原子は励起状態の電子配置になり，4個の不対電子をもつようになる（図4.2）．この4つの軌道にそれぞれ水素原子から1個の電子を受け入れて共有すれば4本のC–H結合が形成される．これで結合の数の問題は解決されたように見える．しかし，このとき2s軌道と2p軌道のエネルギーに差があれば，4本の結合は等価とはならず，実際のメタン分子と矛盾する．

Pauling, L.
p.46

この問題はポーリングによって解決された（1932年）．ポーリングは1個ずつ電子をもつ2s軌道と3つの2p軌道が再編成されて4つの等価な軌道（**混成軌道**）になると考えた．この混成軌道は1つのs軌道と3つのp軌道の線型結合でできているため **sp³ 混成軌道** とよばれる．図4.3にメタンのsp³混成軌道の概形と軌道の規格化された波動関数を示す．4つのsp³混成軌道はエネルギー準位が等しく，また，互いの電子の反発により空間的に最も無理のない方向へと広がると考えられる．

メタンの構造については p.70 で述べる．

炭素原子の昇位のエネルギーは$402\,\mathrm{kJ\,mol^{-1}}$で，C–Hの結合エネルギーは$416\,\mathrm{kJ\,mol^{-1}}$なので，昇位にエネルギーを使っても十分補われる．

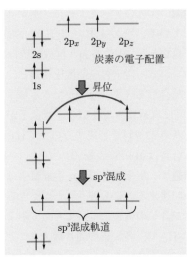

図 **4.2**　　s 軌道の電子の昇位と sp^3 混成軌道の生成

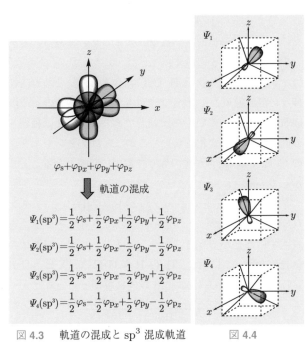

$$\Psi_1(\mathrm{sp^3}) = \frac{1}{2}\varphi_{\mathrm{s}} + \frac{1}{2}\varphi_{\mathrm{p}_x} + \frac{1}{2}\varphi_{\mathrm{p}_y} + \frac{1}{2}\varphi_{\mathrm{p}_z}$$

$$\Psi_2(\mathrm{sp^3}) = \frac{1}{2}\varphi_{\mathrm{s}} + \frac{1}{2}\varphi_{\mathrm{p}_x} - \frac{1}{2}\varphi_{\mathrm{p}_y} - \frac{1}{2}\varphi_{\mathrm{p}_z}$$

$$\Psi_3(\mathrm{sp^3}) = \frac{1}{2}\varphi_{\mathrm{s}} - \frac{1}{2}\varphi_{\mathrm{p}_x} - \frac{1}{2}\varphi_{\mathrm{p}_y} + \frac{1}{2}\varphi_{\mathrm{p}_z}$$

$$\Psi_4(\mathrm{sp^3}) = \frac{1}{2}\varphi_{\mathrm{s}} - \frac{1}{2}\varphi_{\mathrm{p}_x} + \frac{1}{2}\varphi_{\mathrm{p}_y} - \frac{1}{2}\varphi_{\mathrm{p}_z}$$

図 **4.3**　　軌道の混成と sp^3 混成軌道　　　　図 **4.4**

メタンの構造　先に述べたようにメタンは正四面体型の構造をしている．その 4 本の C–H 結合の結合軌道は sp^3 混成軌道である．4 つの sp^3 混成軌道は正四面体の頂点を向いている．炭素の sp^3 混成軌道と，その軌道が水素と共有結合してメタン分子ができる様子を図 **4.5** に示す．sp^3 混成軌道にある 4 個の不対電子が水素原子の不対電子と共有電子対を形成するので CH_4 分子は正四面体型で結合角は 109.5° となる．

エタンの構造　炭素原子の sp^3 混成軌道は飽和炭化水素の結合を記述するのにも使うことができる．その一例として**エタン**分子の構造について考えてみよう．エタンは分子式 C_2H_6 で，各炭素の周りはメタンと同様に正四面体型構造になっている．エタンには 6 本の C–H 結合と 1 本の C–C 結合とがある．C–H 結合は炭素の sp^3 混成軌道と水素の 1s 軌道との間の結合で，C–C 結合は炭素の sp^3 混成軌道同士の重なりによる結合である．エタンの構造を図 **4.6** に示す．

　メタン，エタンの C–H, C–C 結合とも，結合軸方向に伸びた混成軌道と 1s 軌道またはもう 1 つの炭素の sp^3 混成軌道が重なってできた σ 結合である．σ 結合は軸周りの回転に対して変化しない．このことはメタンやエタンの C–H, C–C 結合が軸の周りに自由に回転できることを示している．

　さらに炭素原子の多いプロパン（C_3H_8），ブタン（C_4H_{10}）の炭素も sp^3 混成軌道の考え方でその構造を説明することができる．メタンとそのハロゲン置換体の結合角を表 **4.1** に示す．H–C–H も H–C–X（X はハロゲン）も 109.5° からほぼ ±2° 以内に収まっている．

エタン
ethane

表 4.1　メタンとそのハロゲン置換体の結合角

	H–C–H	H–C–X
CH_4	109.5°	——
CH_3F	110.0°	108.6°
CH_3Cl	110.3°	108.3°
CH_3Br	111.1°	107.4°

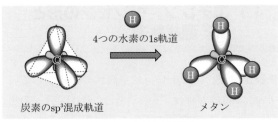

図 **4.5**　メタンの構造

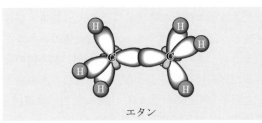

エタン

図 **4.6**　エタンの構造

例題 1　図 **4.3** 中の sp^3 混成軌道の波動関数についている係数と符号が意味していることについて考えてみよう．立方体の中心を原点とすると正四面体と立方体との関係は以下の通りである．立方体の中心から各頂点 A, B, C, D へ伸びる 4 つのベクトルの成分を表せ．

解

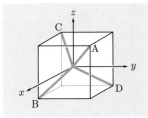

図 **4.7**　立方体と正四面体との関係

A$(1, 1, 1)$, B$(1, -1, -1)$, C$(-1, -1, 1)$, D$(-1, 1, -1)$ となり，この成分は図 **4.3** のメタンの混成軌道のそれぞれの係数と一致していることがわかる．

4.3 エチレン，ベンゼンの形と sp^2 混成軌道

エチレン
ethylene

エチレン分子　エチレンは平面状の構造をしていて，H–C=C の角度がほぼ 120° である．C_2H_4 分子の場合，励起状態にある C 原子の 4 個の不対電子のうち 2s 軌道 1 個と 2p 軌道 2 個の計 3 個の不対電子が **sp^2 混成軌道** とよばれる 3 つの新たな軌道をつくり，2p 軌道 1 個はそのまま残る（図 4.8）．3 つの sp^2 混成軌道のエネルギー準位は等しく，また，同一平面上にあって電子間の反発をできるだけ避けられるような，正三角形の各頂点方向に延びた形をしている（図 4.9）．残った $2\mathrm{p}_z$ 軌道は sp^2 混成軌道平面に対して垂直に立っている．

　sp^2 混成軌道にある 2 個の不対電子が H 原子の不対電子と共有電子対を形成し，残りの 1 個の sp^2 混成軌道と $2\mathrm{p}_z$ 軌道がもう一方の C 原子と二重結合（1 つの σ 結合，1 つの π 結合）をつくるので C_2H_4 分子は平面状である（図 4.10）．C=C 二重結合を結合軸周りに回転させようとするとこの π 結合を切断する必要がある．それには大きなエネルギーが必要で，簡単には回転しない．

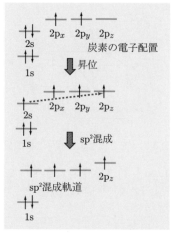

図 4.8　電子の昇位と sp^2 混成軌道

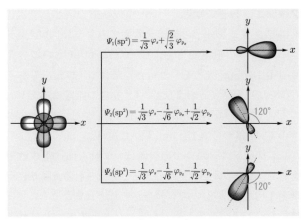

図 4.9　sp^2 混成軌道の生成

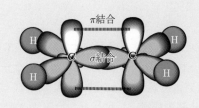

図 4.10　エチレンの構造

例題 2　sp^2 混成軌道が図 4.9 の式で与えられるとき，各混成軌道のなす角度が 120° であることを示せ．

解　s 軌道は球対称で方向性をもたないので，p 軌道のみについて考えればよい．

$$\Psi_1 = \sqrt{\frac{2}{3}}\varphi_{\mathrm{p}x}, \quad \Psi_2 = -\frac{1}{\sqrt{6}}\varphi_{\mathrm{p}x} + \frac{1}{\sqrt{2}}\varphi_{\mathrm{p}y},$$

$$\Psi_3 = -\frac{1}{\sqrt{6}}\varphi_{\mathrm{p}x} - \frac{1}{\sqrt{2}}\varphi_{\mathrm{p}y}$$

このような p 軌道の線型結合は xy 平面にベクトルとして表示することができる（図 4.11）．このときの角度 θ を計算すると
$\tan\theta = \left(\dfrac{1}{\sqrt{6}}\right)\Big/\left(\dfrac{1}{\sqrt{2}}\right)$ から $\theta = 30°$ がえられる．従って各ベクトルのなす角は $30 + 90 = 120°$ となる．

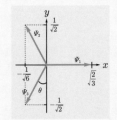

図 4.11　sp^2 混成の幾何構造

ブタジエン分子の構造　　sp² 混成軌道の例として次に
1,3-ブタジエン分子の構造を考えてみよう．1,3-ブタジ
エンは 4 つの炭素をもち，C^1–C^2 と C^3–C^4 の結合距
離は 0.137 nm，C^2–C^3 の結合距離は 0.147 nm である
（図 4.12）．C^1–C^2 および C^3–C^4 結合の距離はエチレン
の C=C 結合の 0.133 nm よりも長く，C^2–C^3 結合はエタ
ンの C–C 結合の 0.154 nm よりも短い．

　　1,3-ブタジエンの 4 つの炭素はいずれも sp² 混成軌道
をとり，4 つの分子軌道ができると考えられる．隣り合う
炭素 1, 2 と炭素 3, 4 の p 軌道がそれぞれ重なり合って π
結合をつくる．そのとき，炭素 2 と 3 との間でも p 軌道
が重なりあえる．この結果，二重結合の π 電子は C^1–C^2
間および C^3–C^4 間に局在しているのではなく，4 つの炭
素上に広がっていると考えると実測とよく合う．このよ
うな電子の分布の状態を**非局在化**という．1,3-ブタジエ
ンの構造と 4 つの分子軌道のうち最も安定な分子軌道お
よび p_z 軌道による π 結合を図 4.13 に示す．

ベンゼン分子の構造　　ベンゼンは正六角形ですべて
の C–C 結合は 0.140 nm であり，炭素同士の単結合
（0.154 nm エタン）と二重結合（0.133 nm エチレン）の
中間の値となっている（図 4.1）．

　　ベンゼンの 6 個の炭素原子はエチレンと同様の sp² 混
成軌道をとっている．3 つの sp² 混成軌道がそれぞれ水
素の 1s 軌道および両隣の炭素の sp² 混成軌道と重なり，
C–H および C–C の σ 結合を形成している．6 個の炭素
上に残った p_z 軌道はベンゼン環の平面に対して垂直に
伸びていて，両隣の p_z 軌道と重なり合って π 結合を形
成しうる．6 つの p_z 軌道から 6 つの分子軌道ができる．
こうして形成された π 結合の電子雲は 6 員環全体にドー
ナツ状に広がって非局在化した構造をしている．6 つの
分子軌道のうち最も安定な軌道と p_z 軌道がつくる π 結
合を図 4.14 に示す．この結果，ベンゼンはどの C–C 結
合も等しくなり，正六角形型構造をとる．この構造は非

1,3-ブタジエン
1,3-butadiene

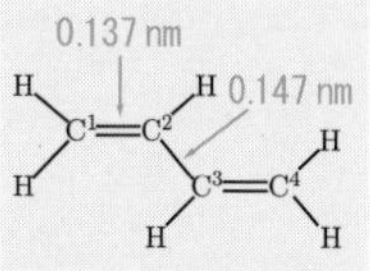

図 **4.12**　1,3-ブタ
ジエンの構造炭素
の 右肩の 数字 は
テキストおよび図
4.13 の炭素の番
号と対応

非局在化
delocalization

ベンゼン
benzene

常に安定であり，ベンゼンが化学変化を起こす際には環構造が壊れることはめったになく，環についている置換基が化学変化を起こすことが多い．

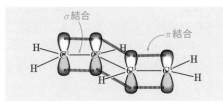

図 4.13　1,3-ブタジエンの構造と最も安定な分子軌道および p$_z$ 軌道がつくる π 結合

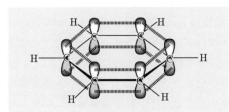

図 4.14　ベンゼンの構造と最も安定な分子軌道および p$_z$ 軌道が作る π 結合

参考）　1,3-ブタジエンは二重結合と単結合を別々にもつより電子が非局在化した構造をもつ方が約 35 kJ mol^{-1} 安定化することがわかっている．これは π 電子が分子全体に非局在化することによる安定化エネルギーである．ベンゼンの場合，安定化エネルギーは約 150 kJ mol^{-1} である．

例題 3　　1,3-ブタジエンの 4 つの p 軌道から 4 つの分子軌道ができる．4 つの分子軌道の模式図を描き，エネルギーの低い順に並べよ．

解　　図 4.15 のように，左から右へと分子軌道の節面（図中の破線）が多くなるにつれてエネルギーが高くなる．

図 4.15　1,3-ブタジエンの 4 つの分子軌道の模式図

4.4 アセチレンの形と sp 混成軌道

アセチレン
acetylene

アセチレン分子　アセチレンが直線状構造をしている
ことも混成軌道の考え方で説明できる．C_2H_2 分子の場
合，励起状態にある C 原子の 4 個の不対電子のうち 2s 軌
道 1 個と sp 軌道 1 個の計 2 個の不対電子が **sp 混成軌道**
とよばれる 2 つの新たな軌道をつくり，$2p_y$ 軌道と $2p_z$
軌道はそのまま残る（図 **4.16**）．2 つの sp 混成軌道のエ
ネルギー準位は等しく，電子の反発をできるだけ避ける
ような構造をとるため直線上にある（図 **4.17**）．残った 2
つの 2p 軌道は sp 混成軌道に直交している．sp 混成軌道
にある 1 個の不対電子が H 原子の不対電子と共有電子対
を形成し，残りの 1 つの sp 混成軌道と 2 つの 2p 軌道が
もう一方の C 原子と三重結合（1 つの σ 結合 2 つの π 結
合）をつくるので C_2H_2 分子は直線状になる（図 **4.18**）．

図 **4.16**　炭素原子の sp 混成軌道

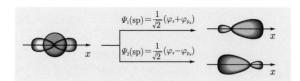

図 **4.17**　1 つの s 軌道と 1 つの p 軌道からできる sp 混成軌道

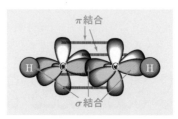

図 **4.18**　sp 混成軌道によるアセチレンの生成と三重結合

> **例題 4** $H_2C=C=CH_2$ 分子は**アレン**という物質で，化学反応性に富む無色の気体である．この分子の立体構造について軌道の混成の観点から考察せよ．

アレン
allene

解 C=C=C は直線状になっている（図 **4.19(a)**）．3 つの炭素をそれぞれ C^1, C^2, C^3 とする．C^1 と C^2 の結合だけを考えるとこれは sp^2 混成軌道で説明できるように見えるが，問題は C^2 の軌道である．まず C^1–C^2 で π 結合ができる．C^1 と C^3 は sp^2 混成，C^2 は sp 混成軌道をとっていると考えるとうまく説明できる．C^2 の残りの p 軌道と C^3 の p 軌道とが重なり合って π 結合をつくるには C^2–C^3 の結合を $90°$ 回転させる必要がある．つまり，C^1–C^2 の π 結合と C^2–C^3 の π 結合とは直交する（図 **4.19(b)**）．その結果，アレンの立体構造は図 **4.19(c)** のようになる．

このように 3 個以上の炭素が二重結合のみで結ばれている場合，その二重結合系を**累積二重結合**という．一般に $> C=(C=)_n C <$ で表される物質を**クムレン**といい，$n = 1$ の場合がアレンである．

累積二重結合
cumulative
double bond

クムレン
cumulene

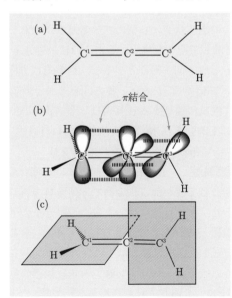

図 **4.19**　アレンの分子構造 (a)，p 軌道と π 結合 (b)，立体構造 (c)

4.5　d 軌道を含む混成軌道

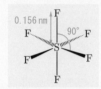

図 4.20
SF_6 の構造

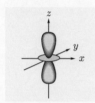

図 4.21
d_{z^2} 軌道

図 4.22
$d_{x^2-y^2}$ 軌道

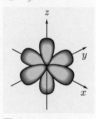

図 4.23
6 個の sp^3d^2 混成
軌道とその方向

図 4.24
PCl_5 の構造

　d 軌道を含む混成軌道も生成し，炭化水素の場合の混成軌道と同様に考えることができる．

sp^3d^2 混成軌道　　六フッ化硫黄 (SF_6) は電気，電子·機器の絶縁材料として用いられる無色，無臭の安定な気体である．その構造は正八面体型で，6 本の S–F 結合は等価である（図 4.20）．この結合を説明するためには 6 つの等価な混成軌道を考える必要がある．硫黄原子の基底状態の電子配置は [Ne]$3s^2 3p^4$ である．3s と 3 つの p 軌道を用いても 4 つの混成軌道しかえられない．近傍の 3d 軌道は 3s, 3p 軌道と同じ程度のエネルギーをもっている．硫黄原子で 6 つの混成軌道をつくるには 3s 軌道，3 つの 3p 軌道，2 つの 3d 軌道を考え，これら 6 つの原子軌道から 6 つの **sp^3d^2 混成軌道**ができると考える（図 4.25）．この 6 つの混成軌道に 6 個のフッ素原子がそれぞれ電子 1 個を提供して結合を生成する．その結果できる S–F 結合が x, y, z 軸方向に沿うとすると，3s 軌道に方向性がなく，3 つの 3p 軌道は x, y, z 軸方向をそれぞれ向いているので，混成に関与する d 軌道は z 軸方向に向いた d_{z^2} 軌道（図 4.21）と x 軸，y 軸方向に向いた $d_{x^2-y^2}$ 軌道（図 4.22）であると考えられる（図 4.23）．

sp^3d 混成軌道　　五塩化リン (PCl_5) は有機合成化学で塩素化剤として使われる化合物で，刺激臭をもつ無色の固体であり，水と容易に反応する．この分子の気体状態での構造は三方両錐型で，軸方向の P–Cl 結合と水平面方向の P–Cl 結合は等価ではない（図 4.24）．この構造について考えてみよう．リン原子の基底状態の電子配置は [Ne]$3s^2 3p^3$ であり，3s 軌道から 3d 軌道への 1 個の電子の昇位を考え，sp^3d 混成軌道を考えると 5 個の混成軌道ができ，そこへ 5 個の塩素原子が電子を提供して結合を形成すると考える（図 4.26）．

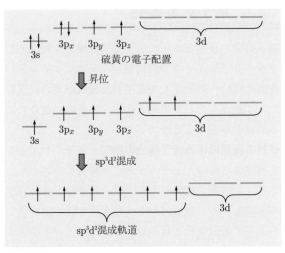

図 4.25　SF$_6$ の場合の sp^{3}d^2 混成軌道の生成

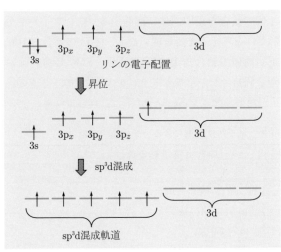

図 4.26　PCl$_5$ の場合の sp^{3}d 混成軌道の生成

典型元素の化合物は，3p 軌道と 3d 軌道のエネルギー差が大きくて混成しにくいと考えられるため，d 軌道混成を用いない解釈もある（参考）.

参考　sp^{3}d^2 や sp^{3}d 混成軌道は分子の形を説明するための考え方の 1 つで，d 軌道の混成を用いない説明もある. 例えば PCl$_5$ の三方両錐構造は三方両錐の底面の PCl$_3$ 構造が sp^2 混成軌道によってできると考える. そして混成していない p$_z$ 軌道を使って三方両錐の頂点方向への P–Cl 結合を，3 個の原子にまたがる軌道に 2 個の電子が入って非局在化した三中心軌道が形成するというような解釈も成り立つ.

4.6 電子対反発則

　電子対間の反発をもとに分子の立体構造を経験的に推測でき，分子やイオンの幾何学的な形に関する非常に適用範囲の広い一般則として**電子対反発則**がある．混成軌道とこの規則を合わせて考えるとより実際の構造に即したモデルを考えることができる．

電子対の反発による分子構造の推定　　分子やイオンの形を推定するには，まずルイスの**点電荷式**を考える．分子やイオンの電子配置を考え，結合電子対と非共有電子対の総和を求め，電子対のすべてを最も高い対称性を与えるように配置すると目的の分子またはイオンの形が決まる（表4.2）．H_2O の点電荷式（図4.27）から，酸素は，H との結合電子対が2個，非共有電子対が2個で，合計4個の結合を正四面体に配置する．結合電子対で分子の形だけを考えると折れ線になる．H_2O の結合角 104.5°は正四面体の結合角 109.5° に近い．SO_2 の場合はS にO が2個結合し，非共有電子対が1個なので，3本の結合を正三角形に配置する．分子の形はこれも折れ線となるが，

電子対反発則
electron pair
repulsion rule

Lewis, G. N.
p.50

図 **4.27** 水のルイス点電荷式

表 4.2　　電子対反発則による分子構造の推定

		非共有電子対の数				
		0	1	2	3	4
結合電子対と非共有電子対の和	2	●—●—● 直線				
	3	正三角形	折れ線			
	4	正四面体	三角錐	折れ線		
	5	三方両錘	シーソー	T 字型	直線	
	6	正八面体	四角錘	正方形	T 字型	直線

平面三角配置なので結合角は 120° と予測され，実際には 119° である．

電子対の反発と結合角の関係　このように立体構造は電子対の反発である程度予測できるが，問題は結合角であった．例えば表 4.3 のようなデータがある．これらの分子は電子対の反発を考慮すると四面体型の構造であるが，結合角はすべて四面体角 109.5° よりも小さい．結合原子間の立体的な反発によって結合角は四面体角よりも大きくなってもいいような気がするが，実際はその逆でほとんど例外なく角度は小さくなる．実際に観測される中心原子の周りの電子対間の反発は以下のような順になっている．

非共有電子対間 ＞ **非共有電子対と結合電子対間** ＞ **結合電子対間**

結合電子対は相手原子にも引かれるので，中心原子からの距離は結合電子対 ＞ 非共有電子対になり，上のような順序がえられると説明されている．NH_3 (106.6°) と H_2O (104.5°) との差は H_2O では非共有電子対が 2 個あるためと考えられる．NH_3, PH_3, AsH_3, SbH_3 における変化は、N, P, As, Sb の順に中心原子が大きくなって結合が伸びるとともに，この順に中心原子の電気陰性度が減少するためと考えられる．H_2O, H_2S, H_2Se, H_2Te の系列についても同様である．

表 4.3　四面体形をとる分子の結合角

分子	結合角	分子	結合角
NH_3	106.6°	H_2O	104.5°
PH_3	93.3°	H_2S	92.2°
AsH_3	91.8°	H_2Se	90.9°
SbH_3	91.6°	H_2Te	89.5°

参考　電子対反発則は**原子価殻電子対反発理論**（VSEPR）ともよばれる．槌田龍太郎によって見出され（1939 年），ガレスピーとナイホルムによって体系づけられた（1957 年）．

原子価殻電子対反発理論
valence shell electron pair repulsion rule (VSEPR)

槌田龍太郎 (1903-1962)

Gillespie, R. (1924-2021, 英)

Nyholm, R. S. (1917-1971, 英)

4.7 水, アンモニアの形

水の構造　水 (H_2O) の構造は混成軌道をもとに電子対反発則を考えに入れることで, より詳しく考えることができる. 酸素の電子配置は前章でも見たように $(1s)^2(2s)^2(2p_x)^2(2p_y)^1(2p_z)^1$ である (図 **4.28**). 2s 軌道と 3 つの 2p 軌道とで sp^3 混成軌道をつくると図 **4.24** のように混成軌道に非共有電子対が 2 組できる. 残りの 2 つには電子が 1 個しか入っていないので, 水素との結合はこの残りの 2 つの軌道を使って形成する. 非共有電子対 2 組と 2 つの σ 結合が四面体形に張り出した構造をつくる. H–O–H の H 原子はその四面体の頂点を占める. そのため, 結合角は 109.5° と予想されるが実際の H–O–H の角度は 104.5° で 90° と sp^2 混成軌道の 120° の間の値になっている (図 **4.29**). この結合角を説明するために電子対反発則が用いられる. 電子対間の反発を考えると非共有電子対間の反発が最も大きく, O–H 間の σ 結合している共有電子対間の反発は最も小さくなる. そのため 2 組の σ 電子対はメタンの共有電子対より近づくことになり, H–O–H の角度は 109.5° より小さくなる. (表 **4.2**).

アンモニアの構造　アンモニア (NH_3) は傘が開いたような三角錐型をしている. 窒素原子の電子配置は $(1s)^2(2s)^2(2p_x)^1(2p_y)^1(2p_z)^1$ で (図 **4.30**), 水の場合と同じように, 3 つの結合性軌道と非共有電子対の入っている軌道とが sp_3 混成軌道をつくると考えられる (図 **4.31**). 1 組の非共有電子対と 3 つの σ 結合が四面体のような広がり方をすると考えるとアンモニアの三角錐型の構造が説明できる (図 **4.31**). 実際のアンモニアの H–N–H 結合角は 107.8° で, 予想される値よりは小さい. これも電子対間の反発が起こる際に非共有電子対と共有電子対との間の反発が大きいために H–N–H 結合角が非共有電子対に押されて小さくなると考えられる.

アンモニア
ammonia

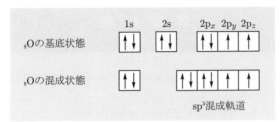

図 4.28 酸素の電子配置と混成軌道

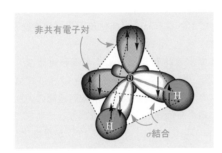

図 4.29 水の構造

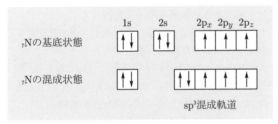

図 4.30 窒素の電子配置と混成軌道

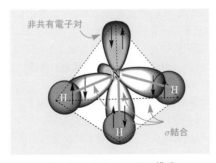

図 4.31 アンモニアの構造

演 習 問 題
第4章

1　正四面体と立方体との関係（図 **4.7**）から正四面体の結合角が $109.5°$ であることを示せ.

2　メタン分子の双極子モーメントは 0 である. このことから, 混成軌道の考え方を使わなくてもメタンが正四面体型構造であるといえるか.

3　図 **4.3** で示される sp^3 混成軌道が規格化直交系であることを示せ.

4　図 **4.9** で示される 3 個の sp^2 混成軌道を $2p_x$ の係数を x 成分, $2p_y$ の係数を y 成分とするベクトルで表せ. また, ベクトルの内積の公式を用いて混成軌道間の角度を求めよ. さらに, 結果を例題 3 と比較せよ.

5　$\Psi(\mathrm{sp}) = \dfrac{1}{\sqrt{2}}(\varphi_s \pm \varphi_{p_z})$（図 **4.17**）が規格化されていることを示せ.

6　エチレン C_2H_4 と比較して, ホルムアルデヒド HCHO の分子構造を混成軌道を用いて説明せよ.

7　アセチレン C_2H_2 と比較して, シアン化水素 HCN の分子構造を混成軌道を用いて説明せよ.

8　アセトニトリル $CH_3{-}CN$ の結合について考える. 炭素原子と窒素原子の混成軌道について考察し, その考え方をもとに H–C–H, H–C–C, C–C–N の角度を推測せよ.

9　PCl_3 のリン原子がとる混成軌道について説明し, 分子の形を予想せよ.

10　二酸化硫黄 SO_2 の混成軌道はどのようなものか説明せよ. この分子の σ 結合と π 結合をすべて示せ.

11　二酸化炭素 CO_2 は直線状構造をとる（図 **4.1**）. 二酸化炭素の炭素, 酸素の混成軌道を考え, 直線状構造になることを説明せよ.

12　一酸化炭素 CO の結合を混成軌道の観点から考察し, アセチレンとの違いについて説明せよ.

13　PCl_5 の点電荷式を描き, 電子対反発則を用いて立体構造を推定せよ.

第5章

共有結合以外の化学結合

　　窒素や水素のような凝縮しにくい気体でも極めて低い温度
まで冷却すると液体になり，さらに冷却すると固体にもなる．
また，水は分子量が 18 と小さいにもかかわらず，同じ程度
の分子量のメタンなどと比べると融点も沸点も異常に高く，
融解熱，蒸発熱も非常に大きい．各種の金属は金属光沢や展
性・延性など特有の性質を示す．塩化ナトリウムは融点が比
較的高いがもろい，融解すると電気伝導性を示す，などの性
質を示す．このような事実は前の章までで学んできた電子の
共有にもとづく化学結合のほかに，原子，分子間に働く各種
の結合力があることを示している．この章では前章までで学
んできた共有結合以外の化学結合について学ぶ．

ファンデルワール
スカ
van der Waals'
force

van der Waals,
J.
(1837-1923, 蘭)
『基礎物理化学 I
[新訂版]』
2章 p.44, 116 参
照

5.1 原子，分子間に働く力

原子，分子間に共有結合がない場合でも相互作用が働く場合がある．その相互作用は分子の電子状態やその動的挙動に基づいている．

ファンデルワールス力　　ファンデルワールス力は分子間に働く力の代表的なものである．実在気体の状態方程式の提案などで知られるファンデルワールスの名にちなんでいる．ファンデルワールス力を生じる原因は主として以下の3種に分類される．

(1)　双極子-双極子相互作用

永久双極子モーメントを持つ分子間の相互作用によるものである（図 5.1）．熱運動で急激に動いている場合でも，双極子間に働く力は反発より引力の方が強く，差し引き・引き合う力のエネルギーが生じる．その引力によるポテンシャルエネルギーは2つの分子の双極子モーメントを μ_1, μ_2，分子間の距離を r，ボルツマン定数を k，真空の誘電率を ε_0，絶対温度を T とすると以下のようになる．

$$U_{\text{d-d}} = -\frac{2}{3kT}\left(\frac{\mu_1 \mu_2}{4\pi\varepsilon_0}\right)^2 \frac{1}{r^6} \tag{5.1}$$

(2)　双極子-誘起双極子相互作用

双極子モーメントを持つ分子が他の分子に近づくと分子に双極子モーメントが誘起され，その結果，両双極子間に引力を生じる（図 5.2）．この相互作用は分子の電荷の偏り（分極率 α）の大きさによって決まり，ポテンシャルエネルギーは分子1の永久双極子モーメントを μ_1，分子2の分極率を α_2 とすると以下のように書くことができる．

$$U_{\text{ind}} = -\frac{\mu_1^2 \alpha_2}{(4\pi\varepsilon_0)^2} \frac{1}{r^6} \tag{5.2}$$

図 5.1　双極子-双極子相互作用

dipole-dipole
interaction

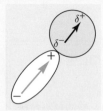

図 5.2　双極子（青矢印）-誘起双極子（黒矢印）相互作用

dipole-induced
dipole
interaction

(3) 分散力（誘起双極子–誘起双極子相互作用）

分散力
dispersion
force

ヘリウムやアルゴンのように双極子モーメントをもたない原子が分子間力によって液体になりうる主な原因は分散力である．この力はロンドンによって量子力学的に説明された（1930年）．

London, F.
(1900-1954, 独)

永久双極子モーメントをもたない無極性分子であっても分子内の電荷分布は瞬間的には揺らいでいて，分子は常に方向と大きさが変化する瞬間的な双極子モーメントをもっていると考えることができる（図 5.3）．こうして誘起された双極子モーメント間に働く力が分散力である．この相互作用のエネルギーは双方の分子の分極率に依存し，それぞれの分子のイオン化ポテンシャルを I_1, I_2，分極率を α_1, α_2 とすると次のように表される．

図 5.3　分散力
誘起双極子間の相互作用
瞬間的に生じた双極子（灰色矢印）
誘起された双極子（黒矢印）

$$U_{\mathrm{dis}} = -\frac{3\alpha_1\alpha_2}{2(4\pi\varepsilon_0)^2}\left(\frac{I_1 I_2}{I_1 + I_2}\right)\frac{1}{r^6} \qquad (5.3)$$

分散力は分子の大きさと密接な関連がある．例えば，直鎖状飽和炭化水素の融点および沸点は分子量が大きいほど高くなる．

Lennard-Jones,
J.
(1894-1954, 英)

レナード-ジョーンズポテンシャル

分子間エネルギーをすべて表すには反発項も含める必要がある．反発項を含めたポテンシャルとしてよく知られているのが，レナード-ジョーンズの経験的ポテンシャルである（図 5.4）．

$$U(r) = 4\varepsilon\left[\left(\frac{\sigma}{r}\right)^{12} - \left(\frac{\sigma}{r}\right)^{6}\right] \qquad (5.4)$$

第1項が反発項で，第2項が引力の項である．反発項は経験的にえられたものである．

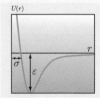

図 5.4
レナード- ジョーンズポテンシャルとその 2 成分

表 5.1　レナード-ジョーンズポテンシャルのパラメーター

気体	ε /10^{-21}J	σ/nm	気体	ε /10^{-21}J	σ/nm
H_2	0.52	0.292	N_2	1.28	0.369
He	0.14	0.256	Ar	1.68	0.341
CH_4	1.96	0.385	CO_2	2.61	0.424

配位結合
coordinate
bond

原子A　　　原子B
共有結合分子A-B

受容体A　　供与体B
配位化合物A-B

図 5.5　共有結合
と配位結合のエネ
ルギー

Arrhenius, S.
(1859-1927,
スウェーデン)

Brønsted, J.
(1879-1947, 丁)

Lowry, M.
(1874-1936, 英)

Lewis, G. N.
p.50

電子供与体
electron donor

電子受容体
electron
acceptor

最高被占軌道
highest
occupied
molecular
orbital
(HOMO)

最低空軌道
lowest
unoccupied
molecular
orbital
(LUMO)

5.2 配位結合

　第 3 章で学んだ共有結合では結合を作る 2 つの原子が
それぞれ 1 つずつ電子を出し合って電子対が形成された.
一方, 結合を形成する電子対が一方の原子のみから供給
されても結合は形成される. そのようにしてできる結合
を配位結合という (図 5.5).

酸・塩基の考え方　　化学における酸と塩基にはいくつ
かの考え方がある. アレニウスの考え方では水に溶けて
水素イオン (プロトン, H^+) を生じる物質を酸, 水に溶
けて水酸化物イオン (OH^-) を生じる物質を塩基と定義
した (1887 年). ブレンステッドとローリーが独立に提
案した定義によると, 酸は H^+ を与える物質, 塩基は H^+
を受け取る物質である (1923 年). またルイスは, 酸・
塩基は H^+ の移動ではなく, 電子対を受け取る物質を酸,
電子対を与える物質を塩基, と定義した (1923 年). こ
のルイスの酸・塩基理論が配位結合と深く関係している.

ルイスの酸・塩基と配位結合　　ルイス酸は他の分子ま
たはイオンから電子対を受け取ると新しい結合を形成す
る. ルイス塩基は, 他の分子やイオンに電子対を与える
ことで新しい結合を形成する. つまり, ルイスの考え方
による酸と塩基の反応は, **電子受容体**と呼ばれる, 電子
対を受け取ることのできる分子 (またはイオン) A と, **電
子供与体**とよばれる, 電子対を供与できる分子 (または
イオン) B との間の配位結合の形成反応であるといえる.

$$A + :B \longrightarrow A:B$$

酸　　　塩基

HOMO−LUMO 相互作用　　ルイスの酸・塩基の考え方
は分子軌道の考え方の最高被占軌道 (HOMO) と最低空
軌道 (LUMO) との間の相互作用 (**HOMO−LUMO
相互作用**) の考え方と一致している. 非共有電子対を持

つルイス塩基物質のHOMOと，ルイス酸物質のLUMOとが相互作用して，電子移動を伴って電子対を共有して結合ができると考えられる（図5.6）．

典型元素の配位結合　　アンモニウムイオン（NH_4^+）はNH_3と酸との反応で生成するイオンである．このイオンについて考えてみよう（図5.7）．第4章で学んだようにNH_3は共有結合による3つのN–H結合の他に非共有電子対を1つもっている．H原子から電子を1つ失ったH^+が，この非共有電子対を窒素原子と共有することで新たな結合ができる．この結合が配位結合である．この結果できるNH_4^+は正四面体型をしていて，4本のN–H結合がすべて等価である．つまり，いったん結合ができてしまうと配位結合は共有結合と区別がつかない．オキソニウムイオン（H_3O^+）も水の非共有電子対とH^+とが配位結合してできる化合物であり，3本のO–H結合は等価である（図5.7）．

配位結合は成り立ちの異なる共有結合であるともいえる．

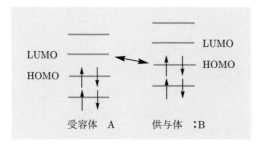

図5.6　　HOMO － LUMO 相互作用

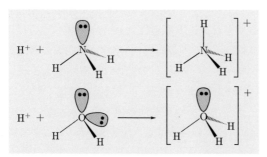

図5.7　　NH_4^+ イオンと H_3O^+ イオンの生成反応

錯体と錯イオン　遷移金属元素あるいはそのイオンはd軌道の一部が電子で占められていないので，その空軌道に電子対を受け入れて，非共有電子対をもつ分子やイオンと配位結合を形成することが多い．このようにして生成する配位化合物を**錯体**または**錯イオン**という．金属イオンに配位結合する分子やイオンを**配位子**といい，金属に配位した配位子の数を**配位数**という．配位子は非共有電子対を持つ化合物であり，NH_3, H_2O の他，塩化物イオン（Cl^-）や水酸化物イオン（OH^-）など負電荷をもつものがある．このように配位しうる箇所が1つの配位子を**単座配位子**という．それに対して，1つの配位子の中に複数の配位しうる箇所をもつ配位子を**多座配位子**という．例えば，エチレンジアミンは両端のアミノ基で配位できるので2座配位子，エチレンジアミン四酢酸イオンは内部の2つの窒素原子と両端の4つの COO^- イオンで配位しうるので6座配位子である（図 5.8）．多座配位子は金属元素を囲むように配位する．この構造を**キレート**構造とよぶ．キレート構造をとる錯体は単座の錯体に比べて安定である．

錯体
complex

錯イオン
complex ion

配位子
ligand

配位数
coordination number

単座配位
monodentate

多座配位
multidentate

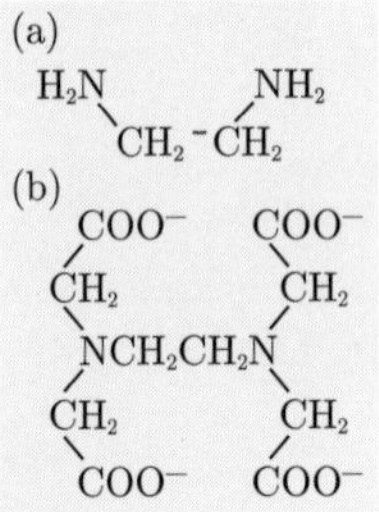

図 5.8
多座配位子
(a) エチレンジアミン
(b) エチレンジアミン四酢酸イオン

キレート
chelate: カニのハサミの意味

錯イオンの配位構造と立体構造　配位数は一つの金属イオンに対して2から9まで知られているが，ここではよくみられる4配位と6配位の錯体について混成軌道とその電子配置を見てみよう．

4配位の錯体の構造は，正四面体型か平面4配位（正方形型）である．正四面体型は4章で学んだ sp^3 混成軌道で説明され，正方形型は dsp^2 混成軌道で説明される．2価の亜鉛イオン（Zn^{2+}）の錯体は正四面体型，2価のニッケルイオン（Ni^{2+}）の錯体は正方形型をとることが多い．図 5.9 のような Zn^{2+} と Ni^{2+} の電子配置では不対電子が存在しない反磁性錯体である．

6配位の錯体の構造は正八面体型であり，遷移金属イオンの多くはこの正八面体型構造である．3価の鉄イオン（Fe^{3+}）の錯体 $[Fe(H_2O)_6]^{3+}$ と $[Fe(CN)_6]^{3-}$ とを例に

とって考えてみよう．Fe^{3+} の電子配置は $[Ar](4s)^0(3d)^5$ で，不対電子は5個である．6個の H_2O が配位する場合，sp^3d^2 混成軌道を作り，生成した6個の空軌道に H_2O が配位結合する．そのため，$[Fe(H_2O)_6]^{3+}$ には5個の不対電子が存在することになる．一方，$[Fe(CN)_6]^{3-}$ の場合は，エネルギー状態が変化して3d軌道にある不対電子が対電子となり，空いた2つの3d軌道を用いて d^2sp^3 混成軌道をつくる．そこへ CN^- が配位結合するため，不対電子は1個である（図 **5.10**）．このような混成軌道の考え方は，実際の Fe^{3+} 錯体の構造と磁気的な性質をうまく説明している．

　配位構造をとるとき，中心の金属イオンのエネルギー状態がどのように変化するかは**配位子場理論**や**錯体の分子軌道**の考え方で考察するが，ここでは詳しくは触れない．『基礎物理化学 I［新訂版］』等の上級の教科書で学んでほしい．

配位子場理論
ligand field theory
『基礎物理化学 I
［新訂版］』
8 章 p.132

錯体の分子軌道法
『基礎物理化学 I
［新訂版］』
8 章 p.136

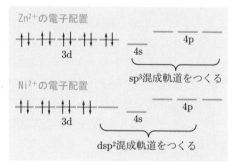

図 **5.9**　Zn^{2+} と Ni^{2+} イオンの電子配置と混成軌道

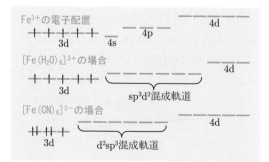

図 **5.10**　Fe^{3+} イオンが作る2種の錯体と混成軌道

5.3　水素結合

　分子の中で電荷の偏りができることは電気陰性度の項や分子の極性の項で学んだ．この電荷の偏りによって分子内や分子間で，直接的な共有結合ではない結合ができることがある．水素原子より電気陰性度の大きな原子 X，Y（窒素，酸素，リン，硫黄，ハロゲンなど）が水素原子を介して弱く結びつく結合 X–H···Y を**水素結合**という．X–H···Y の中で X–H はイオン性を帯びた共有結合，H···Y が水素結合である．

水素結合
hydrogen bond

水素結合の例　　水（H_2O），硫化水素（H_2S），セレン化水素（H_2Se），テルル化水素（H_2Te）といった 16 族元素の水素化物の沸点を比較すると，H_2O 以外は分子量の増大とともに沸点が上昇するが，H_2O だけはとびぬけて高い沸点を示す（図 5.13）．蒸発熱も沸点と同じような傾向を示す．このことは，H_2O の分子間相互作用が他の分子よりも際立って大きいことを示している．この分子間相互作用が水素結合である．O 原子の電気陰性度が大きいため，水は極性の大きな分子になっている．その H_2O 分子の負の電荷がやや少ない H 原子と，電気陰性度によって負の電荷がやや多い O 原子とが静電気力により，分子間で引き合っている．水が凍って氷になるときに体積が増えるのも水素結合が関与している．固体になるとき，水素結合によって規則正しく水分子が配列するため，不定形の液体のときより分子間の空間が広がるためである．氷の状態の O–H···O 間の距離は図 5.11 のようになっている．左側の OH 間の結合距離は O と H の共有結合半径よりも少し大きい．一方，右の H···O 間の結合距離は O と H のファンデルワールス半径の和よりかなり短い．つまり，水素結合の結合力はファンデルワールス力よりも明らかに強い．また，水素結合は O–H···O と一直線上に並んだときが一番強く，明らかに方向性をもつ

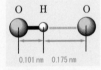

図 **5.11**
O–H···O 間の距離

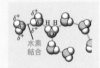

図 **5.12**
水（液体）の水素結合

という，共有結合に類似した性質をもっている（図**5.12**）.

フッ化水素（HF）の沸点が他のハロゲン化水素に比べて高いのも水素結合によるものである．HF は低温では水素結合により 2〜5 量体程度の分子の形として存在している．アンモニアの沸点が高いのも同じ理由である．N と H の電気陰性度の差は P と H の電気陰性度の差よりも大きく，その分，電子の偏りが生じやすくなる．

酢酸の分子量を凝固点降下法で測定するとき，本来の分子量の 2 倍の分子量が観測されるのも，2 つの酢酸分子が水素結合によって二量化しているためと考えられる（図 **5.14**）.

この水素結合の結合エネルギーは $10 \sim 30 \, \mathrm{kJ \, mol^{-1}}$ 程度で，共有結合に比べて小さいが（表 **5.2**），分子内，分子間の構造を保つには有効で，しかも明確な方向性をもっている．DNA の二重らせん構造の保持や，タンパク質，酵素などの構造維持，反応の際の分子認識など，生体では水素結合は極めて重要である．

表 **5.2**
水素結合の
結合エネルギー

分子	結合エネルギー $/\mathrm{kJ \, mol^{-1}}$
HF	29
H_2O	21
NH_3	18

水素結合の強さは共有結合の約 1/10 で，ファンデルワールス力の 10 倍程度である．

DNA の二重らせん構造の保持に水素結合が果たす役割については『基礎化学演習』p.126 参照.

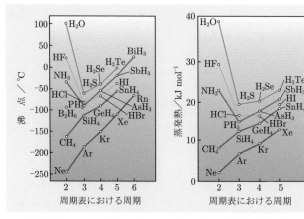

図 **5.13**　14〜17 族元素の水素化合物の沸点と蒸発熱

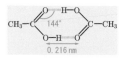

図 **5.14**　水素結合による酢酸の二量体構造

5.4 電荷移動力と電荷移動錯体

2種の分子が結合して分子間化合物をつくる現象はp-ベンゾキノンとヒドロキノン（図5.15），ヨウ素（I_2）とベンゼン（C_6H_6）などの系で知られている．分子間化合物が生成すると元のそれぞれの分子とは全く異なる色を示す．その特有な色を調べるには可視・紫外吸収スペクトルを測定する．可視・紫外吸収スペクトルは可視光や紫外光のうちどの波長の光を吸収するかによって溶媒にとけている物質の色を定量的に調べる方法である．

I_2 の n-ヘプタン溶液は520 nm 付近に吸収極大を示す．この溶液にトリエチルアミン（Et_3N，図5.16）を加えると，もとの520 nm の吸収が減少して410 nm 付近と280 nm 付近に極大をもつ強い吸収帯が現れる．410 nm 付近の吸収は溶液中に生成した化合物中の I_2 の吸収であるが，280 nm 付近の吸収は新たな吸収である．この新たな吸収が I_2 と Et_3N との間に生成する分子間の化合物による吸収である．このとき溶液中では以下のような平衡が成り立っている．

$$Et_3N + I_2 \ \rightleftarrows \ Et_3N \cdot I_2 \qquad (5.5)$$

$Et_3N \cdot I_2$ はトリエチルアミンとヨウ素の分子間化合物（**分子錯体**）である．$Et_3N \cdot I_2$ 錯体における安定化エネルギーは約51 kJ mol^{-1} もあり，しかも反応が起こっているわけではない．このとき何が起こっているのかについて考えよう．

マリケンはこの現象を量子力学の立場から説明し，**電荷移動**という概念を提唱した（1952年）．電荷移動によって生成する化合物を**電荷移動錯体**とよぶ．電荷移動は，電子を与えやすい化合物（電子供与体）と電子を受け取りやすい化合物（電子受容体）との間で起こりやすい．ルイスの酸・塩基理論の項で学んだように電子供与体と電子受容体との間には HOMO–LUMO 相互作用が働く．

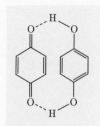

図 5.15 p-ベンゾキノンとヒドロキノン

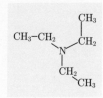

図 5.16 トリエチルアミン

Mulliken, R. S.
p.47 参照

電荷移動
charge transfer

電子供与体を D，電子受容体を A で表し，両者が分散力で結合している状態を $\psi(D \cdot A)$ とする．電荷移動が起こり，静電的な引力で両者が結びついている状態を $\psi(D^+ \cdot A^-)$ とする．多くの場合，$\psi(D^+ \cdot A^-)$ のほうが $\psi(D \cdot A)$ よりもエネルギー準位が高い．両方の状態間に相互作用があると $\psi(D \cdot A)$ はより低いエネルギー準位 ψ_{CT} を生じ，$\psi(D^+ \cdot A^-)$ はより高いエネルギー準位を生じる．相互作用が働いた結果，系は $\psi(D \cdot A)$ と ψ_{CT} の差の分だけ安定化する．このとき生じる分子間の結合力が電荷移動力である（図 5.17）．

電荷移動力が働き，電荷移動錯体ができるとき，電子がうつったり，反応が起こったりするわけではなく，もともと電子供与体にあった電荷が電子受容体の方へと移り，電荷分布の重心が移動する．

電荷移動相互作用は電子供与体の HOMO と電子受容体の LUMO との間での相互作用である．両者のエネルギーが接近しているほど相互作用は強くなる．つまり，電子供与体のイオン化エネルギーが小さく，電子受容体の電子親和力が大きいほど電荷移動錯体を形成しやすい（表 5.3）．

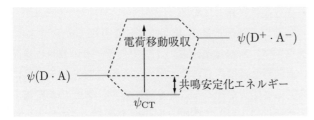

図 5.17　電荷移動相互作用とエネルギー

表 5.3　電荷移動錯体の例

電子受容体	電子供与体	双極子モーメント/D	安定化エネルギー /kJ mol^{-1}
I_2	C_6H_6	0.7	5.4
I_2	Et_3N	6.9	51.1
p-ベンゾキノン	ヒドロキノン	——	12.2

5.5 結晶とその形

結晶とその構造　　イオン結晶と金属結晶について学ぶ前に固体の構造，特に結晶構造についてまとめてみておこう．結晶はイオン結晶，金属結晶，共有結合結晶，分子結晶，水素結合結晶などに分類することができる．多種多様な元素からなり，その外形も性質も多種多様であるが，内部の原子の配列の様式はごく限られた結晶形によって分類されている．結晶の中では原子，イオン，分子などが規則正しく配列している．ここでは簡単のために 1 種類の原子からなる結晶を考える．各原子の位置を点で示してできる三次元の網目状の格子を**空間格子**，それぞれの点を**格子点**という．空間格子の最小繰り返し単位を**単位格子**とよぶ．単位格子は 3 本の稜の長さ a, b, c とそれぞれのなす角度 α, β, γ で規定され，これらの値は**格子定数**とよばれる（図 5.18）．自然界で物質がとりうる結晶の構造の数は限られていて，単位格子は 7 種類の**晶系**に分けられ，存在可能な格子は全部で 14 種類である（図 5.19）．イオン結晶や金属結晶でよくみられる単純立方格子，面心立方格子，体心立方格子は最も対称性の高い立方晶系に属している．

　結晶の内部構造は X 線回折法により明らかにできる．ラウエは，X 線は電磁波の 1 つであり，その波長は結晶の面間隔とほぼ等しいほど短く，その結果 X 線を結晶にあてると回折が起こることを見出した．ラウエは X 線を閃亜鉛鉱に入射して明瞭な回折像をえた．この時えられる斑点を**ラウエの斑点**という．この結果は X 線が波動性を持つ電磁放射線の一種であることを明確に示している．

　ブラッグ父子は X 線の回折現象を反射として取り扱い，異なる結晶面で反射した X 線が干渉によって強めあったり弱めあったりするというブラッグの条件を導き，それを用いて NaCl と KCl の構造を解明した（1912 年）．

格子
lattice

空間格子
space lattice

格子点
lattice point

単位格子
unit cell

晶系
crystal system

Laue, M.
(1879-1960，独)

Bragg, W. H.
(1862-1942，英)

Bragg, W. L.
(1890-1971，英)

1915 年に親子で
ノーベル賞を受賞

　図 **5.20** のように波長 λ の X 線が結晶の格子面に角度 θ で入射するとき，2 本の X 線の行路差は，格子面間距離を d とすると

$$\mathrm{AB} + \mathrm{BC} = 2d\sin\theta \qquad (5.6)$$

と表される．反射された X 線が干渉して強めあうためには n を整数として次の式が満たされるときである

$$2d\sin\theta = n\lambda \quad (n = 1, 2, 3, \cdots) \qquad (5.7)$$

この式から面間隔が求められ，単位格子の格子定数を決めることができる．

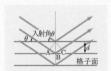

図 **5.20**　ブラッグの反射の条件

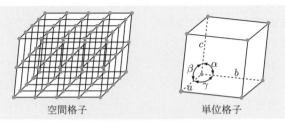

図 **5.18**　空間格子と単位格子

図 5.19 の空間格子をブラベ格子という．

Bravais, A.
(1811-1863, 仏)

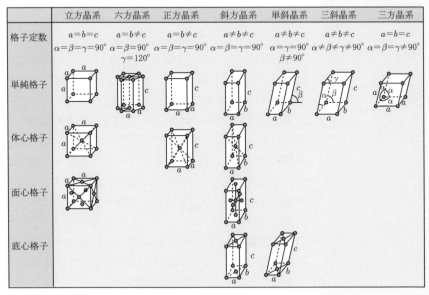

図 **5.19**　結晶系と空間格子

5.6　金属結合と金属結晶

　金属にはこれまで見てきた共有結合性の化合物やイオン結合性の化合物にはない特徴的な性質がある.

(1)　金属光沢がある

(2)　熱や電気の伝導性が高い

(3)　光や熱によって電子が飛び出しやすい

(4)　展性[†1] や延性[†2] に富んでいる

(5)　密度が大きい

このような金属に特有の性質は金属結合中に存在する**自由電子**の働きと, 金属イオンが球対称の電子分布をもっていることとによっている.

　金属の性質を示す元素はアルカリ金属やアルカリ土類金属, 遷移金属などがあるが, いずれも最外殻に s 軌道を有するものが多い. そのような元素はイオン化エネルギーが小さいので価電子を放出し陽イオンになりやすい. 金属原子が多数集まると隣り合う原子の最外殻が重なり合う. このとき価電子がもとの原子から離れ, 重なり合った最外殻を伝って自由に動き回ることができるようになる. そのような電子を自由電子という. この自由電子が正電荷をもつ金属イオンを規則正しく結び付けている (図 5.21). このような結合を**金属結合**という. 金属の示す電気伝導性や熱伝導性はこの自由電子によるものである. 自由電子に光が当たると反射されて金属光沢を示す. 金属結合には方向性がなく, 外から力が加わって金属イオンの位置がずれても自由電子がそれを結びつけるので展性や延性が生まれる. また, 金属イオンは球状で, すき間なく最も密に詰まっているため密度が高い.

バンド理論　　金属イオン間の結合は自由電子の存在で説明できるが, 金属の固体としての特徴的な性質はバンド理論によってより明確に説明される. バンド理論は固体中の各電子の波動関数を記述することができるとする

[†1] 薄く箔状になる性質
extensibility

[†2] 細長く線状になる性質
ductility

自由電子
free electron

金属結合
metalic
bonding

バンド
band

ハートリー-フォックのモデルを拡張した電子構造論である．原子軌道の一次結合と結晶周期とを組み合わせて考察する．

　例として金属としての明確な性質をもち電子数の少ないリチウム（Li）の場合を考えよう．Li原子がLi_2, Li_3, Li_4と結合して，最終的にアボガドロ数ほどの原子が結合すると考えると，図5.22のように結合性軌道と反結合性軌道の数が増加して許される軌道のエネルギー準位の数が非常に多くなり，近似的には連続しているとみなせるようになる．これがエネルギーバンドである．1s軌道により1sバンドが，2s軌道により2sバンドが形成される．Li原子の電子配置は$1s^2 2s^1$なので，2s軌道には半分だけ電子が詰まっている．つまり，2sバンドにも半分だけ電子が詰まっていて，2sバンド内には電子が励起できる空軌道が存在する．これによってLiは高い電気伝導性を持つようになる．

Hartree, D.
p.38
Fock, V.
(1898-1974，露)

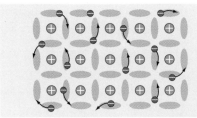

図5.21　金属結合と自由電子の模式図

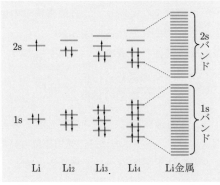

図5.22　金属リチウムのバンドの形成

体心立方格子
body-centered
cubic (bcc)
lattice

面心立方格子
face-centered
cubic (fcc)
lattice

六方最密格子
hexagonal clos-
est packing
(hcp) lattice

立方最密格子
cubic closest
packing (ccp)
lattice

充填率
filling rate

金属結晶　　　金属は密度が高いものが多い．これは金属イオンが球対称の構造をしていて，それが結晶として最も密に詰まった構造をとっているからである．金属の結晶格子は**体心立方格子**，**面心立方格子**，**六方最密格子**（図 5.23）のどれかをとる場合が多い．このように比較的単純な対称性の高い空間配置をとるのが，金属結晶の特徴の一つである．

最密充填と充填率　　　金属イオンの結晶中での配列は，同じ大きさの球を箱のような空間に隙間なく詰めていくのと同じようなものである．最もすき間なく詰める詰め方は球の配列様式によって 2 種類ある．一方を**立方最密充填**といい，他方を**六方最密充填**という．両者の原子の重なり方の違いを図 5.24 に示す．球を平面に隙間なく並べたものを第 1 層とし，その上の窪みの部分に球を並べたものが第 2 層になるのは同じだが，第 3 層の並べ方が両者で異なっている．第 2 層を 60° 傾けたものを重ねて第 3 層としたもの（図 5.24(a)）が立方最密充填であり，第 1 層の真上に第 3 層の球が来るように並んだもの（図 5.24(b)）が六方最密充填である．面心立方格子を対角線方向に見ると，立方最密充填の A, B, C 層の重なりがよくわかる（図 5.25）．立方最密充填も六方最密充填もどちらの場合も各球あたり 12 個の最隣接球があり，単位空間に占める球の割合は同じである．面心立方格子中には原子が 4 個含まれており，六方最密格子の単位格子には原子が 2 個含まれている（図 5.26）．この，単位格子に占める球の割合を**充填率**という．充填率は

$$\text{充填率} = \frac{\text{球の占める体積}}{\text{単位格子の体積}} \times 100 \qquad (5.8)$$

と表される．六方最密充填，立方最密充填とも充填率は 74％である．一方，体心立方格子の充填率は 68％である．金属は種々の条件下で固有の結晶構造をとるが，なぜその結晶構造をとるのかについてはよくわかっていない．

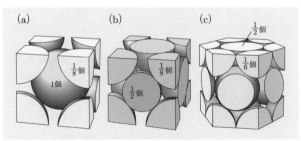

図 5.23　金属結晶がとりやすい結晶構造
(a) 体心立方格子　(b) 面心立方格子 (立方最密充填構造)
(c) 六方最密格子 (六方最密充填構造)

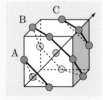

図 5.25　面心立方格子の単位格子対角線方向に A-B-C 層が重なる

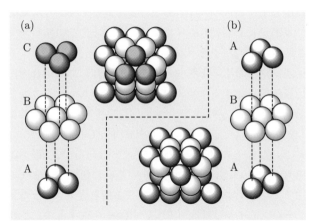

図 5.24　(a) 立方最密充填と (b) 六方最密充填の重なり方

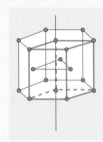

図 5.26　六方最密格子の単位格子（太線）単位格子中の原子は 2 個

例題 1　体心立方格子の充填率を求めよ.

解　図 5.27 より原子半径 r を格子定数 a で表すと

$$r = \frac{\sqrt{3}}{4}a$$

となる. 体心立方格子中には原子が 2 個含まれるので, 式 (5.7) に代入して充填率を求めると

$$充填率 = \frac{\frac{4}{3}\pi \times \left(\frac{\sqrt{3}}{4}a\right)^3 \times 2}{a^3} \times 100 = 68\,\%$$

となり, 充填率は 68 % となる.

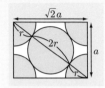

図 5.27　体心立方格子の立方体の対角線を含む断面

5.7　イオン結合とイオン結晶

荷電粒子間に働く電気的な引力や反発力を静電気力（クーロン力）という．陽イオンと陰イオンとの間に働くクーロン力による結合を**イオン結合**という．イオン結合はイオン化エネルギーの小さい原子と電子親和力の大きな原子との間に生じやすい．イオン間に働くクーロン力には共有結合の場合とは異なり方向性がなく，空間の全方向にわたって作用する．そのため，陽イオンと陰イオンとは互いに周囲にできるだけ相手方のイオンに相互作用しやすい形で囲まれるような配置をとり，三次元的に規則正しく配列したイオン結晶となる．その結果全体として電気的に中性となる．

クーロン力
Coulomb force

イオン結合
ionic bond

イオン結合のエネルギー　　イオン結合による化合物の代表例は塩化ナトリウム NaCl である．Na 原子の電子配置は $1s^2 1s^2 2p^6 3s^1$ で，イオン化エネルギーが小さく（$496\,\mathrm{kJ\,mol^{-1}}$），1 個の電子を放出して Na^+ になりやすい．Cl 原子の電子配置は $1s^2 2s^2 2p^6 3s^2 3p^5$ で，電子親和力が大きく（$349\,\mathrm{kJ\,mol^{-1}}$），電子 1 個を受け取って Cl^- になりやすい．Na 原子が電子 1 個を放出し，その電子を塩素原子が受け取って Na^+Cl^- を生成するのに必要なエネルギーは，差し引き $147\,\mathrm{kJ\,mol^{-1}}$ である．静電引力によってひきつけられたイオン間には，イオン間の距離を r として以下の静電的なポテンシャル U が生じる．

$$U = -\frac{e^2}{4\pi\varepsilon_0 r} \tag{5.9}$$

Na^+ と Cl^- の距離を $0.282\,\mathrm{nm}$ とすると，式 (5.9) から計算される NaCl の静電的な安定化エネルギーは，$494\,\mathrm{kJ\,mol^{-1}}$ である．この安定化エネルギーは，上で述べたイオン化に必要なエネルギーを補って余りあるほど大きい．Na 原子と Cl 原子とから NaCl が生成する際には $347\,\mathrm{kJ\,mol^{-1}}$ のエネルギーが放出される．

　陽イオンと陰イオンが近づいてイオン結合ができるとき静電的な引力だけでなく，反発力も生じる．反発力は b/r^n で与えられる．b と n はイオンの種類によって決まる定数である．両イオンの電荷を z_+ と z_- とするとイオン結合のポテンシャルエネルギーは以下のように書ける．

$$U(r) = -\frac{z_+ z_- e^2}{4\pi\varepsilon_0 r} + \frac{b}{r^n} \qquad (5.10)$$

このポテンシャルエネルギーを図にしたものが図 **5.28** である．

　イオン結合によってできたイオン結晶は，結合力が大きいので融点が比較的高い（表 **5.4**）が，一般的に硬くてもろい．また固体のままでは電気を通さないが，水溶液にしたり融解したりすると陽イオンと陰イオンとに分かれて自由に動くことができるようになるので電気伝導性を示すようになる．

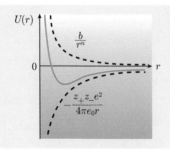

図 5.28　陽イオンと陰イオンの間に働くポテンシャルエネルギー

表 5.4　イオン結合の物質の融点と沸点

化合物	融点 /°C	沸点 /°C
NaCl	801	1413
NaBr	755	1390
KCl	770	1500（昇華）
KBr	730	1435
$CaCl_2$	772	> 1600
NaOH	318	1390
KOH	360	1320
MgO	2826	3600

イオン結晶とその構造　イオン結合により構成されている固体を**イオン結晶**とよぶ．イオン結晶には NaCl などのアルカリハロゲン化物やホタル石の成分であるフッ化カルシウム（CaF_2），鉱物のルチル（金紅石）として知られる酸化チタン（TiO_2）など様々なものがある．イオン結晶内のイオンの配列はイオン半径と各イオン間の引力や反発力の相互作用によっており，対称性の高い特有の結晶形をとることが知られている．

　イオン結晶は全方位型のイオン結合でつながったイオンによって構成されるため，繰り返し単位が3次元的につながった構造となっている．反対符号のイオンどうしができるだけ多く接近して配置しようとする．イオンに最接近できる反対符号のイオンの数は配位結合の場合と同様，配位数という．

　1価のイオン結晶は**塩化ナトリウム型**か**塩化セシウム(CsCl)型**のどちらかの結晶構造をとることが多い．NaCl の場合，Na^+ と Cl^- とが互い違いに並んで接していて，両イオンとも6個の最隣接イオンに囲まれた6配位である（図 5.29）．それぞれのイオンに注目すると Na^+ も Cl^- も単独では，やや拡張した面心立方格子（図 5.30(a)）をとり，その2つの面心立方格子が互いに入り込んで，格子を形成している（図 5.30(b)）．NaCl の単位格子の中には，それぞれのイオンが4個含まれている（図 5.31(a)）．一方，CsCl は，両イオンとも8個の最隣接イオンに囲まれた8配位である（図 5.31(b)）．Cs^+ のみに注目すると単純立方格子，Cl^- のみに注目しても単純立方格子で，2つの**単純立方格子**がお互いに入り込んだ格子を形成している．Cs^+ は Na^+ に比べてイオン半径が大きいので，Cl^- がつくる単純立方格子のすき間に入って8配位の構造をとることができる．イオン性の物質が結晶構造をつくるとき，陽イオンの半径 (r_+) と陰イオンの半径 (r_-) の比によって，とりうる結晶格子が異なることになる（例題2）．表 5.5 に代表的なイオン半径を示す．

塩化ナトリウム型
の例 LiCl，NaCl，
KCl，RbCl など

塩化セシウム型
の例 CsCl，CsBr，
CsI など

図 5.29
NaCl のイオンの
配列構造

単純立方格子
simple cubic
lattice

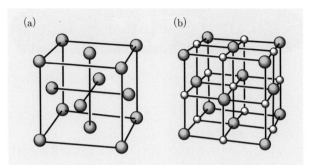

図 5.30　(a) 面心立方格子と (b) NaCl の結晶格子の
陽イオンと陰イオンの配列

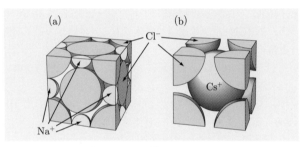

図 5.31　(a) NaCl の構造と (b) CsCl の構造

表 5.5　陽イオンと陰イオンのイオン半径

陽イオン	r_+/nm	陰イオン	r_-/nm
Li^+	0.090	F^-	0.119
Na^+	0.116	Cl^-	0.167
K^+	0.152	Br^-	0.182
Rb^+	0.166	I^-	0.206
Cs^+	0.181	O^{2-}	0.126

例題 2　NaCl 型の単位格子をとることのできる，陽イ
オンと陰イオンのイオン半径の比 (r_+/r_-) の条件を示せ.

解　図 5.32(b) のように陰イオンどうしが接触している状態
よりさらに陽イオン半径が r_+ が小さくなると NaCl 型格子を
とることができなくなる.

$\sqrt{2}\,(r_+ + r_-) = 2r_-$　となり，$\dfrac{r_+}{r_-} = \sqrt{2} - 1 \geqq 0.41$　となる

0.41 のように，とりうる半径比の下限を**極限半径比**という.

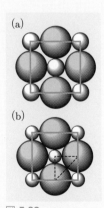

図 5.32
(a)NaCl 型の単
位格子
(b) 陽イオンが小
さくなり陰イオン
どうしが接触する
場合

演 習 問 題
第 5 章

1　レナード-ジョーンズポテンシャルの式 (5.4) を用いて He の r_e の値を求めよ.

2　表 **5.1** の数値を用いて, 窒素分子のレナード-ジョーンズポテンシャル曲線の概形を描け.

3　(1) から (5) の物質について, ルイスの酸塩基の定義に基づいて, 酸か塩基かを答えよ.

(1)　PH_3　　(2)　BF_3　　(3)　H_2S　　(4)　HS^-
(5)　SO_2

4　$[NiCl_4]^{2-}$ は常磁性錯体で不対電子を 2 個持っている. 一方, $[Ni(CN)_4]^{2-}$ は反磁性錯体である. 各錯体の電子配置と構造を推定せよ.

5　(1) から (6) の分子の組において, どちらの沸点が高いかを理由とともに述べよ.

(1)　O_2 と N_2　　　(2)　SO_2 と CO_2　　(3)　HF と HI
(4)　SiH_4 と GeH_4　　(5)　H_2S と H_2Se
(6)　n-ペンタンと n-オクタン

6　ヨウ素－トリエチルアミンの電荷移動錯体はヨウ素－ベンゼンの電荷移動錯体より安定化エネルギーが 10 倍大きい (表 **5.3**). その理由について, ベンゼンとトリエチルアミンの電子状態の違いにもとづいて論じよ.

7　波長 154 pm の X 線を NaCl 単結晶に当てると, 強い強度の回折は入射角 $\theta = 15.9°$ に観測された. これを隣接する格子面によるものとするとその面間隔はいくらか.

8　金は面心立方格子の構造をとる. 金の密度は 19.32 g cm^{-3} である. 金原子の直径を計算せよ.

9　立方最密充填構造の充填率を求めよ

10　NaCl のイオン結晶について, 表 **5.5** の Na^+ と Cl^- のイオン半径を用いて問 (1) および (2) を答えよ.

(1)　密度を 2.163 g cm^{-3} として, アボガドロ定数を求めよ. ただし, 単位格子の概略図を描いて計算過程を示せ.

(2)　NaCl の結晶は 8 配位にならない理由を, CsCl 型の単位格子の極限半径比に基づいて説明せよ.

第6章

物質の三態と化学ポテンシャル

　この章では，気体の性質を説明した後，純物質の状態変化を学ぶ．その中で化学ポテンシャルを「天下り的に」導入して，物質の三態を説明する．化学ポテンシャルは，大学の化学で学ぶ最も重要な概念の一つであるが，残念ながら，最も理解されないものの一つでもある．子どもでも鉄塊が水に浮かないことは知っているが，なぜ鉄塊が水銀に浮くのか？と問われると，密度の概念のない子どもは答えられない．氷に圧力をかけていくと融けて水になるのは高校生でも知っているが，それはなぜ？と問われると，化学ポテンシャルの概念がないと答えられない．この章では，化学ポテンシャルがどのように役に立つのかを理解した上で，本ライブラリの成書『基礎物理化学 II［新訂版］』などで数学的な導出を学ぶことを勧める．

6.1 気体の性質

理想気体
ideal gas

理想気体と実在気体　　理想気体とは，次のような条件に基づいている．

- 気体分子は質量をもつが体積をもたない質点である．
- 気体分子間に引力や斥力などの相互作用はない．
- 気体分子は無秩序な運動を続ける．
- 気体分子同士や，気体分子と壁は完全弾性衝突する．

　気体の状態は，圧力 P，体積 V，温度 T の 3 つの変数によって表すことができる．1 mol の理想気体について，P, V, T の関係は図 **6.1** の曲面上の点の集合となる．

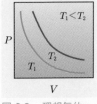

図 **6.2**　理想気体
の等温線

isochoric line

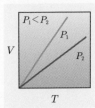

図 **6.3**　理想気体
の等圧線

isobaric line

Boyle, R.
p.2

Charles, J.
(1746-1823, 仏)

Gay-Lussac, J. L
p.4

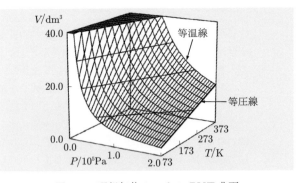

図 **6.1**　理想気体 1 mol の PVT 曲面

　PVT 曲面の一定温度 T における断面は直角双曲線（等温線，図 **6.2**）となり，ボイルの法則を示す．PVT 曲面の一定圧力 P における断面は直線（等圧線，図 **6.3**）となり，シャルル-ゲイリュサックの法則を示す．この直線を低温方向に外挿するとすべて $T = 0\,\mathrm{K}$，$V = 0\,\mathrm{dm^3}$ を通過する．すなわち，絶対温度 0 K で理想気体の体積は 0 となる．n mol の気体について，それらの関係を式で表したものが**理想気体の状態方程式**である．

$$PV = nRT \qquad (6.1)$$

気体定数
gas constant

ここで R は**気体定数**とよばれる物質によらない定数で，

高校の化学では気体の体積計算のため，R の単位は

$$R = 8.314 \times 10^3 \, \mathrm{Pa\,L\,K^{-1}\,mol^{-1}}$$

と L を使って表記されるが，大学では

$$R = 8.314 \, \mathrm{J\,K^{-1}\,mol^{-1}}$$

と表記される[†1]．仕事，エネルギーの単位である ジュール J が単位の中に入っていることが重要な点である．

　次に，分子間に相互作用があり，体積をもつ**実在気体**[†2] の圧力と体積について考えてみよう．高温，低圧の状態，例えば，オーブン中の 200°C, 1 bar では，実在気体の体積は理想気体の状態方程式で近似できるが，低温や高圧にすると理想気体からのずれが観測される．図 **6.4** の低温で，P_1 の領域まで圧力を高く（体積を圧縮）していくと，実在気体の体積は理想気体の状態方程式で計算される値より小さくなる．これは，気体分子間に引力が働くためである．さらに P_2 の領域まで圧力を上げると分子の体積が無視できなくなるため，実在気体の体積は，理想気体の状態方程式で計算される値より大きくなる．実在気体の理想気体からのずれは，分子が大きく，分子間力が大きい分子ほど顕著である．

> **例題 1** 理想気体の入った断面積 $1\,\mathrm{cm}^2$ の軽いピストンに $1\,\mathrm{kg}$ の重りをのせたとき，体積は V であった．そこへ，さらに $2\,\mathrm{kg}$ の重りを加えると体積はいくらになるか．

解 　気体の圧力は，重りによる圧力と**大気圧**の和である．$1\,\mathrm{kg}$ の重りからの圧力は $1\,\mathrm{bar}$ なので[†3]，気体の圧力は $2\,\mathrm{bar}$ であり，さらに $2\,\mathrm{kg}$ を加えると $4\,\mathrm{bar}$ になるので，体積は $V/2$ になる．

> **例題 2** 25°C,1 bar で 1 mol の理想気体の体積は何 L か．

解 　体積を $z\,\mathrm{L}$ とおき，$\mathrm{Pa\,m^3 = J}$ の関係を使用するため，$\mathrm{L = dm^3 = 10^{-3}\,m^3}$ と単位変換して両辺の単位を消す．

$$1\,\mathrm{bar} \times z\,\mathrm{L} = 1\,\mathrm{mol} \times 8.314\,\mathrm{J\,K^{-1}\,mol^{-1}} \times 298.15\,\mathrm{K},$$

$$10^5\,\mathrm{Pa} \times z \times 10^{-3}\,\mathrm{m^3} = 8.314 \times 298.15\,\mathrm{J}$$

$z = 24.79$ 　よって，$24.79\,\mathrm{L}$

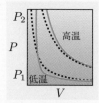

図 **6.4** 実在気体の等温線（実線）点線は理想気体

[†1] $R = kN_A$
定義値の積で，不確かさのない 15 桁の数値（p.11 参照）

[†2] 実在気体
real gas
実在気体の状態方程式については，p.114 を参照

大気圧
atmospheric pressure
$1.01325 \times 10^5\,\mathrm{Pa}$
$(\fallingdotseq 1\,\mathrm{bar})$
$1\,\mathrm{atm}$, $760\,\mathrm{mmHg}$, $760\,\mathrm{torr}$ とも表記される．

[†3] $(1\,\mathrm{kg} \times g)/\mathrm{cm}^2$
$\fallingdotseq 10\,\mathrm{N}(10^{-2}\,\mathrm{m})^{-2}$
$= 10^5\,\mathrm{N\,m^{-2}}$
$= 10^5\,\mathrm{Pa} = 1\,\mathrm{bar}$

g は重力加速度で $9.8\,\mathrm{m\,s^{-2}}$

図 **6.5**　気体分子の並進運動

† 導出は
『基礎物理化学 II
［新訂版］』
1 章 p.8

気体分子運動論　　気体の圧力 P を微視的な気体分子の運動から導き出すことができる．1 辺の長さ l，体積 V の立方体の容器に質量 m の分子 N 個からなる理想気体を入れる．1 つの分子の速度を u_i とし，N 個の分子の u_i^2 の平均を $\overline{u^2}$ とする（図 **6.4**）と，気体の圧力 P は

$$P = \frac{Nm\overline{u^2}}{3V} \tag{6.2}$$

となる†．式 (6.2) を変形すると

$$PV = \frac{2N}{3} \times \frac{1}{2}m\overline{u^2} \tag{6.3}$$

となり，巨視的な PV を微視的な気体分子の平均運動エネルギーで表すことができる．気体の状態方程式 (6.1) と (6.3) を比較すると，気体 1 分子の運動エネルギーは

$$\frac{1}{2}m\overline{u^2} = \frac{3R}{2N_A}T = \frac{3}{2}kT \tag{6.4}$$

となる．ただし，N_A はアボガドロ定数であり，k は**ボルツマン定数**（$= R/N_A = 1.380649 \times 10^{-23}\,\mathrm{J\,K^{-1}}$）とよばれる．(6.4) から理想気体では平均運動エネルギーが気体の種類によらず，温度だけで決まり，絶対温度に比例することが示される．1 mol の気体分子の並進エネルギー $\overline{E}$ は

$$\overline{E} = \frac{3}{2}RT \tag{6.5}$$

となる．

表 **6.1**　25°C での
$\sqrt{\overline{u^2}}/\mathrm{m\,s^{-1}}$

H_2	1928
H_2O	643
N_2	515
O_2	482
CO_2	411
Cl_2	324

根平均 2 乗速度
root mean
square speed

気体分子の速さ　　気体分子運動論から気体分子の平均の速度を求めることができる（表 **6.1**）．式 (6.4) を変形して，気体の分子量を M とすると

$$\sqrt{\overline{u^2}} = \sqrt{\frac{3RT}{mN_A}} = \sqrt{\frac{3RT}{M \times 10^{-3}}} \tag{6.6}$$

この $\sqrt{\overline{u^2}}$ を**根平均 2 乗速度**という．この式から気体の速さと温度や分子量との間には

- 温度の平方根 $\sqrt{T}$ に比例する．
- 気体の分子量の平方根 $\sqrt{M}$ に逆比例する

ことが導き出される. すなわち, 赤道直下 30°C の酸素分子は, −20°C の南極の酸素分子より平均として速く運動している. また, 軽い気体分子は重い気体分子よりも平均として速い運動をしている. 25°C における窒素分子について根平均 2 乗速度を求めると約 500 m s^{-1} であり, 音速 340 m s^{-1} より速い.

グレアムの法則　グレアムの法則は細孔からの気体分子の流出に関する法則である (図 6.6). 同温・同圧において, 同体積の気体が細孔から流出するとき, 単位時間あたり流出する気体分子の数 N は $\sqrt{M}$ に逆比例する[†]. その理由は, 気体分子の速さ u が速い方が, 細孔から単位時間に流出できる物質量が多いからである. 逆に, 流出に要する時間 t は $\sqrt{M}$ に比例する. よって, 2 種類の気体分子 1, 2 について以下の式が成立つ.

$$\frac{t_1}{t_2} = \frac{u_2}{u_1} = \sqrt{\frac{M_1}{M_2}} \qquad (6.7)$$

Graham, T.
(1805-1869, 英)

図 6.6　気体の流出　細孔から, 点線内の粒子は流出できる.

[†] $N \propto 1/\sqrt{M}$
$N \propto u$
$u \propto 1/\sqrt{M}$
より導出

例題 3　47°C において酸素分子の $\sqrt{\overline{u^2}}$ は何 m s^{-1} か.

解　酸素の分子量は 32.0 で, モル質量は 32.0 g mol^{-1} となる. kg mol^{-1} に変換して式 (6.6) に数値を代入する.

$$\sqrt{\overline{u^2}} = \sqrt{\frac{3 \times 8.31 \times 320}{32.0 \times 10^{-3}}} = 499$$

酸素分子の根平均 2 乗速度は, 499 m s^{-1} である.

例題 4　細孔のある容器に窒素を閉じこめたところ, 40 cm^3 の気体が 30 s で流出した. 同温・同圧において同じ容器にある等核二原子分子を入れたところ, 同じ体積が流出するのに 48 s かかった. この二原子分子を答えよ.

解　求める二原子分子の分子量を M とすると, グレアムの法則の式 (6.7) に数値を代入する.

$$\frac{30}{48} = \sqrt{\frac{28}{M}}$$

$M = 72$ となるので, 塩素分子である.

Maxwell, J. C.
p.7
Boltzmann, L. E.
p.7

速度分布則
distribution of
molecular
speeds

†1 導出は
『基礎物理化学 II
［新訂版］』
1 章 p.14

マクスウェル-ボルツマン分布　　気体分子の平均の速さについて述べてきたが，気体分子の速さ u には分布がある．この分布を表す式は，マクスウェルが導き出し，ボルツマンが一般化したため，**マクスウェル-ボルツマンの速度分布則**とよばれる．速度分布関数 $F(u)$ によって速さ u の分子の割合がわかる[†1]．

$$F(u) = 4\pi u^2 \left(\frac{m}{2\pi kT}\right)^{3/2} \exp\left(-\frac{mu^2}{2kT}\right) \quad (6.8)$$

m は気体分子の質量である．この分布の特徴としては，

- 分布関数の積分値は等しい．
- 温度が上昇すると，平均速度の上昇と共に，速さの分布が広くなる．
- 分子量の小さな気体になれば，平均速度の上昇と共に，速さの分布が広くなる．

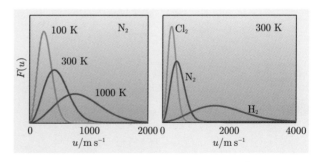

図 6.7　マクスウェル-ボルツマン分布

ボルツマン因子
Boltzmann
factor
熱平衡
thermal
equilibrium

†2 粒子のもつ全エネ
ルギーが一定であ
る状態．

占有数
occupation
number

†3 縮退度という．

ボルツマン分布　　マクスウェル-ボルツマンの速度分布関数 (6.8) において運動エネルギー $\frac{1}{2}mu^2$ を ε とおくと，$\exp\left(-\dfrac{\varepsilon}{kT}\right)$ という表現になる．これを**ボルツマン因子**とよぶ．このボルツマン因子は，気体分子の速度分布だけでなく，**熱平衡状態**[†2]における粒子のエネルギー分布を決める．N 個の粒子が熱平衡状態にあるとき，エネルギー準位 ε_i にある粒子の数（占有数）N_i は，エネルギー値 ε_i をもつ異なる状態の数[†3] g_i とボルツマン因子との積に比例する．

$$N_i \propto g_i \exp\left(-\frac{\varepsilon_i}{kT}\right) \qquad (6.9)$$

すべての状態において $g_i = 1$ のときには，式 (6.9) から縮退のない場合の**ボルツマン分布則**が導出される．

$$\frac{N_i}{N} = \frac{1}{q} \exp\left(-\frac{\varepsilon_i}{kT}\right) \qquad (6.10)$$

q は，エネルギーが最も低い状態の占有数を 1（基準）としたときの，すべての状態の相対的占有数の和[†] である（例題 5 を参照）．2 つの状態 i と j のエネルギー差が $\Delta\varepsilon = \varepsilon_j - \varepsilon_i$ のとき，占有数の比は (6.10) から

$$\frac{N_j}{N_i} = \exp\left(-\frac{\varepsilon_j - \varepsilon_i}{kT}\right) = \exp\left(-\frac{\Delta\varepsilon}{kT}\right) \qquad (6.11)$$

と導き出せる（図 **6.8**）．粒子 1 mol あたりのエネルギーを考えて，2 つの状態のエネルギー差を ΔE とすれば，気体定数 $R\,(= kN_A)$ を用いて式 (6.11) は

$$\frac{N_j}{N_i} = \exp\left(-\frac{\Delta E}{RT}\right) \qquad (6.12)$$

と表すこともできる．

> **例題 5** $1\,\mathrm{kJ\,mol^{-1}}$ の等エネルギー間隔の $300\,\mathrm{K}$ におけるボルツマン分布の 1 番下から 15 個の N_i/N を求めよ．

解 エネルギーの最も低い状態から順に 1, 2, 3, ···, 15 とする．i 番目と $i+1$ 番目の状態の粒子数の比はすべて

$$\frac{N_{i+1}}{N_i} = \exp\left(-\frac{\Delta E}{RT}\right) = \exp\left(-\frac{1000}{8.31 \times 300}\right) = 0.67$$

となる．1 番目の状態の占有数を 1 とすると，2 番目は 0.67，3 番目は $(0.67)^2$ となる．1 ～ ∞ までの状態の相対的占有数の和である分配関数 q は，初項 1，公比 0.67 の無限等比級数

$$q = 1 + 0.67 + (0.67)^2 + (0.67)^3 + \cdots = \frac{1}{1 - 0.67} = 3.0$$

となり，$N_1/N = 1/3.0 = 33\%$，$N_2/N = 22\%$，···，$N_{15}/N = 0.1\%$ と計算できる．それぞれのエネルギー準位を占める粒子の割合をグラフにすると図 **6.9** のようになる．

† 分配関数
partition
function
最低エネルギー状態の占有数を 1 として相対化することは，その状態のエネルギー値を基準値 0 とすることを意味する．

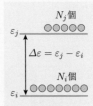

図 **6.8** エネルギー準位と占有数

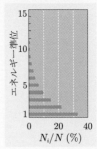

図 **6.9** ボルツマン分布

実在気体の状態方程式　　ある温度 T において，$n \, \text{mol}$ の気体の圧力 P' と体積 V' を実測して，理想気体の状態方程式に代入すると，低温条件下や高圧条件下では

$$P'V' \neq nRT \tag{6.13}$$

† 図 6.4 p.109 参照

となることがある[†]．このような場合に，気体の状態方程式の等号を成立させるためには，

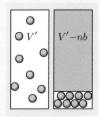

図 6.10
実在気体の体積

van der Waals, J.
p.86

- 実在気体の圧力 P' は，気体分子間の相互作用により理想気体の圧力より低くなっているため，圧力 P' に補正分 $a(n/V')^2$ を加えて状態方程式に代入する．
- 実在気体の体積 V' には，気体分子自身の体積 b を含んでいるため，"理想気体として振舞える体積"$(V'-nb)$ を状態方程式に代入する（図 6.10）．

以上のように補正された式が，ファンデルワールスの状態方程式とよばれる式である．

$$\left\{ P' + a\left(\frac{n}{V'}\right)^2 \right\} (V' - nb) = nRT \tag{6.14}$$

図 6.11　排除体積
b は点線の球の体積の半分である．

排除体積
exclusion
volumn

圧縮因子
compressibility
factor

a は分子間力，b は分子の大きさに関係する定数であり，気体の種類によって決まる．n/V' は気体の濃度であるので，気体分子間の相互作用による圧力の減少は気体濃度の 2 乗に比例することを意味している．b は**排除体積**とよばれる．気体分子の直径を d とすると，気体分子 1 個あたりの排除体積は $2\pi d^3 / 3$ である（図 6.11）．

圧縮因子　　実在気体が理想気体からどれだけずれているかについては**圧縮因子** Z を考える．

$$Z = \frac{P'V'}{nRT} = \frac{P'V'_{\text{m}}}{RT} \tag{6.15}$$

ここで V'_{m} は気体 1 mol の体積である．理想気体では Z はもちろん 1 である．実在気体の Z は，ファンデルワールスの状態方程式 (6.14) を P' について解き（例題 6），式 (6.15) に代入して求められる．

$$Z = \frac{V'_{\text{m}}}{V'_{\text{m}} - b} - \frac{a}{RT}\frac{1}{V'_{\text{m}}} \tag{6.16}$$

　圧力 P' を変化させたときの Z の変化は図 **6.12** のようになる．どの気体も，大気圧近辺（0.1 MPa, 298 K）では理想気体として取り扱えるが，高圧の条件下では，Z の値は 1 より大きくなり理想気体からずれる．これは，排除体積 b の効果による．室温以下の温度で圧力を上昇させると，0 ～ 30 MPa 付近で Z の値が 1 より小さくなる気体がある．この理想気体からのずれは，気体分子間の相互作用 a の効果によるもので，分子量の大きな気体や，低温において顕著である．

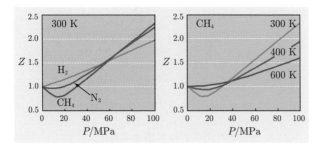

図 **6.12**　圧縮因子 Z の圧力変化

例題 6　ファンデルワールスの状態方程式を P' について解き，等温線の形状を示して適用範囲を考察せよ．

解　式 (6.14) を P' について解き，等温線を描く（図 **6.13**）．

$$P' = \frac{RT}{V'_m - b} - \frac{a}{V'^{\,2}_m}$$

高温で，上の式の 1 項めに対して 2 項めが無視できるときは，$P' = 0$ と $V'_m = b$（排除体積）が漸近線となる双曲線に近似できる．低温で，P' が単調減少を示す温度範囲では，2 項めの分子間相互作用によって理想気体の圧力より小さい値となって実在気体の実験結果（図 **6.4**）とよい一致を示す．しかし，さらに低温では，曲線中に極小値と極大値が現れる．この温度範囲ではファンデルワールスの状態方程式は適用できない．ファンデルワールスの状態方程式が適用可能な最も低い温度は，**臨界温度**とよばれ（青い等温線），その等温線の一次微分も二次微分も 0 になる点（●）の P' と V' は，それぞれ，臨界圧力，臨界体積とよばれる（p.120 参照）．

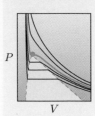

図 **6.13**　ファンデルワールス式の気体（上）と実在気体（下）の等温線点線内で気体と液体が共存している（p.118 参照）．

6.2 純物質の状態図

状態の変化 物質は気体，液体，固体の 3 つの状態に分類できる．これを**物質の三態**という．このように異なる存在状態を**相**とよび，**気相**，**液相**，**固相**とよぶ．ある相から別の相に変化することを**相転移**という．相転移には以下のような関係がある．

相
phase

相転移
phase
transition

融解
fusion

凝固
solidification

蒸発
vaporization

凝縮
condensation

昇華
sublimation

凝華
deposition

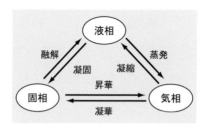

図 6.14 物質の三態と相転移の名称

固体から気体の相転移は昇華とよばれ，気体から固体への相転移は凝華とよばれる．

温度（T）を変化させたり，圧力（P）を変化させたりすると，相転移が起こる．大気圧（1013 hPa）において氷を真空状態のピストン付容器の中に入れ，ゆっくり同じ仕事率で加熱する（図 6.15）．そのときの加熱時間と温度および状態変化を示す（図 6.16）．

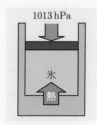

図 6.15 定圧下での状態変化
体積 V は可変

沸点
boiling point

融点
melting point

融解熱
heat of fusion

「純物質の状態変化の途中で，異なる状態が共存するときには，温度変化は生じない.」

固体と液体が共存する温度が融点であり，液体と気体が共存する温度が沸点である．外圧が大気圧だと，0°C に達するまでは「氷だけ」が存在しているが，0°C に達すると，氷と水（液体）が共存し始める．すべての氷が融解するまでは温度は上昇しない．0°C において氷を融かすために加えられた熱量を**融解熱**という．「水だけ」になった後，再び温度は上昇し始める．100°C に達すると，水

と水蒸気が共存し始め再び温度は上昇しなくなる．注意しなければならないのは，この思考実験では**沸騰**（液体内部からの蒸発）は起こらない．液相の表面から気相へと蒸発する．100°C において水をすべて蒸発するために加えられた熱量を**蒸発熱**（**気化熱**）とよぶ．すべての水が蒸発して水蒸気だけになった後，再び温度は上昇し始める．

沸騰
boiling

蒸発熱
heat of
vaporization

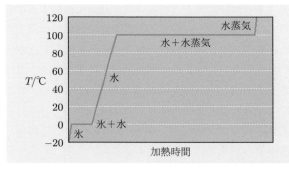

図 6.16　大気圧（1013 hPa）で加熱したときの水の状態変化

> **例題 7**　18.0 g の −20°C の氷を加熱して 120°C の水蒸気にするまでに必要な熱量は何 $kJ\,mol^{-1}$ か．ただし，以下の数値を用いること．
> 　融解熱 $= 6.0\,kJ\,mol^{-1}$，　蒸発熱 $= 40.7\,kJ\,mol^{-1}$
> 　氷（固体）の比熱容量 $= 2.1\,kJ\,K^{-1}\,kg^{-1}$
> 　水（液体）の比熱容量 $= 4.2\,kJ\,K^{-1}\,kg^{-1}$
> 　水蒸気（気体）の比熱容量 $= 1.9\,kJ\,K^{-1}\,kg^{-1}$

比熱容量
specific heat
capacity

解　−20°C の氷を加熱して 120°C の水蒸気にするまでに必要な熱量は，それぞれの過程おいて以下の通りである．

−20°C 氷 → 0°C 氷：　$2.1 \times \{0 - (-20)\} \times 18 \times 10^{-3}\,kJ$

0°C 氷 → 0°C 水：　　$6.0\,kJ\,mol^{-1} \times 1\,mol$

0°C 水 → 100°C 水：

　　　　$4.2\,kJ\,K^{-1}\,kg^{-1} \times (100 - 0)\,K \times 18.0 \times 10^{-3}\,kg$

100°C 水 → 100°C 水蒸気：$40.7\,kJ\,mol^{-1} \times 1\,mol$

100°C 水蒸気 → 120°C 水蒸気：

　　　　$1.9\,kJ\,K^{-1}\,kg^{-1} \times (120 - 100)\,K \times 18.0 \times 10^{-3}\,kg$

これらをすべて加えると，求める熱量は 55.7 kJ となる．

　図 6.16 の加熱時間は各過程に必要な熱量に比例している．

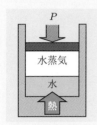

図 6.17　定圧下で
の気液平衡

蒸気圧曲線
vapor pressure
curve

図 6.18　定積下で
の気液平衡

平衡
equilibrium

気液平衡
vapor-liquid ~

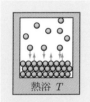

図 6.19　気液平衡
状態

液相 → 気相の数と
気相 → 液相の数が
等しい.

蒸気圧曲線　　大気圧以外の様々な一定外圧 P に対して前のページの状態変化の実験（図 **6.17**）を行って，液相と気相が共存できる温度をグラフにしたものが**蒸気圧曲線**（図 **6.20**）である．この思考実験では，蒸気圧曲線の縦軸の圧力 P は外圧を示す．外圧が蒸気圧より低ければ，ピストンは液体がすべて気体になるまで押されていくし，外圧が蒸気圧より高ければ，気体がすべて液体になるまでピストンは移動する．それゆえ，蒸気圧曲線より下側の点では気相のみが存在し，上側の点においては液相のみが存在することは容易に理解できる．水蒸気と水が安定に存在できるのは，外圧が水蒸気圧に等しいときだけである．1013 hPa，25°C で水は液体である，といったときには，この思考実験を考えるとよい．

　　蒸気圧曲線については，図 **6.18** のような一定体積の容器中での思考実験で説明することもできる．ある一定温度において，真空にしてある一定体積の容器に水（液体）を入れると，最初のうちは蒸発する分子が凝縮する分子よりも多いため，水の量は減少する．十分時間が経過すると単位時間あたりに蒸発する量と凝縮する量が等しくなる（図 **6.19**）．その気相の圧力を，温度に対してプロットしても蒸気圧曲線がえられる．この状態を，気相と液相は**平衡**にあるといい，**気液平衡**という．この思考実験では，縦軸の圧力 P は内圧であり，蒸気圧曲線は，液相と気相が平衡で存在する，点 (T, P) の集合であり，それ以外の点は意味をもたない．

　　蒸気圧曲線のグラフの意味を考える上で，2 つの思考実験のうち，図 **6.17** の定圧下において加熱する思考実験では，蒸気圧曲線より下側が気相のみが存在し，上側では液相のみが存在するという概念がつかみやすい．図 **6.18** の定積での思考実験では気液平衡の概念をつかみやすい．蒸気圧曲線に関してどちらも重要な説明である．

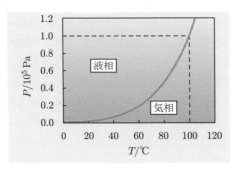

図 6.20 水の蒸気圧曲線

開放容器中で液体を加熱すると，液面近くの蒸気圧は外圧（一般には大気圧）と等しくなり，液体の表面だけでなく，液体内部からも気化が起こる（図 6.21）．この現象が沸騰である．中学校の理科において，蒸気圧曲線は，大気圧下での沸騰と関連づけて説明されることが多い．しかし，沸騰する温度から蒸気圧曲線について説明するのは，思考実験としては適さない．沸騰状態は気液平衡状態ではなく，液体内部では大気圧に加え，水圧もかかっているので，沸騰が観測されるのは，局所的に蒸気圧曲線の点よりも高い温度になっている．

図 6.21 大気圧下での沸騰

例題 8 50°C において真空にしてある 10.0 dm³ の容器に，水 0.200 mol を入れて気液平衡となった．このとき容器内部の圧力は 12.3 kPa であった．この容器の内容積をゆっくりと変化させて，5.0 dm³ にした場合と 50.0 dm³ にした場合のそれぞれについて容器内部の圧力を求めよ．ただし，液体の水の体積は無視して考えよ．

解 5.0 dm³ にした場合は，その分だけ水蒸気が液化して，再び気液平衡となるので，容器内部の圧力は 12.3 kPa である．体積を増加して 50.0 dm³ にした場合は

$$P \times 50.0 \, dm^3$$
$$= 0.200 \, mol \times 8.31 \, J \, K^{-1} \, mol^{-1} \times 323.15 \, K$$

$P = 10.7 \, kPa < 12.3 \, kPa$ より，0.200 mol の水はすべて気体となる．よって，容器内部の圧力は 10.7 kPa である．

融解曲線
fusion curve

昇華曲線
sublimation
curve

状態図
phase diagram

状態図　気液平衡を示す蒸気圧曲線（蒸発曲線）と同様に，固液平衡を示す**融解曲線**および固気平衡を示す**昇華曲線**を，同じ圧力–温度のグラフにプロットしたものを**状態図**という．蒸気圧曲線の説明と同じく，固相と液相が平衡に存在しうる点 (T, P) の集合が融解曲線であり，融解曲線の左側（低温側）の点では固相のみが，右側（高温側）の点は液相のみが存在する．融解曲線は，ほとんどの物質において右に傾いた直線であるが，水の場合は左に傾いた直線になる．

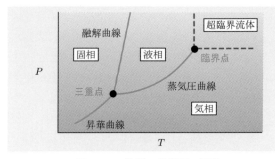

図 6.22　物質の状態図の概容

　蒸気圧曲線，融解曲線，昇華曲線は 1 点で交わる．この点を**三重点**という．三重点は気相，液相，固相が平衡に存在できる点であり，物質に固有の点である．水ならば，その温度は 273.16 K，圧力は 0.006 atm である．「平衡に存在できる」とは，外部と熱のやりとりがなければ，3 相のまま安定に存在し続けることであり，1 atm, 25°C で，水に氷を浮かべて蒸発している状態は平衡状態ではない．三重点以下の圧力では，液相は存在することができなくなり，固相と気相の相転移，昇華だけが生じる．

三重点
triple point

　蒸気圧曲線の高温，高圧側で，気相と液相の密度が等しくなり，両相の界面が消滅する点を**臨界点**という．その点における温度は臨界温度，圧力は臨界圧力とよばれる．水の場合はそれぞれ 647.2 K，217.7 atm であり，そのときの臨界体積は 56.0 cm^3 mol^{-1} である．それらよりも高温，高圧の領域では，**超臨界流体**とよばれる．

臨界点
critical point

超臨界流体
supercritical
fluid

ギブズの相律　やかんのお湯が沸騰していれば，水の温度は100°Cである，と小学生でも言い当てることができる．ただし，正確にいうのであれば，大気圧下という前提条件が必要である．それと同じように，氷と水と水蒸気が平衡に存在している三重点を観測したのであれば，温度も圧力も言い当てることができる．安定に観測されている相の数と，そのときの圧力，温度が決められるかどうかは，**ギブズの相律**とよばれる以下の関係式で，自由度 f の値を求めることでわかる[†]．

$$f = c - p + 2 \qquad (6.17)$$

c は component の略で成分の数，p は phase の略で安定な相の数を表す．ギブズの相律を用いて三重点を表現すれば，「三重点では，$c = 1$，$p = 3$ なので自由度 $f = 0$ であり，温度も圧力も決まる」となる．

　ギブズの相律を用いると，2つの相のみが安定に観測されている状態（蒸気圧曲線，融解曲線，昇華曲線上の点）では，$f = 1$ となる．これは「2相が安定に存在している状態を観測したのであれば，温度か圧力のどちらか一方がわかれば他方は決まる」ことを意味している．1つの相だけが安定に存在している状態は $f = 2$ となり，圧力がわかったとしても温度を言い当てることはできない．これを「$f = 2$ なので，温度，圧力の両方を自由に変えられる」と表現する．

Gibbs, J. W.
p.7

ギブズの相律
Gibbs' phase
rule

[†] 導出は
『基礎物理化学 II
［新訂版］』
6 章 p.99

純物質なら $c = 1$
$f = 3 - p$

例題 9　水の状態図の概要を，数値を入れて描け．

解　融解曲線の傾きが負になる（図 6.23）．

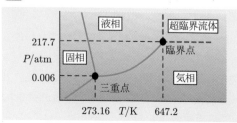

図 6.23
水の状態図

6.3 化学ポテンシャル

ある物質が，ある温度 T，圧力 P においてどのような相になるかは，それぞれの相がもつ**化学ポテンシャル**（$\overset{\text{ミュー}}{\mu}$）とよばれる値で決まる．同じ物質でも，任意の点 (T, P) において，固相，液相，気相で異なる化学ポテンシャル値，$\mu_固$, $\mu_液$, $\mu_気$ をもち，3 相のうちで化学ポテンシャルの最も低い相が安定相として現れる（図 **6.24**）．それはあたかも，位置エネルギーが高い不安定な状態から低い安定な状態へと変化するようなものである．例えば，$(25°C, 1\,\text{bar})$ では，液体の水の化学ポテンシャルが氷や水蒸気の化学ポテンシャルより低いため，水は液体となるわけである．

すべての温度，圧力に対して，3 相のうち最も低い化学ポテンシャル面を，三次元グラフで描くと図 **6.25** のようになる．

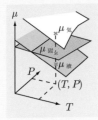

図 **6.24**　3 面で $\mu_液$ が (T, P) では最安定

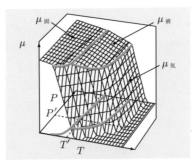

図 **6.25**　純物質の μPT 曲面と状態図

3 つの面の交線を P–T 平面に射影したものが，状態図の融解曲線，蒸気圧曲線，昇華曲線である．

任意の (T, P) において，$\mu_固$, $\mu_液$, $\mu_気$ のいずれが最も小さい値をとるかを調べるためには，化学ポテンシャルが温度，圧力によってどのように変化するかを知ることが必要である．三次元グラフの $P = P'$ の断面が図 **6.26** であり $T = T'$ の断面が図 **6.27** となる．

① 定圧条件下，温度が上がると μ は減少する．

その傾きは各相の「乱雑さ」に比例するため，固相が最も緩やかで，気相が最も急である．そのため，低温では $\mu_{固}$ が最も低く，高温では $\mu_{気}$ が最も低くなる．$\mu_{固}$ と $\mu_{液}$ の直線の交点が融点 T_{f} であり，$\mu_{液}$ と $\mu_{気}$ の直線の交点が沸点 T_{b} である．

$$\frac{d\mu}{dT} = -S$$

S は「乱雑さ」，後でエントロピーであることを学ぶ
$$S_{固} < S_{液} < S_{気}$$
『基礎物理化学 II
［新訂版］』
4 章 p.68, 79

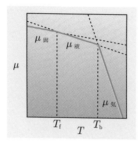

図 6.26　$P = P'$ における μ–T 面

② 定温条件下，圧力が上がるほど μ は増加する．

その傾きは各相の「体積」に比例する．体積の圧力依存性が小さい $\mu_{固}$ と $\mu_{液}$ は緩やかに直線的に増加するが，$V = RT/P$ である $\mu_{気}$ は対数カーブを描いて増加する．

$$\frac{d\mu}{dP} = V_{\mathrm{m}}$$

V_{m} はモル体積
$$\int d\mu = \int V_{\mathrm{m}} dp$$
$$\mu - \mu^{\circ} = \int \frac{RT}{P} dp$$

$$\mu = \mu^{\circ} + RT \ln\left(\frac{P}{P^{\circ}}\right)$$
μ° は標準状態
$(P^{\circ} = 1\,\mathrm{bar})$ における化学ポテンシャル
『基礎物理化学 II
［新訂版］』
4 章 p.66, 78

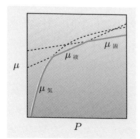

図 6.27　$T = T'$ における μ–P 面

①，②より，$\mu_{固}$ と $\mu_{液}$ の形状は，傾いた平面となり，これらの交線はほぼ直線となる．そのため，P–T 面への射影である融解曲線は直線になる．一方，$\mu_{気}$ は低圧側で大きく減少する曲面となるため，$\mu_{固}$ や $\mu_{液}$ 平面との交線は曲線となり，蒸気圧曲線と昇華曲線も曲線となる．

　　三重点は，$\mu_{固}, \mu_{液}, \mu_{気}$ の 3 面の交点である（互いに
平行でない 3 つの平面は 1 点で交わる，図 6.28）．三重
点より低い圧力範囲では，図 6.29 のように $\mu_{固}$ もしくは
$\mu_{気}$ のどちらかが最も低くなる．それゆえ，三重点より
低い圧力の条件で，気体を冷却したり，固体の温度を上
昇させたりすると融解せずに昇華する．

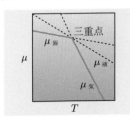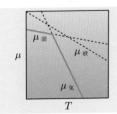

図 6.28　三重点の圧力における μ–T 面　　図 6.29　三重点以下の圧力における μ–T 面

水の状態図の特異性　　水以外の物質では，固体のモル
体積 $V_{固}$ と液体のモル体積 $V_{液}$ を比べると

$$V_{固} < V_{液}$$

である．μ–P 面において $\mu_{固}$ 平面より $\mu_{液}$ 平面の方が
傾いている（図 6.27）．そのため，2 つの平面の交線は
右に傾き，交線を P–T 平面に射影した融解曲線も右に
傾く（図 6.30(a)）．それに対して，水は

$$V_{固} > V_{液}$$

なので，水の状態図の $T = T'$ での μ–P 面を見ると，
$\mu_{固}$ の直線の傾きの方が $\mu_{液}$ の直線の傾きより大きい
（図 6.31）．そのため，$\mu_{固}$ と $\mu_{液}$ 平面の交線の方向は，一
般の物質と逆となり，融解曲線は左に傾く（図 6.30(b)）．
　　化学ポテンシャルの概念は，純物質の相転移だけでな
く，混合物の相転移についても適用できる．また，化学
反応の進行や，化学平衡などについても化学ポテンシャ
ルで説明できる．それらについては 9 章で述べる．

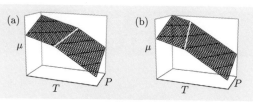

図 **6.30**　$\mu_{固}$ と $\mu_{液}$ の交線の違い：
水以外の物質 (a) と水 (b)

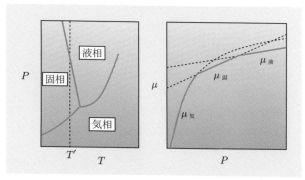

図 **6.31**　水の状態図と $T = T'$ での μ–P 面

> **例題 10**　水の融解曲線が左に傾くことを，圧力 P_1 から
> P_2 へと変化したときの，μ–T 面での化学ポテンシャルの変
> 化を示して説明せよ．

解　圧力 P_1 から P_2 へと増加したときに，$\mu_{固}$ は $V_{固}$ に比
例した分だけ上昇し，$\mu_{液}$ は $V_{液}$ に比例した分だけ上昇する．水
以外の物質では $V_{固} < V_{液}$ なので，図 **6.32(a)** のように融点は
T_1 から T_2 へと上昇する．水では $V_{固} > V_{液}$ なので，図 **6.32(b)**
のように，圧力が上がると融点が下がることになる．

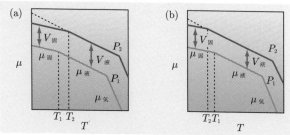

図 **6.32**　三重点より高い圧力における μ–T 面の
圧力変化の違い：水以外の物質 (a) と水 (b)

演 習 問 題
第6章

1　1辺の長さ l, 体積 $V(=l^3)$ の立方体の容器に質量 m の分子 N 個からなる理想気体を入れる（図 6.5）．1 つの分子の速度を $u_i = (u_{xi}, u_{yi}, u_{zi})$ とし，N 個の分子の u_i^2 の平均を $\overline{u^2}$ とすると，気体の圧力 P が

$$P = \frac{Nm\overline{u^2}}{3V}$$

で表されることを気体分子運動論に基づいて導出せよ．

2　25°C における二酸化炭素分子（分子量 44）の根平均2乗速度は何 $\mathrm{m\,s^{-1}}$ か，有効数字2桁で求めよ．

3　気体分子の速さの分布の名称を答え，その形状を図に描いて特徴を説明せよ．また，温度が上がるとその分布はどうなるか説明せよ．

4　例題5にならって，以下の条件におけるエネルギー間隔が等しいボルツマン分布を描き，例題5と比較して分布の変化を論ぜよ．
(1) 1000 K において，エネルギー間隔が $1\,\mathrm{kJ\,mol^{-1}}$
(2) 300 K において，エネルギー間隔が $5\,\mathrm{kJ\,mol^{-1}}$

5　一定体積の $50.0\,\mathrm{dm^3}$ の容器に，水 $0.200\,\mathrm{mol}$ を入れて 30°C から 60°C まで温度変化させたときの容器内部の圧力の変化を，表 6.2 と例題8を参考にしてグラフに描け．ただし，液体の水の体積は無視せよ．

6　二酸化炭素は，三重点が 5.11 atm で 216.8 K であり，臨界点が 72.9 atm で 304.2 K である．二酸化炭素の状態図の概略を描き，大気圧下でドライアイスが昇華する理由を述べよ．また，二酸化炭素を液体にするためには，圧力，温度をどのようにすればよいか答えよ．

7　ギブズの相律を述べて，三重点での自由度を求めよ．

8　融点，沸点，三重点，臨界点における，物質の三態の化学ポテンシャル（$\mu_{固}, \mu_{液}, \mu_{気}$）の大小関係について答えよ．

9　三重点の温度における，μ-P 面の $\mu_{固}, \mu_{液}, \mu_{気}$ の変化を，水以外の物質と水の両方について描け．

表 6.2　水の蒸気圧 P/kPa

$T/°C$	P/kPa
30	4.2
40	7.4
50	12.3
60	19.9

第7章

混合物の状態変化

　前章の純物質の状態図に続き，混合物の状態図について説明する．理解を助けるため，2成分の混合物を例として取り上げる．気体の混合物でドルトンの分圧の法則を学ぶ．気液平衡として，ラウールの法則については，その現象だけでなく，法則から導き出される2成分2相の圧力-組成図，温度-組成図の作成について詳しく解説してあるので，自分でグラフを描いてみよう．ヘンリーの法則，水蒸気蒸留も気液平衡の一種として取り扱い，ラウールの法則に従う理想溶液との相違点について明確にしてある．固液平衡についても温度-組成図に基づいて，温度変化による状態変化を説明する．さらに，束一的性質についても，統一的に理解ができるために，化学ポテンシャルとの関連も記述した．

7.1 濃　　度

溶媒
solvent

溶質
solute

溶液
solution

質量パーセント
濃度
mass percent
concetration

ppm は,
parts per
million
100 万分の 1 の略

ppb は,
parts per
billion
10 億分の 1 の略

モル濃度
molarity

質量モル濃度
molality

　混合物中の物質の状態を記述するものとして,まず濃度について復習してみよう.以下は,主に**溶媒**に**溶質**を溶解して,**溶液**を調製するときに使用される濃度である.

質量パーセント濃度　　溶液の質量に対する溶質の質量の割合に 100 をかけ,%で表した濃度を**質量パーセント濃度**という.

$$質量パーセント濃度 = \frac{溶質の質量}{溶液の質量} \times 100 \quad (7.1)$$

100 でなく,100 万（10^6）をかけると ppm に,10 億（10^9）をかけると ppb になる.

モル濃度　　溶液 $1\,dm^3$（$1\,L$）あたりに含まれる溶質の物質量（mol）を表した濃度を**モル濃度**という.単位記号は,$mol\,dm^{-3}$（または,$mol\,L^{-1}$）を用いる.

$$モル濃度 = \frac{溶質の物質量}{溶液の体積} \quad (7.2)$$

この単位は,$\overset{モーラー}{M}$ と略して書かれることがある.化学実験においては,最も使用される濃度である.以下の質量モル濃度と区別して,容量モル濃度とよばれることもある.

質量モル濃度　　溶媒 $1\,kg$ あたりに含まれる溶質の物質量（mol）を表した濃度を**質量モル濃度**という.単位記号は,$mol\,kg^{-1}$ を用いる（以前は,重量モル濃度とよばれていた）.

$$質量モル濃度 = \frac{溶質の物質量}{溶媒の質量} \quad (7.3)$$

濃度が低い希薄溶液においては

$$容量モル濃度 = 質量モル濃度 \quad (7.4)$$

という近似が成立する.質量モル濃度は,溶液の体積が温度変化によって変わっても影響を受けないので,温度変化を伴う実験などでよく用いられる.

モル分率　　ある成分の物質量（mol）を溶液の全成分
の総物質量（mol）で割ったものが**モル分率**である．こ
のため含まれるすべての物質のモル分率の総和や純物質
のモル分率は 1 である．モル分率は通常 X で表記され
る．例えば，溶媒 A が n_A mol，溶質 B が n_B mol，総物
質量を $n\,(=n_A+n_B)$ とする．溶媒 A のモル分率 X_A
は

$$X_A = \frac{n_A}{n_A + n_B} = \frac{n_A}{n} \qquad (7.5)$$

であり，溶質 B のモル分率を X_B とすると

$$X_B = \frac{n_B}{n_A + n_B} = \frac{n_B}{n} \qquad (7.6)$$

である．2 成分だけなので，$X_A + X_B = 1$ である．モル
分率は，通常の化学実験などで使用することはほとんど
ないが，物理化学分野における理論を展開する上は重要
であり，本章でも頻出する．

例題 1　　6.00％の塩化ナトリウム（NaCl）水溶液（密度
$1.04\,\mathrm{g\,cm^{-3}}$）について，モル濃度，質量モル濃度，モル分
率を求めよ．ただし，NaCl の式量は 58.5，H_2O の分子量
を 18.0 とせよ．

解　　この水溶液 $1\,\mathrm{dm^3}$ の質量は

$$1.04\,\mathrm{g\,cm^{-3}} \times 1\,\mathrm{dm^3} = 1.04\,\mathrm{g}\,(10^{-2}\,\mathrm{m})^{-3} \times (10^{-1}\,\mathrm{m})^3$$
$$= 1040\,\mathrm{g}$$

である．この水溶液 $1\,\mathrm{dm^3}$ 中の NaCl と H_2O の質量は

$$\mathrm{NaCl} : 1040\,\mathrm{g} \times 6.00/100 = 62.4\,\mathrm{g},$$
$$H_2O : 1040 - 62.4 = 977.6\,\mathrm{g}$$

である．それぞれの濃度は

$$\text{モル濃度} = \frac{62.4\,\mathrm{g}}{58.5\,\mathrm{g\,mol^{-1}}} \Big/ 1\,\mathrm{dm^3} = 1.067\,\mathrm{mol\,dm^{-3}}$$

$$\text{質量モル濃度} = \frac{62.4\,\mathrm{g}}{58.5\,\mathrm{g\,mol^{-1}}} \Big/ 977.6\,\mathrm{g}$$
$$= 1.091\,\mathrm{mol\,kg^{-1}}$$

$$\text{モル分率} = \frac{62.4\,\mathrm{g}}{58.5\,\mathrm{g\,mol^{-1}}} \Big/ \left(\frac{977.6\,\mathrm{g}}{18.0\,\mathrm{g\,mol^{-1}}} + \frac{62.4\,\mathrm{g}}{58.5\,\mathrm{g\,mol^{-1}}} \right)$$
$$= 0.0193$$

7.2 気体の混合物

Dalton, J.
p.3

分圧の法則
law of partial
pressure

"partial" は多成
分の中での各成分
の物理量を表すと
きに使う.
部分モル体積や, 部
分モルギブズエネ
ルギーを参照
(p.144, 185)

ドルトンの分圧の法則　　　気体の混合物の状態は, ドル
トンの**分圧の法則**を用いて記述できる.
「一定温度 T で一定体積 V の容器に n_A モルの気体 A と
n_B モルの気体 B を入れたとき, 容器内の気体の圧力（全
圧 P）は, それぞれの分圧の和（$P_A + P_B$）に等しい.」
ここで, 気体の分圧とは, その気体が単独で一定体積 V
を占めたときの圧力である.

$$P = P_A + P_B \tag{7.7}$$

$$P_A = \frac{n_A RT}{V}, \quad P_B = \frac{n_B RT}{V} \tag{7.8}$$

分圧の法則は, どちらの気体も, もう一方の気体が存在
することによって影響されないことを意味しており, 理
想気体でのみ成立する法則である. モル分率 X_A と X_B
で分圧 P_A と P_B を表記すると

$$P_A = X_A P, \quad P_B = X_B P \tag{7.9}$$

$$X_A = \frac{n_A}{n}, \quad X_B = \frac{n_B}{n} \quad (n = n_A + n_B) \tag{7.10}$$

となる. 分圧 P_A, P_B および全圧 P の組成依存性を
図 **7.1** に示す. これは混合物の組成と全圧力がわかって
いる場合に, 分圧を求めるために非常に便利な方法であ
る. 分圧の法則は, 厳密に言えば理想気体でしか成り立
たないが, 気体が希薄で相互作用が無視できるとみなせ
る場合には, 実在気体でも成立する.

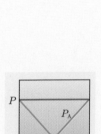

図 **7.1**　混合気体
の圧力－組成図

　気体 A, B の混合物は 2 成分 1 相であるので, ギブズの
相律 (6.17) からすると, 自由度は $f = 2 - 1 + 2 = 3$ と
なる. 混合物の場合に状態を記述するためには, 混合物
の組成も自由度の一つとなる. 混合物の組成は, 2 成分で
あれば, どちらかの濃度がわかれば組成は決まる. $f = 3$
の意味するところは,「混合気体は, 温度 T で全圧 P が
決められたとしても, A, B の組成は自由に変えられる」

ということである．別の言い方をすれば，「混合気体は，T, P がわかっていて，一方の濃度がわかれば，他方のモル数を決定できて状態を記述できる」ともいえる．

例題 2 空気は窒素，酸素の他に，微量成分としてアルゴンと二酸化炭素を含む．それらの組成は，質量パーセントで，窒素 75.52%，酸素 23.14%，アルゴン 1.28%，二酸化炭素 0.06%である．それぞれのモル分率を求めよ．また，全圧力が 101.3 kPa であるときのそれぞれの分圧を求めよ．

解 質量パーセントで与えられているので，空気が 100.00 g であるとして，それぞれの物質量を計算してモル分率と分圧を求める．

	分子量	質量%	モル分率	分圧 P/kPa
N_2	28.02	75.52	0.7808	79.10
O_2	32.00	23.14	0.2095	21.22
Ar	39.95	1.28	0.0093	0.94
CO_2	44.01	0.06	0.0004	0.04

例題 3 1 mol の N_2 と 3 mol の H_2 をピストン付き容器に入れ，温度一定にして外圧 P としたとき，アンモニアの合成反応

$$N_2\,(g) + 3H_2\,(g) \longrightarrow 2NH_3\,(g)$$

が生じ，ξ mol の N_2 が反応した．そのときの N_2, H_2, NH_3 それぞれの物質量，モル分率，分圧を ξ および P で表せ．

解 ξ mol の N_2 と反応した H_2 は 3ξ mol であり，生じた NH_3 は 2ξ mol である．よって，全物質量は $(4 - 2\xi)$ mol となる．それぞれの物質量，モル分率，分圧は以下の通りである．

	N_2	H_2	NH_3
物質量/mol	$1 - \xi$	$3 - 3\xi$	2ξ
モル分率	$\dfrac{1 - \xi}{4 - 2\xi}$	$\dfrac{3 - 3\xi}{4 - 2\xi}$	$\dfrac{\xi}{2 - \xi}$
分圧	$\dfrac{1 - \xi}{4 - 2\xi}P$	$\dfrac{3 - 3\xi}{4 - 2\xi}P$	$\dfrac{\xi}{2 - \xi}P$

図 **7.2** 温度一定体積可変

7.3 混合した液体とその蒸気圧

Raoult, F. -M.
(1830-1901, 仏)

図 7.3 純物質
（上）と 2 成分か
らなる理想溶液
（下）

ラウールの法則　　液体状態で均一に混合する 2 つの揮発性の液体 A と B を真空の容器に入れた後，温度 T において，十分時間が経過して気相と液相が安定に存在する状態に達したとする（図 7.3）.

　成分 A だけの場合は，6 章の蒸気圧曲線で述べた通り，気液平衡状態に達すると気相の圧力は純成分 A の蒸気圧 P_A^* となる. しかしながら，液相中に B が存在すると，単位表面積あたり蒸発する A の数が少なくなるため，混合気体中の A の分圧 P_A は，純成分 A の蒸気圧 P_A^* より低くなる.

　この混合物の液相中の A のモル分率 X_A^ℓ とすれば

$$P_A = X_A^\ell P_A^* \tag{7.11}$$

となる. これを**ラウールの法則**という. この関係は B についても同様に成り立つ.

$$P_B = X_B^\ell P_B^* \tag{7.12}$$

ここで，P_B^* は純成分 B の蒸気圧であり，$X_A^\ell + X_B^\ell = 1$ である. 全蒸気圧 P は，ドルトンの分圧の法則から

$$P = P_A + P_B = X_A^\ell P_A^* + X_B^\ell P_B^* \tag{7.13}$$

$$P = X_A^\ell P_A^* + (1 - X_A^\ell)P_B^* \tag{7.14}$$

ラウールの法則が成立する理想溶液の P を P_A^*, P_B^* と X_A^ℓ で表すと以下のようになる.

$$P = P_B^* + (P_A^* - P_B^*)X_A^\ell \tag{7.15}$$

理想溶液
ideal solution

理想溶液　　ラウールの法則が組成の全領域において成立する溶液のことを**理想溶液**とよぶ. 理想溶液が成立する条件は次のようなことが挙げられる.

● A と B の大きさが等しい

● A と A，B と B，A と B の間の相互作用が等しい

ベンゼンとトルエンは理想溶液として取り扱える.

　X_A^ℓ を 0 から 1 まで変化させたときの P_A, P_B および P の依存性を図 7.4 に示す. この気液平衡にある混合物の

全蒸気圧 P は，A がない $X_A^\ell = 0$ の場合は P_B^* で，X_A^ℓ が増加すれば直線的に変化していく．このことは，P が式 (7.15) のように，切片 P_B^* で，傾き $(P_A^* - P_B^*)$ の直線の式になることから明らかである．式 (7.15) で表せる直線を**液相線**とよぶ．

液相線
liquidus line

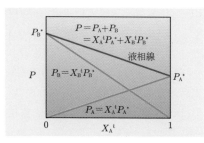

図 7.4　理想溶液の組成による圧力変化

例題 4　2 成分 A, B からなる理想溶液が気液平衡にあるとき $X_A^\ell = 0.80$ における P, P_A, P_B を求めよ．ただし，純成分の蒸気圧は，$P_A^* = 25\,\text{kPa}$, $P_B^* = 100\,\text{kPa}$ である．

解　式 (7.11) および (7.12) に数値を代入する．
$$P_A = X_A^\ell P_A^* = 0.80 \times 25 = 20\,\text{kPa}$$
$$P_B = X_B^\ell P_B^* = (1 - 0.80) \times 100 = 20\,\text{kPa}$$
$$P = P_A + P_B = 20 + 20 = 40\,\text{kPa}$$

例題 5　2 成分 A, B からなる理想溶液が気液平衡にあるときの圧力が $40\,\text{kPa}$ であった．このときの液相の A, B のモル分率 X_A^ℓ, X_B^ℓ, P_A, P_B を求めよ．また，気相の A, B のモル分率 X_A^g, X_B^g を計算せよ．ただし，純成分の蒸気圧は，$P_A^* = 25\,\text{kPa}$, $P_B^* = 100\,\text{kPa}$ である．

解　式 (7.14) に数値を代入して X_A^ℓ を求める．
$$40 = 25 \times X_A^\ell + 100 \times (1 - X_A^\ell)$$
よって $X_A^\ell = 0.80$, $X_B^\ell = 1 - X_A^\ell = 0.20$ となる．
$$P_A = X_A^\ell P_A^* = 0.80 \times 25 = 20\,\text{kPa}$$
$$P_B = X_B^\ell P_B^* = 0.20 \times 100 = 20\,\text{kPa}$$
$X_A^g = 0.50$, $X_B^g = 0.50$ となる．

圧力−組成図
pressure-
composition
phase diagram

圧力−組成図　　2 成分 A, B からなる理想溶液が気液平衡にあるとき, 液相のモル分率から圧力 P, P_A, P_B が求められる（例題 4）. 逆に, 圧力 P が与えられると, 液相のモル分率 X_A^{ℓ}, X_B^{ℓ} を決定でき, さらに, 分圧 P_A, P_B から気相中のモル分率 X_A^g, X_B^g も決定できる（例題 5）. X_A^g と X_B^g は, P を用いて以下のように表される.

$$X_A^g = \frac{P_A}{P} = \frac{X_A^{\ell} P_A^*}{P}, \quad X_B^g = \frac{P_B}{P} = \frac{X_B^{\ell} P_B^*}{P} \quad (7.16)$$

ラウールの法則から求められた図 **7.5** の液相線の各 ●印の圧力 P における X_A^g を計算し, えられた X_A^g をプロットすると ○印の曲線になる. この曲線を**気相線**とよぶ. 縦軸の蒸気圧 P に対し X_A^{ℓ} と X_A^g を同じ横軸にとったグラフ図 **7.5** を**圧力−組成図**とよぶ.

気相線
gas line

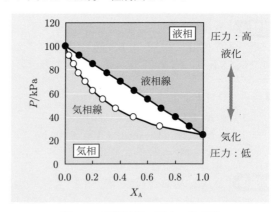

図 7.5　理想溶液の圧力−組成図

$$P_A^* = 25\,\mathrm{kPa}, \ P_B^* = 100\,\mathrm{kPa} \ （温度\ 65°C）$$

圧力−組成図は, 縦軸に対して横軸の値を読むグラフである. 横軸は,「X_A」とだけあるが, ●印（液相線）では液相の A のモル分率 X_A^{ℓ} であり, ○印（気相線）では気相の A のモル分率 X_A^g である. すなわち, 温度 T において, 揮発性液体 A, B を混ぜて平衡状態に達したときに, 気相と液相の 2 相が観測されていれば, P から液相と気相のモル分率 X_A^{ℓ} と X_A^g の値が決定できる. これ

をギブズの相律を用いて説明すると，2成分2相系で自由度2（$=2-2+2$）となり，T と P がわかっているので組成は決まる，という表現になる．液相だけが観測されている場合は，図 **7.5** の液相線より上にある領域の点 (X_A^ℓ, P) のどこかであり，気相だけが観測されている場合は，気相線より下にある領域の点 (X_A^g, P) のどこかであることを示す．自由度3（$=2-1+2$）なので，T と P を決めても組成は決まらないことを意味している．

圧力変化による気液平衡状態の変化 図 **7.5** の圧力−組成図を使用して，一定温度（65°C）で圧力 P を上昇させた思考実験を行う（図 **7.6**）．いま，20 kPa で，蒸気組成 $X_A^g = 0.5$ の気体を加圧して圧縮すると，40 kPa 以下では気相のみが存在する．40 kPa においてはじめて液相が生じ，その液相の組成 $X_A^\ell = 0.8$ である．さらに加圧していくと，蒸気組成と溶液組成は共に減少していく．圧力が 62.5 kPa になると気相はほとんどなくなり，そのときの気相の組成は 0.20 である．それ以上の圧力になると，液相だけになりその溶液組成は当然 0.50 である．

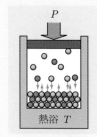

図 **7.6** T 一定で P を変化させて，X_A^ℓ と X_A^g を観測する．

例題6 図 **7.5** において4種類の組成 $X_A = 0.20, 0.40, 0.60, 0.80$ をもつ溶液を準備し，圧力 101.3 kPa から下げていく．$P = 50$ kPa になったときの X_A^ℓ と X_A^g を，それぞれの組成について求めよ．ただし，その温度での純成分の蒸気圧は，$P_A^* = 25$ kPa, $P_B^* = 100$ kPa である．

解 $50 = 25 \times X_A^\ell + 100 \times (1 - X_A^\ell)$

式 (7.14) に数値を代入して X_A^ℓ を求める．
よって $X_A^\ell = 0.67$，$X_A^g = 25 \times 0.67/50 = 0.33$ となる．

$$X_A = 0.20 : X_A^g = 0.20 \quad （気相のみ存在）$$
$$X_A = 0.40 : X_A^\ell = 0.67, \ X_A^g = 0.33$$
$$X_A = 0.60 : X_A^\ell = 0.67, \ X_A^g = 0.33$$
$$X_A = 0.80 : X_A^\ell = 0.80 \quad （液相のみ存在）$$

最初のモル分率が異なっていても，同じ圧力で気相と液相の2相が観測されていれば，圧力−組成図から，液相の組成 X_A^ℓ と気相の組成 X_A^g は決まる．

理想溶液の
圧力−組成図では
液相線は直線
気相線は曲線

温度−組成図では
液相線も気相線も
曲線

温度−組成図　　いくつかの温度で圧力−組成図を描き，液相線と気相線を重ね合わせると図 **7.7** となる．大気圧（101.3 kPa）での，各温度 T での液相線および気相線のモル分率 X_A^{ℓ} と X_A^{g} を読み取る．温度 T を縦軸にとって X_A^{ℓ} と X_A^{g} を横軸にプロットする．

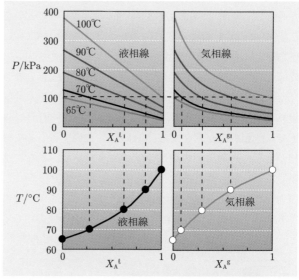

図 **7.7**　圧力−組成図から温度−組成図の作り方

　2 つの図を合わせると図 **7.9** の**温度−組成図**になる．温度−組成図は，2 成分が気液平衡にあり，その全蒸気圧が大気圧（101.3 kPa）に等しいときの，各温度における液相と気相の水のモル分率を与える．圧力−組成図同様，縦軸の温度に対しての横軸の値を読むグラフになっていて，横軸は，●印では液相の A のモル分率 X_A^{ℓ} であり，○印では気相の A のモル分率 X_A^{g} である．

　外圧が 101.3 kPa のもと温度をゆっくりと上昇させた思考実験（図 **7.8**）を行い，状態変化について考察する．図 **7.9** において，溶液組成 $X_1^{\ell} = 0.5$ の溶液を 60°C から加熱する．温度 76°C 以下では，A と B が均一に混ざった液相のみが存在する．76°C においてはじめて蒸気が生じ，その

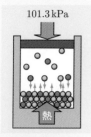

図 **7.8**　加熱して
温度を変化させる

蒸気組成 X_1^g は 0.18 である．温度 80°C になると，気相組成 0.29 と溶液組成 0.62 の状態となる（例題 7 参照）．さらに温度を上昇させて温度 88°C になると液相は極微量となり，ほとんどが気相になる．それ以上の温度になると，気相だけになり，その蒸気組成は最初の溶液組成と同じく 0.50 である．

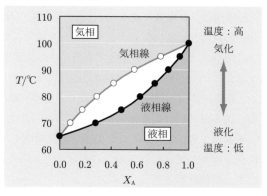

図 7.9　理想溶液の温度−組成図

例題 7　図 7.9 の 2 成分 A, B からなる理想溶液について 4 種類の組成 $X_A = 0.20,\ 0.40,\ 0.60,\ 0.80$ をもつ溶液を準備し，101.3 kPa のもとで，60°C から温度を上げていく．$T = 80$°C になったときの X_A^ℓ と X_A^g を，それぞれの組成について求めよ．ただし，80°C で純成分の蒸気圧は $P_A^* = 47\,\mathrm{kPa}$, $P_B^* = 189\,\mathrm{kPa}$ である．

解　式 (7.14) に数値を代入して X_A^ℓ を求める．

$$101.3 = 47 \times X_A^\ell + 189 \times (1 - X_A^\ell)$$

よって $X_A^\ell = 0.62$, $X_A^g = 47 \times 0.62/101.3 = 0.29$ となる．

$$X_A = 0.20 : X_A^g = 0.20 \quad （気相のみ存在）$$
$$X_A = 0.40 : X_A^\ell = 0.62,\ X_A^g = 0.29$$
$$X_A = 0.60 : X_A^\ell = 0.62,\ X_A^g = 0.29$$
$$X_A = 0.80 : X_A^\ell = 0.80 \quad （液相のみ存在）$$

最初のモル分率が異なっていても，80°C において，気相と液相の 2 相が観測されていれば，液相の組成 X_A^ℓ は常に 0.62 であり，気相の組成 X_A^g は 0.29 となる．そのため，液相と気相の物質量の比が変化している．

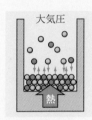

図 7.10 大気圧下，非平衡状態で加熱すると温度−組成図に従って沸騰する.

沸騰曲線
bubble point
curve

凝縮曲線
dew point
curve

蒸留　　大気圧に等しい，101.3 kPa の圧力を示す気液平衡にある理想溶液を開放すると沸騰する（図 **7.10**）．そのため，温度−組成図は，一般には「沸点図」とよばれ，各温度で沸騰する液相と気相のモル分率を与える．ただし，開放されていて非平衡状態になっているので，気相のモル分率というのは液相近傍の気相部分のことである．温度−組成図は，液体 A（沸点 a）と液体 B（沸点 b）の混合物の沸点は，組成により変化することを示している．いま，溶液組成 X_1 の溶液を加熱すると c 点の温度 T_1 で沸騰するが，溶液組成 X_2 の溶液を加熱すると e 点の温度 T_2 で沸騰する（図 **7.11**）．そのため，温度−組成図の下側にある液相線は，**沸騰曲線**ともよばれる．上側にある気相線は，沸騰している混合溶液の蒸気組成を与え，その蒸気を冷やしてえられる液体の組成を与えることになるので，**凝縮曲線**ともよばれる．

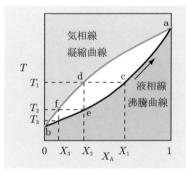

図 7.11
2 成分の理想溶液の
沸点図
　（温度−組成図）

蒸留
distillation

分留
fractional
distillation

　いま，溶液組成 X_1 の溶液を加熱すると c 点の温度 T_1 で沸騰する．このとき，蒸気組成は d 点から X_2 とわかる．この蒸気には低沸点の成分 B を多く含んでいて，d 点の蒸気を冷却すると組成 X_2 の溶液がえられる．この溶液を再び加熱すると，e 点の温度 T_2 で沸騰し，そのときの蒸気組成は f 点から X_3 とわかる．この操作を何度も繰り返すと凝縮液は低沸点の B が 100% に近づく．沸点の違いによって混合物を分離する操作を**蒸留**といい，液体の混合物を蒸留によって分離する操作を**分留**という．

　この分留の作業を，温度勾配を利用して連続的に行う
実験装置が図 **7.12** の蒸留塔である．原油などの分留には
棚段塔とよばれる，もっと大がかりな装置が使用される．
原油を 400°C 近くまで加熱して，低沸点（< 200°C）の
石油ガス，ガソリンから，中沸点（200 ~ 300°C）の灯
油，軽油，さらに高沸点（> 300°C）の潤滑油などを分
離・精製する．

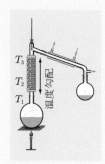

図 **7.12**　蒸留装置
内側に突起のある
ビグリュー管など
をト型管とフラス
コの間に入れる.

　いま，成分 A，B からなる理想溶液を蒸留装置で分離
する思考実験を図 **7.11** で行う．フラスコの溶液（組成
X_1）の温度が T_1 近辺になると，沸騰が始まる．蒸留装
置では気相部分に温度勾配ができているため，温度−組
成図の c → d → e → f → ⋯ → b までが連続的に同
時に起こる．温度勾配における気液平衡が完全であれば，
ト型管の分岐点の温度計は B の沸点を示す．蒸留が進む
とフラスコ内の残液は高沸点の成分 A の割合が高くなり，
液相線に沿って矢印のように沸点は徐々に上昇していく．
理想的な状況であれば，液相に B が残っている間は，温
度計の目盛りは B の沸点であり，冷却されて出てくる液
体の組成は B 100%のはずである．だが実際には温度勾
配における気液平衡が完全ではないので，蒸留の最後の
方の留分には A がかなり含まれてくることになる．最終
的には液相に B がなくなり，残液の温度も a 点に到達し
て A 100%の溶液が沸騰することになる．

> **例題 8**　2 成分 A，B からなる理想溶液が，大気圧
> （= 101.3 kPa）のもとで，75°C で沸騰するときの，液相の
> A および B のモル分率を求めよ．ただし，75°C での純成
> 分の蒸気圧は $P_A^* = 40\,\text{kPa}$, $P_B^* = 160\,\text{kPa}$ である．

解　沸騰している液相の A のモル分率を X_A^ℓ とする．沸騰
しているときは，蒸気圧が大気圧に等しくなっているとしてよ
いので，式 (7.14) に数値を代入して X_A^ℓ を求める．

$$101.3 = 40 \times X_A^\ell + 160 \times (1 - X_A^\ell)$$

よって $X_A^\ell = 0.49$, $X_B^\ell = 1 - X_A^\ell = 0.51$ となる．

ラウールの法則からのずれ　　ラウールの法則が組成の全領域で成立する理想溶液について学んだが，実際にはラウールの法則が限られた領域でしか成立しない溶液が多い．このような溶液を**非理想溶液**という．非理想溶液には，蒸気圧−組成図の直線関係から① 蒸気圧が大きい方にずれる（正のずれ）と，② 蒸気圧が小さい方にずれる（負のずれ）を示すものの 2 種類に分類される．

非理想溶液
non-ideal
solution

ずれ
deviation
正のずれ
positive ～
負のずれ
negative ～

表7.1　　2 種類の非理想溶液の特徴

	正のずれ	負のずれ
蒸気圧-組成図 点線は理想溶液の場合の分圧と全圧 矢印は蒸気圧のずれる方向を示す．	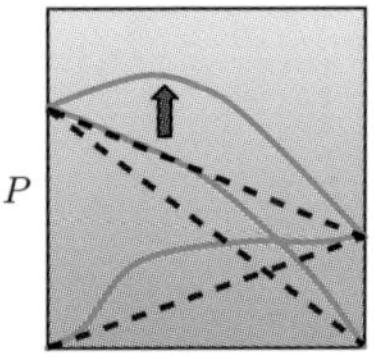	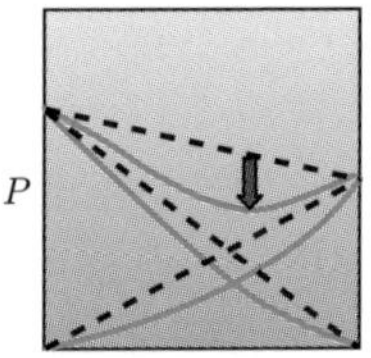
蒸気圧の特徴	異分子間に反発する相互作用が働き蒸気圧上昇，液相線が極大値をとる．	異分子間に引き合う相互作用が働き蒸気圧低下，液相線が極小値をとる．
温度-組成図 （沸点図）	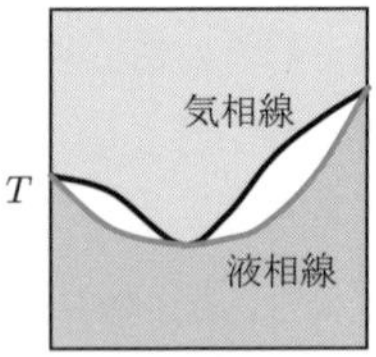	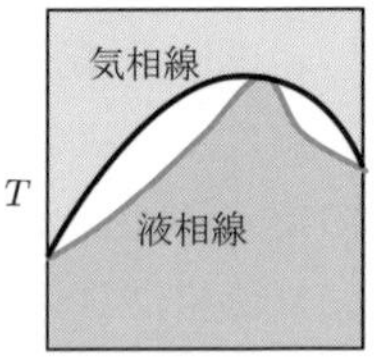
沸点図の特徴	蒸気圧が極大になる組成で，沸点は極小値をとる	蒸気圧が極小になる組成で，沸点は極大値をとる
例	アセトン-二硫化炭素 水-エタノール 酢酸-ヘキサン	アセトン-クロロホルム 水-塩酸 酢酸-ピリジン

共沸現象　　非理想溶液の極小値もしくは極大値の組成の溶液を加熱して沸騰させると，液相と気相で同じ組成がえられる．このような組成の溶液を**共沸混合物**とよび，その組成を**共沸組成**という．共沸混合物が沸騰している間，温度は一定に保たれ，液相と気相の成分が同じであ

共沸
azeotropy

るため，組成が変化せずに沸騰し続ける．

　ラウールの法則からずれている非理想溶液の蒸留について，温度−組成図を用いて考えてみよう．考え方は理想溶液の場合と同じく蒸留装置を用いて，正のずれを示す混合物（図 **7.13(a)**）を蒸留する思考実験を行う．蒸留開始時の溶液組成が共沸組成 X_e より大きい X_1 の溶液を加熱すると，c 点に相当する温度で沸騰する．温度勾配における気液平衡が完全であれば，枝付きフラスコの分岐点の温度は共沸温度 T_e を示し，気体を冷却してえられる液体は，e 点で示される共沸組成 X_e をもち，純粋な B ではない．このため，共沸組成以上の B を含む液体は蒸留だけではえられない．ラウールの法則から正のずれを示す，水−エタノールの混合物を蒸留しても純粋なエタノールはえられない[†]．

† 蒸留では 96% エタノール（X = 0.90）しか得られない．

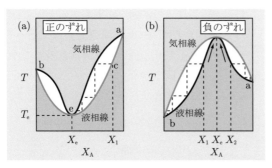

図 7.13　非理想溶液の温度−組成図

例題9　負のずれを示す2成分 A, B の非理想溶液を蒸留する場合（図 **7.13(b)**）について説明せよ．

解　蒸留開始時の溶液組成が，共沸組成 X_e より小さい X_1 だと低沸点である純粋な B が留出してくるが，蒸留開始時の溶液組成が共沸組成より大きい X_2 だと，B より高い沸点である A が純成分として出てくる．蒸留が進むと，フラスコに残る溶液が共沸混合物となるので，A や B が溶液中に残っていても，それ以上，純成分の A や B はえられない．

Henry, W.
(1774-1836, 英)

図 7.14　気体の溶解度曲線

軸変換

図 7.15
圧力−組成図

ヘンリーの法則

気体の溶解度に関する法則として高校の化学で学んだ**ヘンリーの法則**は
「一定温度のもとで, 溶解度の小さい気体が一定量の溶媒に溶けるとき, 気体の溶解度（質量, 物質量）は, その気体の圧力に比例する」
というものである. 気体の圧力 P と溶解度（水 1 kg に対する物質量）をグラフにすれば, 図 **7.14** のようになる. 縦軸の気体の溶解度をモル分率に変換して縦軸と横軸を入れ替えると図 **7.15** となるので, ラウールの法則の蒸気−組成図と同じになる. 図 **7.16** は, ヘンリーの法則の成立する非理想溶液の蒸気圧−組成図である. 点線はラウールの法則が成立する場合の蒸気圧で, 曲線はラウールの法則から正のずれを示す A と B の蒸気分圧である. ヘンリーの法則（1 点破線 −・−）は非常に狭い範囲だけで成立する. ヘンリーの法則を再解釈すると
「ラウールの法則からずれている非理想溶液であっても, 溶質のモル分率 X_B が 0 に近い, 希薄溶液のところでは原点を通る直線で近似できる」
ということになる. 溶質は気体でなくてもよい.

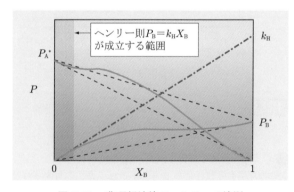

図 **7.16**　非理想溶液のヘンリーの法則

その直線の近似式は, 比例定数を k_H とすると

$$P_B = k_H X_B \tag{7.17}$$

となる. この関係式が成立するためには, 希薄溶液で, 溶

質 B は溶媒 A に完全に取り囲まれていることが必要である．このような溶液を**理想希薄溶液**という．ラウールの法則（$P_B = X_B P_B^*$）からずれているので，比例定数 k_H は純成分 B の蒸気圧とは一致しない．k_H は A–B 間の相互作用に依存する数値で，実験的に決定される．

水蒸気蒸留　　一定温度で，液体状態で均一に混合しない，2 つの揮発性の液体 A と B の場合は，ラウールの法則の式 (7.13) において $X_A = X_B = 1$ となる．よって全圧 P は純成分の蒸気圧 P_A^* と P_B^* の和になる．

$$P = P_A^* + P_B^* \tag{7.18}$$

この式は，均一に混合しない場合は，A と B がしきりで分けられているのと同じ状態であることを意味している（図 **7.17**）．よって，2 つの液相と気相があるので 3 相の平衡となる．ギブズの相律を用いて説明すると，2 成分 3 相系で自由度 1（$= 2 - 3 + 2$）となる．温度を決めれば，圧力は純成分 A および B の蒸気圧の和なので，当然圧力は決まる．混合しない液体のこのような振る舞いは，**水蒸気蒸留**に用いられている．蒸気圧は各成分の蒸気圧の和になるので，大気圧下で 100°C よりも低い温度で沸騰する（図 **7.18**）．水に沸点の高い有機化合物を混ぜて蒸留すると，100°C 以下で高沸点の化合物が蒸留できる．

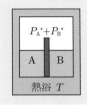

図 **7.17**　液体が混合しない場合の蒸気圧

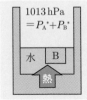

図 **7.18**　水蒸気蒸留

> **例題 10**　ジエチルアニリンを水蒸気蒸留すると，大気圧 1013 hPa のもと，372.5 K で沸騰した．この温度での水の蒸気圧は，992 hPa である．水 180 g が留出したときに，ジエチルアニリンは何 mol 留出するか．

> **解**　ジエチルアニリンの分圧は 21 hPa である．留出してくる水とジエチルアニリンの物質量の比は，分圧の比に等しいので，ジエチルアニリンの物質量を n mol とすると
> $$10 : n = 992 : 21 \quad \rightarrow \quad n = 0.21$$
> 留出するジエチルアニリンの物質量は 0.21 mol である．

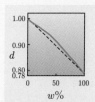

図 7.19　エタノール/水系の密度－混合比曲線

混合溶液の体積　水とエタノールを 100 mL ずつ混ぜても 200 mL にはならない．理想溶液でない実在の溶液とはどのような性質をもつのかを，水－エタノールのいろいろな混合比の試料溶液の体積変化から考察してみる．エタノールの質量パーセント濃度（w%）に対して混合溶液の密度 d をプロットすると，図 7.19 のような密度－混合比曲線がえられる．この曲線は，2 成分の溶媒を混合したときに体積に加成性がないことを示している（もし，加成性が成立する場合には，図 7.19 の点線のようになるはずである）．上にずれているということは，混合したときに体積が純物質の体積の和より減少していることを意味する．それでは混合溶液の体積はどのように求めればよいのだろうか?

部分モル体積　水のモル体積（$\overline{V}_A$ とおく）は，水 1 mol が占有する体積のことであり，水のモル質量 18.016 g mol^{-1} と密度 0.9982 g cm^{-3} から計算できる．

$$\overline{V}_A = 18.05 \, \text{cm}^3 \, \text{mol}^{-1}$$

この水のモル体積は，大量の水に 1 mol の水を加えたときの体積の増加量である．しかし，大量のエタノールに 1 mol の水を加えた場合には，体積は 14.10 cm^3 しか増加しないので，$\overline{V}_A = 14.10 \, \text{cm}^3 \, \text{mol}^{-1}$ である．逆に，大量の水中でエタノール 1 mol が占める体積 $\overline{V}_B$ は 54.00 cm^3 mol^{-1} である．このようにモル体積は他成分の存在量によって変化する．他の成分が存在しているときの物質 1 mol が占める体積を**部分モル体積**という．水－エタノールの部分モル体積の表を使えば，混合溶液の体積 V は以下の式で求められる．

$$V = n_A \overline{V}_A + n_B \overline{V}_B \qquad (7.19)$$

例えば，水 4 mol（72.06 g，72.20 cm^3）とエタノール 1 mol（46.07 g，58.37 cm^3）を混ぜると，エタノールのモル分率 X_B は 0.2 であり，そのときの体積は

部分モル体積
partial molar
volume

部分モル体積の求め方は，『基礎物理化学 II［新訂版］』4 章 p.75

$$V(X_B = 0.2) = 4 \times 17.70 + 1 \times 55.20 = 126.00 \, \text{cm}^3$$

となる．これは，純物質の体積の単純な和 $130.57 \, \text{cm}^3$ より小さい．密度を求めると

$$d(X_B = 0.2) = \frac{72.06 \, \text{g} + 46.07 \, \text{g}}{126.00 \, \text{cm}^3} = 0.938 \, \text{g cm}^{-3}$$

となる．部分モル体積は組成によって変動し，それらは相関している．この部分モル体積の考え方は，他の多くの示量変数における部分モル量に適用できる．

特にギブズエネルギーにおいて重要である．
9 章 p.185,190

表 7.2　20°C における水‐エタノール混合溶液における水およびエタノールの部分モル体積 $(\text{cm}^3 \, \text{mol}^{-1})$

X_B	$\overline{V}_A$	$\overline{V}_B$	X_B	$\overline{V}_A$	$\overline{V}_B$
0.00	18.05	54.00	0.40	17.20	57.00
0.02	18.10	53.50	0.50	16.90	57.55
0.04	18.14	52.70	0.60	16.55	57.90
0.07	18.18	52.30	0.70	16.10	58.10
0.10	18.08	53.40	0.80	15.50	58.25
0.12	18.00	53.90	0.90	14.90	58.32
0.20	17.70	55.20	1.00	14.10	58.37
0.30	17.40	56.30			

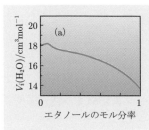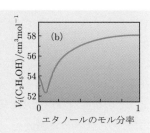

図 7.20　エタノールと水の部分モル体積

例題 11　エタノール $17.0 \, \text{g}$，水 $10.0 \, \text{g}$ の混合溶液の密度を表 7.2 の部分モル体積の値を用いて計算せよ．

解　混合溶液のエタノールのモル分率は 0.40 で，表 7.2 の部分モル体積の値を用いて密度 d を求める．

$$d = \frac{(17.0 + 10.0) \, \text{g}}{(57.0 \times 17.0/46.1 + 17.2 \times 10.0/18.0) \, \text{cm}^3}$$
$$= 0.88 \, \text{g cm}^{-3}$$

7.4　固体と液体

溶解度
solubility

図 **7.21**
溶解度曲線

軸変換 ⬇

図 **7.22**
温度−組成図

共融点
eutectic point

図 **7.24**
凝固点降下 ΔT_f

溶解度曲線と温度−組成図　　固体の**溶解度**について高校の化学では,「溶媒 100 g に溶けうる溶質の質量 (g) の数値で表す」と学んだ. 溶解度の温度変化を示したグラフ (図 **7.21**) を**溶解度曲線**という. 一般に, 固体の溶解度は温度が高くなるほど増加するものが多く, その増加の割合は物質により異なる. いま, ある無機塩 A の水に対しての溶解度曲線の a 点の飽和溶液を b 点の温度まで冷却すると塩の純固体が析出して b 点の飽和溶液になる. 縦軸の固体の溶解度をモル分率に変換して横軸と入れ替えると図 **7.22** のようになり, 両軸は気液平衡の温度−組成図と同じになる.

共融混合物の固液平衡　　この固体と液体の温度−組成図を固体の組成を 0 から 1 まで全領域にわたって描くと図 **7.23** のようになる. $X_\mathrm{塩}=1$ の c 点の温度は純粋な塩の融点であり, $X_\mathrm{塩}=0$ の d 点の温度は氷の融点で 0°C である. d 点から e 点の曲線に関しては, 塩を入れたときに水の凝固点降下 (7.5 節を参照) によって融点が下がる現象を表している (図 **7.24**). 溶解度曲線 c–e と凝固点降下線 d–e は 1 点 e で交わる. この点を**共融点**とよび, その組成を**共融組成**という. 共融点より低い温度で

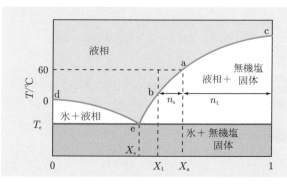

図 **7.23**　水−無機塩系の固液平衡の温度−組成図

は，すべて固体となるが，固体同士は全く混じり合わず，純物質の別々の相として存在する．このような混合物を**共融混合物**とよぶ．共融組成 X_e の共融混合物を加熱していくと，温度 T_e で固体は溶解し始める．そこでえられる溶液の組成と固相の組成は同じであり，固体が溶解している間，温度は一定に保たれ，あたかも純物質のように融解する．

共融混合物
eutectic
mixture

この固液平衡においてもギブズの相律は成立することを示そう．固体状態では均一に混合しないので，水蒸気蒸留の液相と同じく，氷と無機塩固体が分かれて存在していると考えてよい．共融点の温度 T_e においては2つの固相と，共融組成 X_e の液相が共存しているので計3相となる．ギブズの相律から，2成分3相系で自由度1（$= 2 - 3 + 2$）となる．この自由度1は圧力で決まっているので，他の自由度は0である．すなわち，共融点での温度 T_e，共融組成 X_e は物質によって決まっている．

例題 12　KNO_3 の溶解度は 60°C で 109 g，10°C で 22 g である．60°C の KNO_3 飽和溶液を 10°C に冷却する．
(1)　60°C の飽和溶液の KNO_3 のモル分率 X_a を求めよ．
(2)　10°C での液相の KNO_3 のモル分率 X_ℓ を求めよ．
(3)　10°C での固相の KNO_3 のモル分率 X_s を求めよ．
(4)　10°C での固相の物質量 n_s と液相の物質量 n_ℓ の比は

$$n_s : n_\ell = X_a - X_\ell : 1 - X_a$$

となることを示せ．$KNO_3 = 101$

解　(1)　$X_a = 0.163$　　(2)　$X_\ell = 0.038$
(3)　$X_s = 1$
(4)　60°C の KNO_3 飽和溶液中の総物質量を n とすると

$$nX_a = n_\ell X_\ell + n_s X_s$$

$n = n_s + n_\ell$ でもあるので，$X_a = \dfrac{n_\ell X_\ell + n_s X_s}{n_s + n_\ell}$

この式は，点 X_a が，点 X_ℓ と点 X_s（$= 1$）を結ぶ線分を $n_s : n_\ell$ に内分する点になることを示している（図 7.25）．よって

$$X_a - X_\ell : 1 - X_a = n_s : n_\ell$$

図 **7.25**
てこの関係

気液平衡などでも成り立つ．
(演習問題 2)

†共晶ともいう．はんだ（Pb と Sn の合金）もその一種である．（図 **7.30** 参照）

共融混合物の温度変化　　金属の合金の中には水−無機塩系の固体混合物のように，固相において成分が混ざらずに共融混合物をつくる場合がある†．金属 A と B からなる共融混合物（固体組成 X_0）を加熱したときの変化について考えてみよう（図 **7.26**）．温度 T_0 では 2 つの固相（$X = 0, X = 1$）が存在する．温度 T_e になったところで，融点の低い B が融解し始めて液相が生じ，そこへ Aが溶解して共融組成 X_e の飽和溶液となる．$X_0 > X_e$ では B がすべて融解するまで溶液の組成 X_e，温度 T_e は変化せず（図 **7.27**），2 つの固相と 1 つの液相の 3 相が観測される．再び温度が上がり始めたとき，固体は A だけが残っていて，固相（$X = 1$）と液相の 2 相となる．温度上昇に伴い，飽和溶液の A の濃度は高くなり，固体 Aは少なくなる．そして温度 T_1 で固体はすべて溶解して液相（組成 X_0）1 相となる．

図 **7.27**　共融混合物の温度変化

　固体混合物の組成が X_e より低い状態 X_0' を温度上昇させた場合も，温度 T_e で共融組成 X_e の液相が生じ始める．3 相が観測されている間は X_e, T_e は変化しない．$X_0' < X_e$ では，液相に溶ける固体 A が先になくなって温度が再上昇し始め，そのときには液相と固体 B（$X = 0$）だけが残っている．温度を上昇させていくと，固体 B が融解して液相の A の濃度は減少していく．温度 T_2 以上で液相だけとなる．

組成 X_0 の混合物を温度変化させたときの各相の物質量を線幅で示してある．

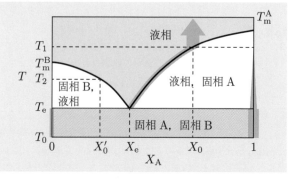

図 7.26　2 成分系共融混合物の温度−組成図

固溶体を形成する固体混合物　　合金には，高温で融解
した液体状態から凝固させた固体中でも成分が均一に混
ざるものがある．固体が均一に混ざった状態を**固溶体**とよ
ぶ．固溶体を形成する固液平衡の温度−組成図は図 7.28
のようになる．この温度組成図は，理想溶液の気液平衡
における 2 成分の温度−組成図（図 7.9）と類似してい
る．その理由は，固溶体を形成する場合，液相でも固相
でも成分が均一に混ざっており，その点において，理想
溶液の気液平衡にある気相と液相と同じだからである．

固溶体
solid solution

　図 7.28 の温度 T_0 の液相（組成 X_0）の a 点から温度
を下げる（図 7.29）．温度 T_1 で固相が析出し始め，そ
の固相の組成は X_1^s である．さらに温度を下げて T_2 に
なると，組成 X_2^s の固相と組成 X_2^ℓ の液相の 2 相が観測
される．温度 T_3 で極微量の液相（組成 X_3^ℓ）を残してほ
とんどが固相となり，さらに温度を下げると，均一な固
体混合物になる．

図 **7.29**　固溶体
を冷却したときの
温度変化

冷却しても純粋な
A や B は析出し
ない．

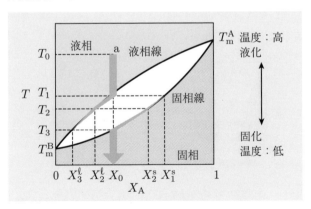

図 7.28　固溶体を形成する温度−組成図

　固液平衡の例として，固相において成分が全く混ざら
ない共融混合物と，完全に混ざって固溶体を形成する例
を紹介したが，どちらかが大過剰の組成範囲では部分的
に混ざって固溶体を形成し，それらが共融混合物のよう
に振るまう中間的な例（図 7.30）も数多くある．

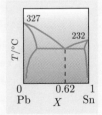

図 **7.30**　Pb−Sn
温度組成図
共融組成のはんだ
では融解する温度
は 180° ぐらいま
で低下する．

7.5　束一的性質

蒸気圧降下　ラウールの法則から，溶媒 A($\circ$) に不揮発性の物質 B($\bullet$) を少量溶かすと，溶液の蒸気圧 P_A は純成分 A の蒸気圧 P_A^* より低くなる（図 **7.31**，**7.32**）．その**蒸気圧降下** ΔP（$= P_A^* - P_A$）は溶質のモル分率 X_B^ℓ に比例する．

$$\Delta P = P_A^* - P_A = (1 - X_A^\ell)P_A^* = X_B^\ell P_A^* \quad (7.20)$$

このように溶質の種類に関係なく溶質の濃度（モル分率）だけによって変化する溶液の相平衡の性質を**束一的性質**とよぶ．束一的性質には蒸気圧降下の他に，沸点上昇，凝固点降下，浸透圧などがあり，これらの現象はすべて

　　「溶媒 A に少量の溶質 B が溶けると，溶液から
　　他の相へ拡散していく A の数が，純溶媒 A のと
　　きより少なくなるにもかかわらず，溶液に入って
　　くる A 分子の数は変化しない」

ことにより生じる．

蒸気圧降下
vapor pressure
depression

束一的性質
colligative
property

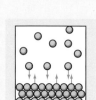

図 **7.31**　純成分 A の気液平衡状態

液相→気相の数と気相→液相の数が等しい.

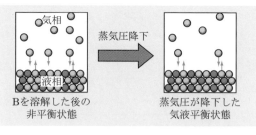

B を溶解した後の非平衡状態　　　蒸気圧が降下した気液平衡状態

図 **7.32**　不揮発性物質の溶解による蒸気圧降下

蒸気圧降下が生じる理由について，「溶質 B が溶媒分子 A の蒸発を妨げるから」とか，「溶質 B が溶媒分子 A と強く相互作用して引きとめるから」と答えてはいけない．液相から気相への蒸発は液相表面からしか起こらないから溶質は蒸発を妨げてはいないし，蒸気圧降下などの束一的性質は，理想溶液でも起こる現象だからである．

沸点上昇と凝固点降下 　気液平衡にある溶媒 A に不揮発性の物質 B を少量溶かすと，液相から気相に蒸発する数が少なくなるが，気相から液相に凝縮する数は変化しないため，同じ圧力であれば，温度を上げなければ気液平衡に達しない．これが**沸点上昇** ΔT_b である．**凝固点降下** ΔT_f についても同様に説明できる．固液平衡にある溶媒 A に不揮発性の物質 B を少量溶かすと，液相から固相に凝固する A の数が少なくなる（図 **7.33(a)**）が，固相から液相に融解する A の数は変化しないため，そのままの温度であれば固体はすべて溶解する．温度が下がれば，ふたたび固液平衡になる（図 **7.33(b)**）.

沸点上昇
elevation of
boiling point

凝固点降下
depression of
freezing point

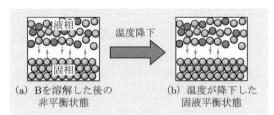

(a) Bを溶解した後の　　　(b) 温度が降下した
　　非平衡状態　　　　　　　　固液平衡状態

図 **7.33**　不揮発性物質の溶解による凝固点降下

　沸点上昇と凝固点降下については，溶質の質量モル濃度 m と以下のような関係がある[†].

$$\Delta T_b = K_b m, \quad \Delta T_f = K_f m \quad (7.21)$$

ここで，K_b は**モル沸点上昇定数**，K_f は**モル凝固点降下定数**とよばれる定数で，溶媒によって異なる（表 **7.3**）.

† 導出
『基礎物理化学 II
［新訂版］』
7 章 p.129-130

例題 13　$-5°C$ で凍らないような溶液にするためには，$500\,g$ の水にジエチレングリコール（$C_4H_{10}O_3$）を何 g 加える必要があるか．ただし，水の K_f は $1.86\,K\,kg\,mol^{-1}$ とせよ．

解　必要なジエチレングリコールを $w\,g$ とすると

$$5\,K = 1.86\,K\,kg\,mol^{-1} \times \frac{w\,g}{106\,g\,mol^{-1}} \Big/ 500\,g$$

$w = 142$，よって $142\,g$ 以上加えればよい.

束一的性質と化学ポテンシャル　　沸点上昇と凝固点降下について状態図と化学ポテンシャルを用いて考えてみよう. 図 **7.34** において, 大気圧 $P = 1013\,\mathrm{hPa}$ と, 蒸気圧曲線の交点の温度が沸点 T_b であり, 融解曲線との交点の温度が融点 T_f である. 不揮発性の溶質 B を溶かすと蒸気圧降下が起こり, 蒸気圧曲線が下がる. そのため, $P = 1013\,\mathrm{hPa}$ との交点が右にずれて沸点が ΔT_b だけ上昇する. 不揮発性の溶質 B を溶かすと, 温度が下がらなければ固液平衡にならないので, 融解曲線は左にずれる. その結果, $P = 1013\,\mathrm{hPa}$ との交点が左にずれて融点が ΔT_f だけ下がる.

$\mu_\text{溶液}$
$= \mu_\text{溶媒} + RT \ln X_\mathrm{A}$
『基礎物理化学 II
[新訂版]』
7 章 p.122

次に, 化学ポテンシャルの温度変化から束一的性質を考えよう. 大気圧下において, 純溶媒 A の $\mu_\text{固}$, $\mu_\text{溶媒}$, $\mu_\text{気}$ の温度依存性は図 **7.35** のようになる. $\mu_\text{固}$ と $\mu_\text{溶媒}$ の交点の横軸の値が融点 T_f であり, $\mu_\text{溶媒}$ と $\mu_\text{気}$ の交点の横軸の値が沸点 T_b である. そこに不揮発性の溶質 B を少量溶かすと, A のモル分率 X_A が減少することにより, A の化学ポテンシャルは減少して, $\mu_\text{溶液}$（——）となる. その低下幅は $\ln X_\mathrm{A}$ に比例する. B が混ざらない固相と気相では, A の化学ポテンシャルは変化しない. そのため, $\mu_\text{固}$ と $\mu_\text{溶液}$ との交点は低温側にずれ, $\mu_\text{気}$ と $\mu_\text{溶液}$ との交点は高温側にずれる. それぞれのずれが, 凝固点降下 ΔT_f と沸点上昇 ΔT_b である. 図 **7.35** からわかるように, $\mu_\text{気}$ の傾きは $\mu_\text{固}$ の傾きより大きいので, 同じ溶媒で比べれば, モル沸点上昇定数 K_b はモル凝固点降下定数 K_f より小さい（表 **7.3**）. 端的にいえば「束一的性質は, 不揮発性物質が溶解することで溶液の化学ポテンシャルが純溶媒より低くなることで生じる」と説明できる. 化学ポテンシャルの三次元表示（図 **7.36**）では, $\mu_\text{液}$ 面が下に移動することで, 液相−固相および液相−気相の交線が移動することに相当する.

図 **7.36**　μPT 曲面の変化

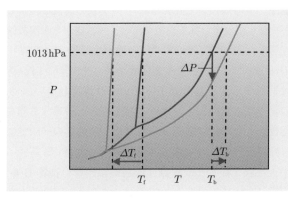

図 **7.34** 不揮発性物質を溶かしたときの状態図の変化

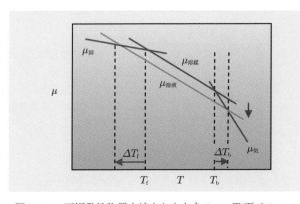

図 **7.35** 不揮発性物質を溶かしたときの μ–T 面での
化学ポテンシャルの変化

表 7.3 モル沸点上昇定数 K_b とモル凝固点降下定数 K_f

溶媒	沸点/K	K_b	凝固点/K	K_f
酢酸	391.65	3.08	289.78	3.9
水	373.15	0.521	273.15	1.858
ベンゼン	353.25	2.54	278.60	5.065
エタノール	351.47	2.02	—	—
ジエチルエーテル	307.75	1.22	—	—
シクロヘキサノール	—	—	297.65	37.7
ショウノウ	—	—	452.65	40.0

図 7.37　浸透圧

浸透圧
osmotic
pressure

半透性膜
semipermeable
membrane

浸透圧　　セロハンで区切られた U 字管の両側に純水とブドウ糖水溶液をいれて放置すると，純水側から水溶液側に浸透し，2 つの溶液の間に圧力差が生じる（図 7.37）．この圧力差 π のことを**浸透圧**という．セロハンは，溶媒は透過するが溶質の分子やイオンは透過しない膜で，このような一定の大きさ以下の粒子のみを透過する膜を**半透性膜**という．浸透圧も溶液の束一的性質の一つであり，沸点上昇や凝固点降下と同じように説明できる．

　半透性膜をはさんで片側に膜通過できない物質 B(●) を溶媒 A(○) に少量溶かして溶液にすると，溶液側から溶媒側に拡散する溶媒分子の数が少なくなるが，溶媒側から溶液側に移動する数は変化しない（図 7.38）．

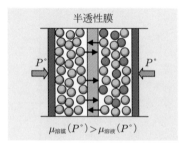

図 7.38　B を溶解した直後の非平衡状態．このままだと溶媒側（左）から溶液側（右）へ A は移動し続ける．

　この非平衡状態を化学ポテンシャルで説明すると，同じ圧力であれば，B が混ざっている溶液側の A の化学ポテンシャル $\mu_{溶液}(P^\circ)$ は，純溶媒 A の化学ポテンシャル $\mu_{溶媒}(P^\circ)$ より $|RT \ln X_A|$ だけ低いので平衡にならない．

$$\mu_{溶液}(P^\circ) = \mu_{溶媒}(P^\circ) + RT \ln X_A \qquad (7.22)$$

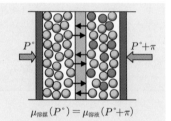

図 7.39　溶液側へ浸透圧 π を加えたことで，A の移動数はつり合って平衡状態となる．

一定温度で圧力を上げると化学ポテンシャルは上昇するので，溶液側の圧力を π だけ高くすることで両側の化学ポテンシャルは等しくなり平衡状態となる（図 **7.39**）．

$$\mu_{溶媒}(P^\circ) = \mu_{溶液}(P^\circ + \pi) = \mu_{溶媒}(P^\circ + \pi) + RT \ln X_A \tag{7.23}$$

ファントホフの式　式 (7.23) から導出される**ファントホフの式**を用いて浸透圧 π を求めることができる．

$$\pi = CRT = \frac{n}{V}RT \tag{7.24}$$

V は溶液の体積であり，n は溶質の物質量，R は気体定数である．溶質が電解質のときには**ファントホフ係数** i を入れて

$$\pi = iCRT \tag{7.25}$$

と表される．強電解質では，i は生じるイオンの数に等しくなり，$NaCl$ では $i = 2$，K_2SO_4 では $i = 3$ である．沸点上昇と凝固点降下についても，電解質を溶解した場合はファントホフ係数を入れて求めることになる．

$$\Delta T_b = iK_b m, \quad \Delta T_f = iK_f m \tag{7.26}$$

van't Hoff, J. H. (1852-1911, 蘭) 導出は 『基礎物理化学 II [新訂版]』 7 章 p.130

例題 14　あるタンパク質 100 mg を溶かした 10.0 mL の水溶液の浸透圧は，27°C で 600 Pa であった．このタンパク質の濃度は何 $mol\,L^{-1}$ か．また，このタンパク質の分子量はいくらか，有効数字 2 桁で求めよ．

$L^{-1} = dm^{-3}$ $= (10^{-1}\,m)^{-3}$ $= 10^3\,m^{-3}$

解　タンパク質の水溶液の濃度を $x\,mol\,L^{-1}$ とすると，ファントホフの式 $\pi = CRT$ より

$$600\,Pa = x\,mol\,L^{-1} \times 8.31\,J\,K^{-1}\,mol^{-1} \times 300\,K$$
$$x = 2.4 \times 10^{-4}$$

よって，タンパク質の濃度は $2.4 \times 10^{-4}\,mol\,L^{-1}$ である．タンパク質のモル質量を $y\,g\,mol^{-1}$ とすると

$$\frac{100\,mg}{y\,g\,mol^{-1}} \bigg/ 10.0\,mL = 2.4 \times 10^{-4}\,mol\,L^{-1}$$

$$y = 4.2 \times 10^4$$

よって，タンパク質の分子量は 4.2×10^4 である．

演 習 問 題
第 7 章

表 7.4　A および B の蒸気圧（kPa）

$T/°C$	P_A^*	P_B^*
65	25	100
70	31	127
80	47	189
90	69	266
100	100	375

1　2 成分 A, B からなる理想溶液の圧力-組成図（図 7.5, 7.7）および温度組成図（図 7.9）を作成せよ．ただし，純成分 A および B の蒸気圧は表 7.4 の数値を用いよ．

2　例題 6 において，$P = 50\,\mathrm{kPa}$ になったとき，組成 $X_A = 0.40$ と 0.60 の溶液は共に，$X_A^\ell = 2/3$，$X_A^g = 1/3$ となる．$X_A = 0.40$ と 0.60 のそれぞれについて，$P = 50\,\mathrm{kPa}$ のときの液相の A の物質量 $n_A^\ell\,\mathrm{mol}$ と気相の A の物質量 $n_A^g\,\mathrm{mol}$ の比 n_A^ℓ/n_A^g を求めよ．

3　水-エタノールの混合物を蒸留しても純粋なエタノールはえられない理由を，温度-組成図を描いて説明せよ．

4　0°C, 1 atm のとき，水 1 L に対して窒素は $23\,\mathrm{cm}^3$，酸素は $49\,\mathrm{cm}^3$ 溶解する．0°C, 10 atm において水 5 L に空気を溶かしたとき，溶けた窒素と酸素は 0°C, 1 atm に換算するとそれぞれ何 cm^3 か．ただし，大気中の空気は体積比で窒素 80%，酸素 20% とし，水蒸気は無視せよ．

5　塩化アンモニウムは水と固体状態では全く混ざらず，$-15.8°C$ より低い温度では固相のみとなる．以下の塩化アンモニウムの水への溶解度を用いて，塩化アンモニウム-水系の温度-組成（モル分率）図を描け．

塩化アンモニウムの水への溶解度

温　度	−15.8	0	20	40	60	80	100
溶解度	23	29	37	46	55	66	77

6　不揮発性の溶質を溶かした水溶液では，凝固点降下（ΔT_f）と沸点上昇（ΔT_b）が起こる．この現象を水の状態図（温度-圧力図）の変化と，定圧における化学ポテンシャル（$\mu_\text{固}$, $\mu_\text{液}$, $\mu_\text{気}$）-温度図の変化によって説明せよ．

7　水 10.0 g に以下の溶質を溶かしたときの凝固点降下を計算し，高分子の分子量決定の手法として適当かどうかを論ぜよ．ただし，水のモル凝固点降下定数は $1.86\,\mathrm{K\,kg\,mol^{-1}}$ とせよ．

(1)　硫酸アンモニウム 0.1 g

(2)　分子量 42,000 のタンパク質 0.1 g

(3)　(1) と (2) の混合物

第8章

熱力学第一法則とエンタルピー

　　熱力学のトピックは，高校では化学と物理の範囲にまたがっている．熱力学第一法則については高校の物理の教科書でもかなり詳しく述べられているので，本章を読み始める前に，その範囲をもう一度復習することを勧める．定圧条件下の化学反応の反応熱を与えるエネルギーとしてエンタルピーを導入する．熱化学方程式の反応熱と，大学で学ぶエンタルピーは同じものであるが，符号が反対になっていることに注意しなければならない．本章では様々な現象や反応についてのエンタルピーを挙げてあるので，それぞれの化学的な意味について考えてみよう．最後にエンタルピー変化の温度依存性について述べることにする．

熱力学第一法則
first law of
thermodynamics

図 8.1
熱力学の用語

系
system

外界
surroundings

宇宙
universe

境界面
boundary

表 8.1　系の分類

	物質	熱	仕事
開放系	○	○	○
閉鎖系	×	○	○
断熱系	×	×	○
孤立系	×	×	×

○は境界面を通過
できる.

性質
property

示量変数
extensive
variable

示強変数
intensive
variable

内部エネルギー
internal energy

† 熱や仕事の量は経
路によって異なる.

8.1　熱力学第一法則

　エネルギー保存の法則とよばれる熱力学第一法則は,

「宇宙のエネルギーは,その形態を変えても
全体として保存される」

と表現される. 熱力学で用いられる語句は厳密に定義されていて,特定の意味をもつ(図8.1). 系とは,観察あるいは考察しようとする対象であり,外界は系を取り囲む環境で,熱浴ともよばれる. 系と外界を合わせた全体を宇宙とよぶ. 系と外界は境界面を通して熱,仕事,物質をやり取りする. それらの出入りが可能かどうかによって,系は表 8.1 のように分類される. 宇宙は孤立系と言いかえることができる.

　系は状態量という変数を性質としてもち,状態量は,系を分割したときに変化する示量変数と,変化しない示強変数の 2 つに分類される. 例えば,気体は圧力 P,体積 V,物質量 n,温度 T,エネルギー E などの変数で記述され, P, T は示強変数で, V, n, E は示量変数である.

内部エネルギー　　熱力学第一法則の意味することは, 「外界から系に対して,熱や仕事のかたちでエネルギーが加えられれば,系のエネルギーは増加し,外界のエネルギーはその分減少する」または「系が外界に仕事をしたり,熱を放出したりすれば,系のエネルギーは減少し,外界のエネルギーはその分増加する」である. 系のエネルギーを内部エネルギー U とよぶ. U は示量性の状態量であり, ΔU は内部エネルギー変化である. 熱力学第一法則は,系が受け取る熱 q と受け取る仕事 w で,

$$\Delta U = q + w \tag{8.1}$$

と表される. ΔU は始状態と終状態で決まる状態量だが (図 8.2),熱や仕事は状態量ではなく,状態間の変換経路に伴う,状態量を変化させる物理量である[†]. 熱は微視的,仕事は力学的,巨視的なエネルギーで,熱と仕事は

相互に変換可能である. 系が熱を吸収したとき $q > 0$, 放出したときは $q < 0$ であり, 符号は, 自分自身を系の中において考えるとよい. ピストン中の気体が受け取る仕事は, **外圧** P_{ex} と体積変化で決まり, 積分で計算する.

$$w = -\int_{V_i}^{V_f} P_{ex}\, dV \qquad (8.2)$$

P_{ex} が一定のときは, $w = -P_{ex}\Delta V$ で計算できる. w の符号は, 系が圧縮($\Delta V < 0$)されたとき $w > 0$, 膨張($\Delta V > 0$)したとき $w < 0$ である. 真空への膨張($P_{ex} = 0$)では, $w = 0$ である. 式 (8.2) の P_{ex} を系の圧力 P にしてよいのは, ピストンがゆっくり, **可逆的**に動く場合だけである.

エンタルピー　体積一定の容器に気体を入れ, 熱 q_V を加える定積条件では $\Delta V = 0$ であり, 系は仕事をしない($w = 0$). $\Delta U = q_V$ となり, 系に加えられた熱量はすべて内部エネルギーの増加となる. よって, 定積という条件がつくと, 状態量 U の変化 ΔU から q_V がわかる.

$$q_V = \Delta U \qquad (8.3)$$

次に, 体積変化する容器の中の気体が, 熱 q_P を受け取って, 一定の外圧 P_{ex} に対して膨張する場合(図 **8.3**)を考えよう. $w = -P_{ex}\Delta V$ で, $\Delta U = q_P + (-P_{ex}\Delta V)$ である. 膨張によって $P_{ex}\Delta V$ だけ ΔU は減少する. q_P は,

$$q_P = \Delta U + P_{ex}\Delta V \qquad (8.4)$$

となる. この q_P を求めるためには, 2 つの状態量 U と V の変化量, ΔU と ΔV を知る必要がある. q_P を 1 つの状態量の変化で表すことができれば, 定圧条件下で体積変化する系が受けとる熱を求めるのに便利である. その便利な状態量として, 内部エネルギー U に, 体積仕事 PV を加えた, **エンタルピー** H を導入する.

$$H = U + PV \qquad (8.5)$$

エンタルピーの変化量である ΔH は,

$$\Delta H = \Delta(U + PV) = \Delta U + \Delta(PV) \qquad (8.6)$$

図 **8.2**　内部エネルギー変化 ΔU
$\Delta U =$
$U_{終状態} - U_{始状態}$

外圧
external pressure

系の体積変化
$\Delta V =$
$V_{終状態} - V_{始状態}$

可逆的
reversible

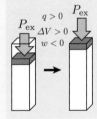

図 **8.3**　定圧膨張

エンタルピー
enthalpy

U, P, V が示量性状態量なので, H も示量性状態量
$\Delta H =$
$H_{終状態} - H_{始状態}$

で，P 一定ならば $\Delta H = \Delta U + P\Delta V$ となり，$P_{ex} = P$ が成立するときには式 (8.4) の q_P に等しく，$q_P = \Delta H$ となる．よって，定圧条件下では，状態量 H の変化量 ΔH から系が受け取る熱が求められる．

ジュールの法則　　系が受け取る熱 q を求めるには，系の温度変化 ΔT を測定し，**熱容量** C を用いて計算する．

$$q = C\Delta T \tag{8.7}$$

物質 1 mol あたりの熱容量を**モル熱容量**とよび，**定積モル熱容量** C_V と**定圧モル熱容量** C_P があり，n mol の場合，

$$定積条件\ q_V = nC_V\Delta T \tag{8.8}$$

$$定圧条件\ q_P = nC_P\Delta T \tag{8.9}$$

で求められる．理想気体の ΔU と ΔH を考えてみよう．理想気体の内部エネルギーは，その圧力や体積には依存せず，温度にのみ依存する，という**ジュールの法則**より，

$$\Delta U = nC_V\Delta T \tag{8.10}$$

となる．理想気体では C_V と C_P の間に**マイヤーの関係式**

$$C_P - C_V = R \tag{8.11}$$

が成立するため ΔU だけでなく ΔH も温度のみの関数で

$$\Delta H = nC_P\Delta T = n(C_V + R)\Delta T \tag{8.12}$$

である．単原子分子の理想気体の C_V は，並進運動のエネルギー（式 (6.5) 参照）から $(3/2)R$ と求めることができ，$C_P = (5/2)R$ で ΔU と ΔH が計算できる[†]．

反応熱　　化学反応が生じると結合の切断や生成が生じて，系に熱が発生もしくは吸収される．この熱を**反応熱**という．反応熱も状態量ではないため，経路によって異なるが，定積や定圧という条件が加わると，反応熱が状態量の変化量（ΔU や ΔH）と等しくなる．大気圧下で起こる反応を測定対象とすることが多いので，物質のエネルギーを表す状態量として ΔU より ΔH が便利である．化学反応で系が熱量をどれだけ吸収・放出するかは，化合物のエンタルピー変化（付録 4）から計算できる．

熱容量
heat capacity
C の単位は J K^{-1}

モル熱容量
molar heat capacity
モル比熱ともいう．

C_V, C_P の単位は
J K^{-1} mol^{-1}

ジュールの法則
Joule's law
p.6

マイヤーの関係式
Mayer's relation
$\Delta H - \Delta U$
$= \Delta(PV)$
$n(C_P - C_V)\Delta T$
$= nR\Delta T$

[†] 二原子分子の理想気体（室温付近）では二軸の回転運動の寄与 R が加わり $C_V = (5/2)R$, $C_P = (7/2)R$ となる．

反応熱
heat of reaction

反応熱の符号　化学反応における反応熱は，定圧下での反応を対象とすることが多いので，ΔH を用いて

$$a\mathrm{A(g)} + b\mathrm{B(g)} \longrightarrow c\mathrm{C(g)} + d\mathrm{D(g)} \qquad \Delta H = Q\,\mathrm{kJ}$$

と表記される．ΔH は，定圧下で $a\,\mathrm{mol}$ の A と $b\,\mathrm{mol}$ の B がすべて反応して，$c\,\mathrm{mol}$ の C と $d\,\mathrm{mol}$ の D に変化したときに系が受け取る熱量に等しく，**$\Delta H > 0$ ならば吸熱反応，$\Delta H < 0$ ならば発熱反応**である（図 8.4）．熱力学では常に，終状態から始状態を引いて変化量 Δ を求める．高校の化学では，反応熱を熱化学方程式

$$a\mathrm{A(g)} + b\mathrm{B(g)} = c\mathrm{C(g)} + d\mathrm{D(g)} + Q'\,\mathrm{kJ}$$

で表し，$Q' > 0$ ならば発熱反応，$Q' < 0$ ならば吸熱反応としていた[†]．現在では，「この反応の反応熱は正である」といえば，$\Delta H > 0$ で吸熱反応を意味する．

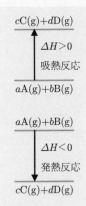

図 8.4　吸熱反応と発熱反応

[†]日本の高校教育だけの特殊な表記で反応熱の符号が熱力学と逆で，弊害が大きく，廃止が提言された．

> **例題 1**　単原子分子の理想気体 $0.10\,\mathrm{mol}$ をピストン付き容器（閉鎖系）に入れ，$720\,\mathrm{K}$ で $2.0 \times 10^5\,\mathrm{Pa}$ の外圧をかけた状態 A から，$720\,\mathrm{K}$ で $1.0 \times 10^5\,\mathrm{Pa}$ の状態 B へ変化させる．以下の異なる 3 つの過程 **1**〜**3** のそれぞれの $\Delta U, \Delta H, q, w$ を求めよ．
> 1.　$720\,\mathrm{K}$ を保ってゆっくり，可逆的に膨張させる．
> 2.　外圧をいきなり $1.0 \times 10^5\,\mathrm{Pa}$ にして不可逆に膨張させる．
> 3.　体積一定で $1.0 \times 10^5\,\mathrm{Pa}$ になるまで冷却し（状態 C），その後，加熱して外圧 $1.0 \times 10^5\,\mathrm{Pa}$ に対して定圧膨張させる．

解　理想気体の $\Delta U, \Delta H$ は温度のみの関数で，単原子分子ならば $\Delta U = n(3/2)R\Delta T$, $\Delta H = n(5/2)R\Delta T$ で計算できる．A と B は等温で，**1**〜**3** のいずれも，$\Delta U = \Delta H = 0$ である．
　1 は可逆過程で，式 (8.2) で $P_{\mathrm{ex}} = P$ とおけて

$$w = -\int_{V_{\mathrm{A}}}^{V_{\mathrm{B}}} \frac{nRT}{V}\,dV = -nRT\ln\frac{V_{\mathrm{B}}}{V_{\mathrm{A}}} = -415\,\mathrm{J}$$

で，$\Delta U = q + w = 0$ より $q = 415\,\mathrm{J}$ となる．**2** の不可逆過程では，$w = -P_{\mathrm{ex}}\Delta V = -300\,\mathrm{J} \longrightarrow q = -w = 300\,\mathrm{J}$ である．
　3 では，A→C は $\Delta U = -450\,\mathrm{J}$, $\Delta H = -750\,\mathrm{J}$, $w = 0$, $q = -450\,\mathrm{J}$ で，C→B は $\Delta U = 450\,\mathrm{J}$, $\Delta H = 750\,\mathrm{J}$, $w = -300\,\mathrm{J}$, $q = 750\,\mathrm{J}$ であるので，$w = -300\,\mathrm{J}$, $q = 300\,\mathrm{J}$ である．

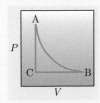

図 8.5

$V_{\mathrm{A}} = 3.0\,\mathrm{dm}^3$
$V_{\mathrm{B}} = 6.0\,\mathrm{dm}^3$
$\Delta V = 3.0\,\mathrm{dm}^3$
$T_{\mathrm{C}} = 360\,\mathrm{K}$
を用いて計算する．

A→C は定積変化で $q = \Delta U$,
C→B は定圧変化で $q = \Delta H$
が成立している．

8.2 反応エンタルピー

Hess, G. H.
(1802-1855，瑞)

熱力学第一法則が，
実験的に見出され
たヘスの法則を証
明している．

ヘスの法則　「反応熱は，反応前の状態と反応後の状態だけで決まり，途中の経路には無関係である．」

これを**ヘスの法則**という．ヘスの法則を使えば，直接測定が困難な反応熱も，測定可能な反応熱などから決定できる．一般的な化学反応は，大気圧下で生じるため，反応熱を求めるには状態量として**反応エンタルピー** $\Delta_r H$ を用いる．黒鉛と水素ガスを混合してメタンができる反応エンタルピーを考えてみよう．

反応エンタルピー
enthalpy of
reaction

$\Delta_r H$ なので，「反応
エンタルピー "変
化"」であるが，
"変化" は省略され
る．

$$C(s) + 2H_2(g) \longrightarrow CH_4(g) \qquad \Delta_r H = x\,kJ$$

黒鉛と水素ガスを混合してもメタンを合成できないが，この反応のエンタルピー変化は以下の 3 つの反応のエンタルピー変化から求めることができる．計算方法は熱化学方程式と同じである．

$$C(s) + O_2(g) \longrightarrow CO_2(g) \qquad \Delta H = -393.5\,kJ \quad (1)$$
$$H_2(g) + \tfrac{1}{2}O_2(g) \longrightarrow H_2O(\ell) \quad \Delta H = -285.8\,kJ \quad (2)$$
$$CH_4(g) + 2O_2(g) \longrightarrow CO_2(g) + 2H_2O(\ell)$$
$$\Delta H = -890.3\,kJ \quad (3)$$

標準状態は 1 bar

$(1) + (2) \times 2 - (3)$ より

$$x = (-393.5) + (-285.8) \times 2 - (-890.3) = -74.8$$

よって $C(s) + 2H_2(g) \longrightarrow CH_4(g)$ の反応エンタルピー $\Delta_r H$ は，$-74.8\,kJ$ となる．

標準生成エンタル
ピー
standard
enthalpy of
formation

標準生成エンタルピー　標準状態において，物質 1 mol が，その成分元素から生成するときのエンタルピー変化を，**標準生成エンタルピー** $\Delta_f H^\circ$ とよぶ．基準となる単体の $\Delta_f H^\circ$ は 0 である．$\Delta_f H^\circ$ は 1 mol あたりの量であるので単位は $kJ\,mol^{-1}$ である．上で求めた $\Delta_r H = -74.8\,kJ$ は $CH_4(g)$ の $\Delta_f H^\circ$ を与える．付録 4 の $\Delta_f H^\circ$ の一覧表（25 °C での値）を使用すれば，標準状態における化学反応のエンタルピー変化である**標準反応エンタルピー**

(1), (2) は，それ
ぞれ $CO_2(g)$ と
$H_2O(\ell)$ の $\Delta_f H^\circ$
を与える．

$\Delta_r H°$ を求めることができる．$\Delta_r H°$ の計算方法は

- 各物質の $\Delta_f H°$ に化学式の係数 ν をかける．
- 右辺の総和から左辺の総和を引く．

$CH_4(g) + 2O_2(g) \longrightarrow CO_2(g) + 2H_2O(\ell)$ の 25°C における反応エンタルピー $\Delta_r H°$ を求めるためには

$$\Delta_r H° = \{右辺の \nu \Delta_f H° の総和\} - \{左辺の \nu \Delta_f H° の総和\}$$
$$= \{1 \times \Delta_f H°(CO_2, g) + 2 \times \Delta_f H°(H_2O, \ell)\}$$
$$- \{1 \times \Delta_f H°(CH_4, g) + 2 \times \Delta_f H°(O_2, g)\}$$

を計算すればよい．化学式の係数をかけることを忘れないようにすることが重要である．計算で求まる $\Delta_r H°$ の単位は，$kJ\,mol^{-1}$ であるが，係数に等しい物質量を対応させると反応エンタルピー（単位 kJ）に等しい．

イオンの標準生成エンタルピー　イオンについても標準生成エンタルピーを求めることができる．基準イオンとして水素イオン H^+ をとり，その標準生成エンタルピーを 0 と決める．イオンの標準生成エンタルピーの値は，溶媒の量によっても変化するので，溶媒に依存しなくなる無限希釈極限の値である（付録4）．

例題 2　$CH_4(g) + 2O_2(g) \longrightarrow CO_2(g) + 2H_2O(\ell)$ の反応エンタルピー $\Delta_r H°$ を求めよ．

解　$\Delta_r H°$
$$= \{1 \times (-393.5\,kJ\,mol^{-1}) + 2 \times (-285.8\,kJ\,mol^{-1})\}$$
$$- \{1 \times (-74.8\,kJ\,mol^{-1}) + 2 \times 0\} = -890.3\,kJ\,mol^{-1}$$

例題 3　$HCl(g)$ を水に溶解したときのエンタルピー変化は $-75\,kJ\,mol^{-1}$ である．H^+ の標準生成エンタルピーを 0 として Cl^- の標準生成エンタルピー $\Delta_f H°(Cl^-, aq)$ を求めよ．$\Delta_f H°(HCl, g) = -92\,kJ\,mol^{-1}$

解　$HCl(g) + aq \longrightarrow H^+(aq) + Cl^-(aq)$
付録 4 の標準生成エンタルピーを以下の式に代入する．
$$\Delta H° = \Delta_f H°(H^+, aq) + \Delta_f H°(Cl^-, aq) - \Delta_f H°(HCl, g)$$
$$-75\,kJ\,mol^{-1} = 0 + \Delta_f H°(Cl^-, aq) - (-92\,kJ\,mol^{-1})$$
$$\Delta_f H°(Cl^-, aq) = -167\,kJ\,mol^{-1}$$

$\Delta H^\ominus$ と表記されていれば，1 bar，25°C を意味する．

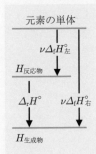

図 8.6
$\Delta_r H°$ と $\Delta_f H°$

$\Delta_f H°$ が正の物質もある．

8.3　様々なエンタルピー

　　以下に挙げるエンタルピーは，物質 1 mol に対しての標準エンタルピー $\Delta H°$ なので，単位は kJ mol^{-1} である[†]．

転移エンタルピー　　標準状態において物質 1 mol が相転移するときに，熱として加えられるべきエネルギーを**転移エンタルピー** $\Delta_{tr}H°$ とよぶ．物質の三態（p.116）で述べたそれぞれの相転移（蒸発，融解，昇華）に対して転移エンタルピーがある．

　　標準蒸発エンタルピー $\Delta_{vap}H°$　（液体 → 気体）
　　標準融解エンタルピー $\Delta_{fus}H°$　（固体 → 液体）
　　標準昇華エンタルピー $\Delta_{sub}H°$　（固体 → 気体）

これらの転移は一般的に吸熱反応として記述されるので，エンタルピーの値は正である．もちろん，これらの逆の反応である凝縮（気体 → 液体）や凝固（液体 → 固体）などのエンタルピー変化については，順方向と絶対値が等しく，符号が逆になる．黒鉛（graphite）とダイヤモンドは炭素の同素体で共に固体であり，その転移は

$$C(s) \longrightarrow C(s, diamond)$$

$$\Delta_{tr}H° = 1.895 \, kJ \, mol^{-1}$$

となる．固体 → 固体間の転移エンタルピーである．

転移エンタルピー
enthalpy of
transition

C(s) とだけあれば，
C(s, graphite)
を意味する．

原子化エンタルピー　　標準状態において，気相の原子 1 mol が，その成分元素から生成するときのエンタルピー変化を，**標準原子化エンタルピー** $\Delta_{at}H°$ とよぶ．Na(s) の $\Delta_{at}H°$ は昇華エンタルピー $\Delta_{sub}H°$ に等しい．

$$Na(s) \longrightarrow Na(g) \qquad \Delta_{at}H° = 108 \, kJ \, mol^{-1}$$
$$\frac{1}{2}Cl_2(g) \longrightarrow Cl(g) \quad \Delta_{at}H° = 122 \, kJ \, mol^{-1}$$

原子化エンタルピー
enthalpy of
atomization

イオン化エンタルピー　　1 mol の気相の原子（またはイオン）から電子 1 個を取り除くときに熱として加えられるべきエネルギーを**標準イオン化エンタルピー** $\Delta_{ion}H°$ とよぶ．イオン化エンタルピーも常に正である．

$$Na(g) \longrightarrow Na^+(g) + e^-(g) \qquad \Delta_{ion}H° = 494 \, kJ \, mol^{-1}$$

イオン化エンタルピー
enthalpy of
ionization

イオン化エネルギーと値はほぼ等しい．

電子付加エンタルピー 1 mol の気相の原子（または
イオン）に電子1個を付加させるときのエンタルピー変
化を**標準電子付加エンタルピー** $\Delta_{eg}H°$ とよぶ.

$$Cl(g) + e^-(g) \longrightarrow Cl^-(g) \qquad \Delta_{eg}H° = -349\,kJ\,mol^{-1}$$

電子付加の反応は一般的には発熱反応であるが, 吸熱反
応のものもある.「放出される」エネルギーである電子親
和力（2章2.5節）と $\Delta_{eg}H°$ は, 絶対値はほぼ等しいが
符号は逆である.

格子エンタルピー 1 mol の固体を構成するすべてのイ
オンを気体状のイオンへとばらばらにするエンタルピー
を**格子エンタルピー** $\Delta H_L°$ とよぶ. 格子エンタルピーは
常に正である. NaCl(s) の $\Delta H_L°$ は以下のようになる.

$$NaCl(s) \longrightarrow Na^+(g) + Cl^-(g) \quad \Delta H_L° = 786\,kJ\,mol^{-1}$$

格子エンタルピーは, ボルン-ハーバーのサイクル（図
8.7）により, 他のエンタルピーから計算することがで
きる.

溶解エンタルピー 標準状態において, 物質 1 mol が
溶解するときのエンタルピー変化を, **標準溶解エンタル
ピー** $\Delta_{sol}H°$ とよぶ. 溶解反応にも吸熱反応や発熱反応
のものがある. 塩のように, 溶解して陽イオンと陰イオ
ンが対になって生成するものについては, それぞれのイ
オンの標準生成エンタルピーから溶解エンタルピーを計
算で求めることが可能である.

> **例題 4** NaCl(s) の 25°C での標準溶解エンタルピーを
> 求めて, 吸熱反応か発熱反応かを判断せよ.

解 NaCl(s) + aq $\longrightarrow$ Na$^+$(aq) + Cl$^-$(aq)
付録4の標準生成エンタルピーを以下の式に代入する.

$$\Delta_{sol}H°$$
$$= \Delta_f H°(Na^+, aq) + \Delta_f H°(Cl^-, aq) - \Delta_f H°(NaCl, s)$$
$$= -240\,kJ\,mol^{-1} + (-167\,kJ\,mol^{-1}) - (-411\,kJ\,mol^{-1})$$
$$= 4\,kJ\,mol^{-1}$$

よって NaCl(s) の水への溶解は吸熱反応である.

電子付加エンタル
ピー
enthalpy of
electron gain

格子エンタルピー
lattice
enthalpy

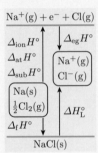

図 8.7
ボルン-ハーバーの
サイクル

Born, M.
(1882-1970, 独)

Haber, F.
(1868-1934, 独)

溶解エンタルピー
enthalpy of
solvation

燃焼エンタルピー
enthalpy of
combustion

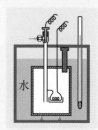

図 8.8
ボンベ熱量計

水素化エンタル
ピー
enthalpy of
hydrogenation

結合解離エンタル
ピー
bond
dissociation
enthalpy

結合エネルギーと
値はほぼ等しい.

燃焼エンタルピー　　標準状態において物質 1 mol が燃焼するときのエンタルピー変化を，**標準燃焼エンタルピー** $\Delta_c H°$ とよぶ．単位は kJ mol^{-1} である．ベンゼン $C_6H_6(\ell)$ の $\Delta_c H°$ は以下のようになる．

$$C_6H_6(\ell) + \frac{15}{2}O_2(g) \longrightarrow 6CO_2(g) + 3H_2O(\ell)$$
$$\Delta_c H° = -3268 \, \text{kJ mol}^{-1}$$

標準燃焼エンタルピーを実験的に求めるためには，ボンベ熱量計が用いられる（図 8.8）．ボンベ熱量計は一定体積中での反応であるので，周りの水の温度上昇から計算される熱量は ΔU に等しい．得られた ΔU を，$\Delta H = \Delta U + \Delta(PV)$ に代入して ΔH を求める．

水素化エンタルピー　　標準状態において物質 1 mol に H_2 が付加するときのエンタルピー変化を，**標準水素化エンタルピー**とよぶ．単位は kJ mol^{-1} である．

　1-ブテン ＋ H_2 $\longrightarrow$ ブタン　　$\Delta H° = -127 \, \text{kJ mol}^{-1}$

標準水素化エンタルピーは正確に測定でき，不飽和結合をもつ分子の相対的な安定性を議論することに用いられる．

結合解離エンタルピー　　化学反応に伴って結合の解裂や形成が生じる．化学結合を解裂するときに必要とするエネルギーを**結合解離エンタルピー**とよぶ．結合解離エンタルピーは常に正の値である．二原子分子であれば結合解離エンタルピーの考え方は簡単であり

$$H_2(g) \longrightarrow 2H(g) \qquad \Delta H = 436 \, \text{kJ}$$

から，H–H 間の結合解離エンタルピー $\Delta H°$(H–H) が 436 kJ mol^{-1} と与えられる．二原子分子では結合解離エンタルピーは原子化エンタルピーの倍に等しい．多原子分子になってくると，分子内の結合の数や種類が様々になってくるので，**平均結合解離エンタルピー**という考え方を導入する．例えば，$H_2O(g)$ を原子化する過程において 2 本の O–H 結合を順次解裂させると，必要なエンタルピーは 1 本目と 2 本目で異なるので，O–H 結合の

平均結合解離エンタルピーを求める必要がある. 求め方は, $H_2O(\ell)$ の生成エンタルピー $\Delta_f H^\circ(H_2O,\ell)$ を与える化学式

$$H_2(g) + \frac{1}{2}O_2(g) \longrightarrow H_2O(\ell)$$

を書き, 両辺それぞれを出発点として, 分子中の結合をすべて切断して気相の原子 $2H(g) + O(g)$ だけにする.
(左辺) $H_2(g)$ と $O_2(g)$ の結合解離エンタルピー $\Delta H^\circ(H\text{–}H)$ と $\Delta H^\circ(O\text{–}O)$ を用いて計算する.
(右辺) 蒸発エンタルピー $\Delta_{vap}H^\circ(H_2O)$ と O–H 結合の平均解離エンタルピー $\Delta H^\circ(O\text{–}H)$ を用いて計算する.

　左辺と右辺のエンタルピー変化の差が $\Delta_f H^\circ(H_2O,\ell)$ に等しくなる (図 8.9).

$$\{\Delta H^\circ(H\text{–}H) + \frac{1}{2}\Delta H^\circ(O\text{–}O)\}$$
$$-\{\Delta_{vap}H^\circ(H_2O) + 2 \times \Delta H^\circ(O\text{–}H)\} = \Delta_f H^\circ(H_2O,\ell)$$

これらに数値を代入し, $\Delta H^\circ(O\text{–}H)$ を求める.

平均結合解離エンタルピーは付録 5 にまとめた.

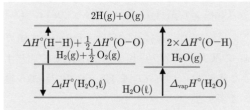

図 8.9　平均結合解離エンタルピーの求め方

例題 5　ボンベ熱量計を用いて水素を燃焼させて熱量を測定し, 25°C で $\Delta U^\circ = -282.1\,\text{kJ}\,\text{mol}^{-1}$ を得た. 25°C での水素の標準燃焼エンタルピーを求めよ.

解　水素の燃焼反応

$$H_2(g) + \frac{1}{2}O_2(g) \longrightarrow H_2O(\ell)$$

では体積変化 ΔV は, 液体の体積を無視すれば, 気体が 1.5 mol 減少することになる. $\Delta(PV) = \Delta n RT$ で $\Delta n = -1.5\,\text{mol}$ である. エンタルピー変化は $\Delta H = \Delta U + \Delta(PV)$ より

$$\Delta H^\circ/\text{kJ}\,\text{mol}^{-1} = -282.1 + (-1.5) \times 8.31 \times 10^{-3} \times 298$$

となる. 水素の燃焼反応の $\Delta_c H^\circ$ は $-285.8\,\text{kJ}\,\text{mol}^{-1}$ である.

8.4 エンタルピー変化の温度依存性

　エンタルピーは温度の関数であるから，反応熱は温度変化する．標準状態，25°C 以外の温度での反応エンタルピー $\Delta_r H°$ を求める方法について $H_2(g) + \frac{1}{2}O_2(g) \longrightarrow H_2O(\ell)$ を例に説明する．まず中学理科の復習から始めよう．

問　水 18 g を 25°C から 100°C まで加熱するためには，熱量がいくら必要か？

解　必要な熱量を Q_1 とすると，水 1 g を 1°C 上げるのに 4.2 J の熱量が必要なので

$$Q_1 = 18\,\mathrm{g} \times 4.2\,\mathrm{J\,K^{-1}\,g^{-1}} \times (100-25)\,\mathrm{K} = +5670\,\mathrm{J}\ (\text{答})$$

この結果から，化学式の右辺の $H_2O(\ell)$ 1 mol を 298 K から 373 K まで加熱すると，エンタルピーは 5670 J だけ増加することがわかる．Q_1 を定圧モル熱容量 $C_P(H_2O, \ell)$ を用いて書き直すと

$$Q_1 = 1\,\mathrm{mol} \times C_P(H_2O, \ell) \times (373 - 298)\,\mathrm{K} \quad (8.13)$$

となる．反応式の左辺については，1 mol の水素ガスと 0.5 mol の酸素ガスを 298 K から 373 K まで加熱するのに必要な熱量 Q_2 とし，Q_2 を H_2, O_2 の定圧モル熱容量を用いて表すと

$$Q_2 = 1\,\mathrm{mol} \times C_P(H_2, g) \times (373 - 298)\,\mathrm{K}$$
$$+ 0.5\,\mathrm{mol} \times C_P(O_2, g) \times (373 - 298)\,\mathrm{K} \quad (8.14)$$

となる．Q_1, Q_2, $\Delta_r H°(298\,\mathrm{K})$, $\Delta_r H°(373\,\mathrm{K})$ の関係を図示すると図 **8.9** となり，$\Delta_r H°(373\,\mathrm{K})$ は以下で求まる．

$$\Delta_r H°(373\,\mathrm{K}) = \Delta_r H°(298\,\mathrm{K}) + Q_1 - Q_2 \quad (8.15)$$

同様に，$\Delta H°(298\,\mathrm{K})$ が与えられているときに，温度 T でのエンタルピー変化 $\Delta H°(T\,\mathrm{K})$ は以下のように書ける．

$$\Delta_r H°(T) = \Delta_r H°(298\,\mathrm{K}) + \Delta C_p (T - 298)\,\mathrm{K} \quad (8.16)$$

$$\Delta C_P = 1 \times C_P(H_2O, \ell) - \{1 \times C_P(H_2, g) + 0.5 \times C_P(O_2, g)\}$$

ただし，反応に関与するすべての化合物の定圧モル熱容

量 C_P が，298 K から T K の温度範囲で一定という条件がつく．ここで，ΔC_P を一般的に書いてみよう．

$$\nu_A A + \nu_B B \longrightarrow \nu_C C + \nu_D D$$

という反応において

$\Delta C_P = \{$右辺のνC_Pの総和$\} - \{$左辺のνC_Pの総和$\}$

$= \{\nu_C C_P(C) + \nu_D C_P(D)\} - \{\nu_A C_P(A) + \nu_B C_P(B)\}$

であり，$\Delta_r H^\circ$ の計算と同じく，化学式の係数をかけることを忘れないようにすることが重要である．C_P が温度範囲で一定でない一般的な場合に，式 (8.16) は

$$\Delta_r H^\circ(T) = \Delta_r H^\circ(298\,\text{K}) + \int_{298}^{T} \Delta C_P dT \quad (8.17)$$

と積分の形で表される．この式を**キルヒホフの式**という．C_P が温度依存するときには，それぞれの C_P が

$$C_P = a + bT + cT^2 \quad (a, b, c \text{は定数}) \qquad (8.18)$$

のような形で与えられるので代入して積分すればよい．

Kirchhoff, G.
p.8

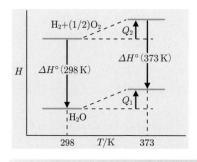

図 8.10
エンタルピーの
温度変化

例題 6 25°C での水の生成エンタルピー $\Delta_f H^\circ$ は $-285.8\,\text{kJ mol}^{-1}$ である．100°C での $\Delta_f H^\circ$ はいくらか．

$$H_2(g) + \tfrac{1}{2}O_2(g) \longrightarrow H_2O(\ell)$$

定圧熱容量は表 8.2 の値を用いよ．

表 8.2 定圧熱容量

	C_P /J K^{-1} mol^{-1}
H$_2$	28.8
O$_2$	29.1
H$_2$O	75.3

解 表の値を使って ΔC_P を求めると

$\Delta C_P = C_P(H_2O) - \{C_P(H_2) + (1/2)C_P(O_2)\}$
$= 32.0\,\text{J K}^{-1}\,\text{mol}^{-1}$

が得られる．ΔC_P を式 (8.16) に代入して計算する．

$$\Delta_f H^\circ(373\,\text{K}) = -283.4\,\text{kJ mol}^{-1}$$

演 習 問 題
第 8 章

1　熱力学第一法則を説明せよ.

2　状態量 (1)〜(7) について，示量性変数か示強性変数か答えよ.

(1) 体積　　　(2) 圧力　　(3) エンタルピー　　(4) 温度

(5) 内部エネルギー　　　(6) 濃度　　　　　(7) 質量

3　理想気体である単原子分子 1 mol の 25°C での内部エネルギーはいくらか.

4　理想気体を等温で加圧したときの内部エネルギーおよびエンタルピーの変化について述べよ.

5　反応 (1)〜(4) の 25°C での標準反応エンタルピーを求め，発熱反応か吸熱反応かを答えよ.

(1)　$C(s, diamond) \longrightarrow C(g)$

(2)　$N_2(g) + 3H_2(g) \longrightarrow 2NH_3(g)$

(3)　$N_2O_4(g) \longrightarrow 2NO_2(g)$

(4)　$Fe_2O_3(s) + 3H_2(g) \longrightarrow 2Fe(s) + 3H_2O(\ell)$

6　$CaCl_2(s)$ の溶解エンタルピーを求めて，吸熱反応か発熱反応かを判断せよ.

7　ボルン−ハーバーのサイクルを描いて，塩化ナトリウムの格子エンタルピーを求めよ. 必要なエンタルピー値は 8.3 節に記載されている.

8　メタンの生成反応 $C(s) + 2H_2(g) \longrightarrow CH_4(g)$ から C–H 結合の平均結合解離エンタルピーを求めよ.

9　*cis*-2-ブテンと *trans*-2-ブテンは幾何異性体である. それぞれの水素化エンタルピーは，$-120\,kJ\,mol^{-1}$ と $-116\,kJ\,mol^{-1}$ である. 1-ブテンの値 $(-127\,kJ\,mol^{-1})$ とあわせてこれらの安定性について議論せよ.

10　アンモニアの合成反応 $N_2(g) + 3H_2(g) \longrightarrow 2NH_3(g)$ の 400 K での反応エンタルピーは何 kJ か. ただし，定圧モル熱容量は 400 K までの温度範囲で一定であるとせよ.

H_2 の定圧モル熱容量　　$C_P = 28.8\,J\,K^{-1}\,mol^{-1}$

N_2 の定圧モル熱容量　　$C_P = 29.1\,J\,K^{-1}\,mol^{-1}$

NH_3 の定圧モル熱容量　　$C_P = 35.1\,J\,K^{-1}\,mol^{-1}$

第9章

熱力学第二法則と化学平衡

　この章では，化学平衡および平衡移動について復習した後，熱力学第二法則を学ぶ．熱力学第二法則は，大学で学ぶ熱力学の最も重要な概念であるが，その中心にあるエントロピーのわかりにくさのためか，何を学んだのかわからないうちに終わりがちである．本書では，最初に，自発的に起こる様々な現象が熱力学第二法則によって説明できることを学んだ後，化学反応の進行についてギブズエネルギーを導入する．平衡反応において熱力学第二法則が完全に成立していることが理解できるように詳説してある．その過程で，物質の三態で導入した化学ポテンシャルの正体が明らかになる．最後に，熱力学の応用として電気化学について述べてある．この章の内容についても，概念を理解した上で，数学的な導出を『基礎物理化学 II［新訂版］』などで学ぶことを勧める．

▌ **9.1 化学平衡と平衡定数**

可逆反応と不可逆反応　　すべての化学反応は，原則的には，**可逆反応**である．反応物がすっかりなくなってすべて生成物になったように見える反応や，逆に，全く生成物ができていないように見える反応も多いが，それは残っている反応物や，生じた生成物の量が少ないだけである．ただし，発熱反応で反応熱が散逸したり，反応物が直ちに次の反応に消費されたりするなど，逆反応が非常に起こりにくい場合や，逆反応の反応速度が著しく小さい場合には，**不可逆反応**となる．可逆反応では，反応開始後に十分長い時間が経過すると，反応物と生成物の濃度が変化しない状態に達する．この状態を**化学平衡**という．化学平衡の状態では化学反応が起こらないのではなく，見かけ上，反応が止まって見えるだけである[†1].

不可逆反応
irreversible
reaction

化学平衡
chemical
equilibrium

[†1] 動的平衡といい，同位体を用いた実験で確かめられる.

化学平衡の法則　　化学平衡にある系では，各成分の濃度の間には，以下の化学平衡の法則が成り立つ[†2].

[†2] 質量作用の法則
law of mass
action
ともよばれる.

$$pA + qB \ \rightleftarrows \ rC + sD$$

$$\frac{[C]^r [D]^s}{[A]^p [B]^q} = K \ (一定) \tag{9.1}$$

平衡定数
equilibrium
constant

K は温度のみに依存する関数で**平衡定数**とよばれる．反応開始時の反応物や生成物の濃度に関わらず，ある温度で平衡状態に達したとすれば，それぞれの成分は式 (9.1) の関係をみたす濃度になる．平衡定数の厳密な定義では，成分の濃度ではなく，**活量**という，反応に関わる実効的な数値で平衡定数を表記する[†3]．活量 a は単位のない数値であり，そのため平衡定数も無単位の数値である．平衡に関与する物質の濃度や圧力が低い場合に，活量は，物質の濃度や圧力を，標準状態の濃度や標準状態の圧力で割った数値，$[A]/C°$，$P_A/P°$ によって近似される．次式のように，平衡定数には，$C°$ や $P°$ が含まれているため，標準状態の選び方ひとつで平衡定数の数値は変化する[†4].

[†3] 活量で表した平衡定数
$$K = \frac{a_C{}^r a_D{}^s}{a_A{}^p a_B{}^q}$$

[†4] 標準状態は通常
$C° = 1 \, \text{mol} \, \text{dm}^{-3}$
$P° = 1 \, \text{bar}$
$\quad = 10^5 \, \text{Pa}$ である.

$$K_C = \frac{\left(\frac{[\mathrm{C}]}{C^\circ}\right)^r \left(\frac{[\mathrm{D}]}{C^\circ}\right)^s}{\left(\frac{[\mathrm{A}]}{C^\circ}\right)^p \left(\frac{[\mathrm{B}]}{C^\circ}\right)^q} \qquad K_P = \frac{\left(\frac{P_\mathrm{C}}{P^\circ}\right)^r \left(\frac{P_\mathrm{D}}{P^\circ}\right)^s}{\left(\frac{P_\mathrm{A}}{P^\circ}\right)^p \left(\frac{P_\mathrm{B}}{P^\circ}\right)^q} \quad (9.2)$$

濃度で表した平衡定数 K_C は**濃度平衡定数**とよばれる.
気体反応の場合には，濃度よりも圧力を用いて平衡定数
が表されることが多く，**圧平衡定数** K_P が使用される.
平衡定数中の各成分の値 $[\mathrm{A}]/C^\circ$, P_A/P° は，標準状態
との比であり，K_C も K_P も単位のない数値である.

濃度平衡定数
concentration
equilibrium
constant

圧平衡定数
pressure
equilibrium
constant

濃度平衡定数と圧平衡定数　　アンモニアの合成反応

$$\mathrm{N_2(g) + 3H_2(g) \rightleftharpoons 2NH_3(g)}$$

の K_P は標準状態を $P^\circ = 1\,\mathrm{bar}$ にとると各分圧[†1]を用
いて

$$K_P = \frac{\left(\frac{P_{\mathrm{NH_3}}}{P^\circ}\right)^2}{\left(\frac{P_{\mathrm{N_2}}}{P^\circ}\right)\left(\frac{P_{\mathrm{H_2}}}{P^\circ}\right)^3} = \frac{(p_{\mathrm{NH_3}})^2}{(p_{\mathrm{N_2}})(p_{\mathrm{H_2}})^3} \qquad (9.3)$$

[†1] $P_i = p_i\,\mathrm{bar}$ 標準状態は $1\,\mathrm{bar}$ が用いられるため，分圧の単位を bar として P° がよく省略される.

と表される．この反応における K_P と K_C の間の関係を
求めてみよう．各気体の分圧 P_i と濃度 $\left(\frac{n_i}{V}\right)$ との間には，
気体の状態方程式から $P_i = \left(\frac{n_i}{V}\right)RT$ が成り立つ．これ
らを式 (9.3) に代入して，K_P を K_C で表すと

$$K_P = K_C \left(\frac{C^\circ RT}{P^\circ}\right)^{-2} \qquad (9.4)$$

となる[†2]．K_C は温度のみに依存するので，K_P も温度の
みに依存し，温度一定であれば K_C も K_P も一定である.

[†2] 一般には $p\mathrm{A} + q\mathrm{B} \rightleftharpoons r\mathrm{C} + s\mathrm{D}$, $K_P = K_C(C^\circ RT/P^\circ)^{(r+s)-(p+q)}$ となる．この P° や C° も省略されることが多いが，換算には標準状態の単位が必要である．（例題 2 参照）

例題 1　アンモニアの合成反応

$$\tfrac{1}{2}\mathrm{N_2(g)} + \tfrac{3}{2}\mathrm{H_2(g)} \rightleftharpoons \mathrm{NH_3(g)}$$

の平衡定数を K_1 とする．式 (9.3) の K_P との関係を示せ.

解　$K_1 = \dfrac{p_{\mathrm{NH_3}}}{(p_{\mathrm{N_2}})^{1/2}(p_{\mathrm{H_2}})^{3/2}}$ より，$K_1 = \sqrt{K_P}$

例題 2　$\mathrm{N_2O_4(g) \rightleftharpoons 2NO_2(g)}$ の $298\,\mathrm{K}$ の K_P は，標準状態を $1\,\mathrm{bar}$ にとると 0.15 である．$C^\circ = 1\,\mathrm{mol\,L^{-1}}$ として K_C を求めよ.

解　$K_P = K_C(C^\circ RT/P^\circ)$ に，$R = 0.083\,\mathrm{bar\,L\,K^{-1}\,mol^{-1}}$ を代入すると括弧内の単位が消えて，$K_C = 0.0061$ と求まる.

固体を含む平衡　　固体が反応に関与している場合，例えば，気体と固体の反応や，溶解平衡などにおいて，組成が一定になった状態を**不均一系平衡**という．不均一系での平衡において固体の活量は 1 であるため，固体の成分は平衡定数の表記に含まれない．例えば，赤熱したコークス（炭素）に水蒸気を作用させて，水生ガス（一酸化炭素と水素の混合物）が生じる固気平衡

$$C(s) + H_2O(g) \rightleftharpoons CO(g) + H_2(g)$$

では，平衡定数は気体だけの圧平衡定数で記述される．

$$K_P = \frac{P_{CO}P_{H_2}}{P_{H_2O}P^\circ} \tag{9.5}$$

不均一系での平衡の他の例としては，難溶性塩の溶解平衡がある．硫化鉛の溶解平衡

$$PbS(s) \rightleftharpoons Pb^{2+}(aq) + S^{2-}(aq)$$

では，平衡定数はイオンの活量だけで表され，**溶解度積** K_{sp} とよばれる．活量をイオン濃度の数値で近似すると

$$K_{sp} = C_{Pb^{2+}} \times C_{S^{2-}} \tag{9.6}$$

となる．難溶性塩の K_{sp} の値は $10^{-20} \sim 10^{-30}$ のものもあり，平衡は反応物側に極端にかたよっている（付録 6）．

電離平衡　　酸や塩基の電離平衡を，弱酸 HA の電離平衡を例にとって考える．

$$HA + H_2O \rightleftharpoons H_3O^+ + A^-$$

この電離平衡の平衡定数 K は以下のように記述される．

$$K = \frac{C_{H_3O^+} \times C_{A^-}}{C_{HA}} \tag{9.7}$$

溶媒である H_2O の活量は 1 であり，平衡定数には含まれない．この K は**酸解離定数** K_a とよばれ，

$$K_a = \frac{C_{H^+} \times C_{A^-}}{C_{HA}} \tag{9.8}$$

とも表記される．水の電離平衡においても [H_2O] は平衡定数に含まれず，次式の**イオン積** K_W で表される．

$$K_W = C_{H^+} \times C_{OH^-} = 1.0 \times 10^{-14} \quad (25\,^\circ C) \tag{9.9}$$

不均一系平衡
heterogeneous
equilibrium
『基礎物理化学 II
［新訂版］』
5 章 p.88 参照

溶解度積
solubility
product

標準状態を
$C^\circ = 1\,mol\,L^{-1}$
とし，濃度を C_i
$mol\,L^{-1}$ とする．

電離平衡
electrolytic
dissocation
equilibrium

イオン積
ionic product

弱酸 HA を強塩基で中和滴定したときの pH の変化は，表 **9.1** のようになる．

加水分解平衡　　酢酸ナトリウムは水中で電離して CH_3COO^- を生じる．このイオンが一部の水と反応（**加水分解**）して OH^- を生じるため水溶液はアルカリ性を示す．

$$CH_3COO^- + H_2O \rightleftarrows CH_3COOH + OH^-$$

ここでも $[H_2O]$ は含まれず，酢酸を HA で表すと，加水分解の平衡定数 K_h は以下のようになる．

$$K_h = \frac{C_{HA} \times C_{OH^-}}{C_{A^-}} \quad (9.10)$$

K_h は酢酸の K_a と K_W との間に以下の関係がある．

$$K_a K_h = K_W \quad (9.11)$$

よって K_h は塩基解離定数と考えることもできる．

表 **9.1**　弱酸の強塩基による中和滴定時の pH 計算式

滴定割合 F	存在種	pH 計算式
$F = 0$	HA	$pH = -\log\sqrt{K_a \times C_{HA}}$
$0 < F < 1$	HA/A^-	$pH = pK_a + \log\dfrac{C_{A^-}}{C_{HA}}$
$F = 1$	A^-	$pH = -\log\sqrt{\dfrac{K_W \times K_a}{C_{A^-}}}$
$F > 1$	OH^-	$pH = -\log\dfrac{K_W}{C_{OH^-}}$

例題 3　塩化銀 AgCl の K_{sp} は 1.0×10^{-10} である．AgCl の飽和溶液における Ag^+ および Cl^- の濃度を求めよ．

解　求める濃度を $x\,\text{mol dm}^{-3}$ とすると，$x^2 = 1.0 \times 10^{-10}$．よって，$[Ag^+] = [Cl^-] = 1.0 \times 10^{-5}\,\text{mol dm}^{-3}$

例題 4　$0.100\,\text{mol dm}^{-3}$ 酢酸水溶液の pH を求めよ．ただし，酢酸の pK_a を 4.76 とせよ．

解　酢酸は弱酸なので，$C_{H^+} = \sqrt{K_a \times C_{HA}}$ となる．よって，$pH = -\log C_{H^+} = 2.88$

pH
$= -\log a_{H+}$
$= -\log([H^+]/C^\circ)$
$= -\log C_{H^+}$

加水分解
hydrolysis

9.2 化学平衡の移動

Le Chatelier, H. L.
(1850-1936, 仏)

ルシャトリエの原理　「平衡状態にある系が，外部からの作用によって，平衡が乱された場合，この作用に基づく効果を弱める方向にその系の状態が変化する.」

これを**ルシャトリエの原理**という．平衡状態にある系において，濃度，圧力，温度等の示強変数を変えた場合，平衡状態がどのように移動するかの指針を与える．このルシャトリエの原理に基づく，濃度，圧力，温度の化学平衡への影響を見てみよう．

濃度の影響　平衡定数 K の値は濃度によらない．すなわち，K の値を一定に保つように組成が変化することを意味している．平衡になっている状態へ，温度，体積を一定に保って，外部から平衡に関与する物質を加えると，その瞬間は，非平衡状態となる．その後，新しい平衡状態に向かって各物質の濃度は変化する．例題5(2) の平衡移動を例にとって考えてみよう．ルシャトリエの原理によって，「CH_3COOH を加えると平衡が右に移動する」というように表現される．注意しなければならないのは

- 平衡定数は変化しない．
- CH_3COOH の濃度は，加える前の平衡状態より減少するわけではない．

ということであり，ルシャトリエの原理は，CH_3COOH を加えた影響を多少緩和するように平衡が移動するということを意味している．

共通イオン効果
common ion
effect

共通イオン効果　$NaCl$ の飽和水溶液では，次の溶解平衡が成立している．

$$NaCl(s) \rightleftharpoons Na^+(aq) + Cl^-(aq)$$

ここへ HCl ガスを通じると，$NaCl$ の結晶が析出する．これは HCl が溶液中で

$$HCl(s) \longrightarrow H^+(aq) + Cl^-(aq)$$

のように解離して，水溶液中の Cl^- の濃度が高くなって，

$NaCl(s)$ の溶解平衡が左向きに移動したからである．ある種のイオンを含む水溶液が平衡状態にあるとき，平衡に関与するイオンを含む電解質を加えると，平衡移動が生じ，加えたイオンが関与する物質の溶解度や電離度が減少する．この現象を**共通イオン効果**という．

例題 5 酢酸のメチルエステル化の反応は，$100°C$ において濃度平衡定数 K_C は 4 である．

$$CH_3COOH + CH_3OH \rightleftharpoons CH_3COOCH_3 + H_2O$$

$$K_C = \frac{[CH_3COOCH_3][H_2O]}{[CH_3COOH][CH_3OH]} = 4$$

(1) 酢酸を 0.90 mol，メタノールを 0.90 mol 混ぜて平衡に達したときの，それぞれの物質量を求めよ．

(2) (1) の平衡状態に，0.60 mol の CH_3COOH を加えた後，再び平衡になったときのそれぞれの物質量を求めよ．

解 この平衡では，平衡定数は溶液の体積によらないので物質量を用いてそのまま計算できる．

(1) 酢酸とメタノールの x mol が反応するとすれば

$$K_C = \frac{x^2}{(0.9-x)(0.9-x)} = 4$$

二次方程式を解くと $x = 0.6$ となる．それぞれの物質量は

$$n(CH_3COOH) = n(CH_3OH) = 0.30 \text{ mol},$$
$$n(CH_3COOCH_3) = n(H_2O) = 0.60 \text{ mol} \quad となる．$$

(2) (1) と同様の計算から，それぞれの物質量は

$$n(CH_3COOH) = 0.77 \text{ mol}, \ n(CH_3OH) = 0.17 \text{ mol},$$
$$n(CH_3COOCH_3) = n(H_2O) = 0.73 \text{ mol} \quad となる．$$

例題 6 酢酸の水溶液に，酢酸ナトリウムを加えたとき，pH はどのように変化するかを示せ．

解 酢酸の電離平衡は以下のように書ける．

$$CH_3COOH \rightleftharpoons CH_3COO^- + H^+$$

加えた酢酸ナトリウムは，$CH_3COONa \longrightarrow CH_3COO^- + Na^+$ のように電離するので，酢酸イオンの濃度が増加し，この影響を緩和するために平衡は左に移動する．よって，水素イオン濃度は減少して，pH は上昇する．

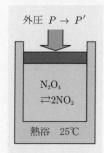

外圧 $P \to P'$

N$_2$O$_4$
$\rightleftarrows$2NO$_2$

熱浴　25℃

図 **9.1**　圧力変化
による平衡移動

圧力の影響　　1 mol の N$_2$O$_4$ をピストン付き容器に入れ，温度 25°C，外圧 P で放置すると平衡状態となる.

$$N_2O_4(g) \rightleftarrows 2NO_2(g)$$

そこで，外圧 P を P' へと変化させる（図 **9.1**）. ルシャトリエの原理からすると,「圧力を低下させると平衡は右へ移動し，圧力を上昇させると平衡は左へ移動する」ということになる. 25°C では K_P は 0.15 で一定であり，外圧 P を変化させても変化しない. それでは一体何が変化しているかを示すことにしよう. ξ mol の N$_2$O$_4$ が解離した状態で平衡になったとする. 平衡達成時には表 **9.2** となる. 圧平衡定数 K_P を ξ と $P = p$ bar で表し，ξ について解く.

表 **9.2**　平衡達成時の各物質量, モル分率, 分圧

	N$_2$O$_4$(g)	NO$_2$(g)
物質量/mol	$1 - \xi$	2ξ
モル分率	$X_{N_2O_4} = \dfrac{1-\xi}{1+\xi}$	$X_{NO_2} = \dfrac{2\xi}{1+\xi}$
分圧/bar	$\dfrac{1-\xi}{1+\xi}p$	$\dfrac{2\xi}{1+\xi}p$

$$K_P = \frac{(X_{NO_2}p)^2}{X_{N_2O_4}p} = \frac{\left(\frac{2\xi}{1+\xi}\right)^2}{\frac{1-\xi}{1+\xi}}p = \frac{4\xi^2 p}{1-\xi^2} \tag{9.12}$$

$$\xi = \sqrt{\frac{K_P}{4p + K_P}} \tag{9.13}$$

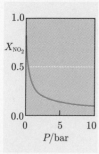

図 **9.2**　X_{NO_2} の
圧力変化

(9.13) に $K_P = 0.15$ を代入し，様々な外圧 P に対して ξ を求めて，NO$_2$ のモル分率 X_{NO_2} を求める. その変化をグラフに表したのが図 **9.2** である. 圧力が上昇するに従って X_{NO_2} は減少する. すなわち平衡は左へ移動することになり，ルシャトリエの原理は成立している.

モル分率の平衡定数 $K_X = \dfrac{X_{NO_2}^2}{X_{N_2O_4}}$ で K_P を表すと

$$K_P = K_X p \tag{9.14}$$

となる．K_P は一定であるので P が大きくなると K_X は小さくなる．すなわち，圧力を上げると平衡は左に移動することになる．これらのことから，ルシャトリエの原理の圧力の影響は次のようにいえる．

「圧力を変化させて平衡が移動するのは，K_P が一定のもとでモル分率の平衡定数 K_X が変化するからである．」

温度の影響　　1 mol の N_2O_4 をピストン付き容器に入れ，外圧を 1 bar 一定にして温度 T で平衡状態にする．

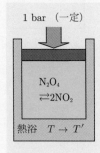

図 **9.3**　温度変化による平衡移動

$$N_2O_4(g) \rightleftharpoons 2NO_2(g)$$

そこで，温度を T' に変化させる（図 **9.3**）．この正反応は $\Delta H° > 0$ で吸熱反応である．ルシャトリエの原理からすると，温度を上昇させると平衡は右（吸熱方向）へ移動し，温度を低下させると平衡は左（発熱方向）へ移動することになる．濃度や圧力を変化させた場合と違って，温度を変化させた場合に平衡が移動する理由は

「平衡定数 K そのものが変化するから」

である．吸熱反応の場合と発熱反応の場合の平衡定数の温度変化は図 **9.4** のようになる．吸熱反応（$\Delta H > 0$）の場合は，反応温度 T を上げれば平衡定数 K は指数関数的に上昇し，発熱反応（$\Delta H < 0$）の場合は，反応温度 T を上げれば平衡定数 K は指数関数的に減少する．これらは，ギブズエネルギー（9.5 節）で再度考察する．

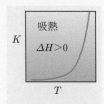

図 **9.4**　平衡定数の温度変化

例題 7　(1) と (2) の平衡反応について K_P と K_X との関係を示し，全圧を増加させたときの平衡移動について説明せよ．

(1)　$N_2(g) + 3H_2(g) \rightleftharpoons 2NH_3(g)$

(2)　$H_2(g) + I_2(g) \rightleftharpoons 2HI(g)$

解　(1)　全圧を p bar とすると $K_P = K_X p^{-2}$ となるので[†]，p が増大すると K_X も増大する．よって圧力を増加させると平衡はアンモニアの生成方向へ移動する．

(2)　$K_P = K_X$ となるので，圧力が変化しても平衡は移動しない．

[†] $K_P = \dfrac{(X_{NH_3}p)^2}{(X_{N_2}p)(X_{H_2}p)^3}$

熱力学第二法則
second law of
thermodynamics

宇宙(＝孤立系)

外界

系

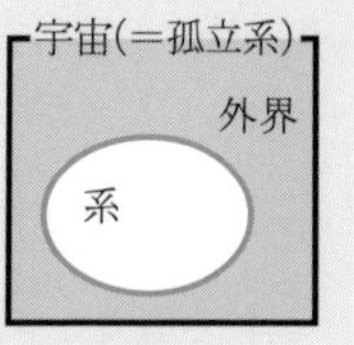

図 **9.5** 熱力学

†1 「吸収した熱を全て
仕事に変換する機
関はできない」「外
界に変化を残さず
に低熱源から高熱
源へ熱を移動させ
られない」等
『基礎物理化学 II
［新訂版］』
3 章 p.45 参照

エントロピー
entropy

1 章 p.7 参照.
高校の化学では,
「乱雑さ」ともよば
れている.

†2 正確には系に可逆
的に受け取る熱量
である.
（例題 8 参照）

9.3 熱力学第二法則とエントロピー

「自発的に進む反応（現象）において,
宇宙のエントロピーは増大する」

熱力学第二法則には, これ以外にもいろいろな表現が
あるが[†1], まず一つ, この表現を覚えることが大切であ
る. ここで「宇宙」という語は, 第一法則にもでてきた
熱力学の用語で,「系」と「外界」を合わせたものである
（図 9.5）. 以下に自発的に進む現象をいくつか挙げる.

① 断熱材の中で, 300 K の金属ブロックと 400 K の金
属ブロックを接すると, 熱は温度の高い方から低い
方に移動する.

② 氷を 1 気圧, 25°C で放置すると融解する.

③ 気体を間仕切りのある部屋の片方に入れ, その間仕
切りをとると, 気体は部屋全体に拡がる.

これらの現象がなぜ自発的に進行するのかを説明するため
には, まず, 熱力学第二法則の中にある「エントロピー」
について理解する必要がある.

エントロピー　　宇宙のエネルギーは, その形態を変え
ても全体として保存されることを学んだ. それに加えて,
エネルギーには「**広い範囲に無秩序に拡がろう**」とする
性質がある. その指標がエントロピー S であり, S が大
きければエネルギーは広い範囲に無秩序に拡がっている.
系のエントロピーの微小変化 dS は, 系が受け取る熱エ
ネルギーの微小変化 dq をその温度 T で割ったものに等
しい[†2].

$$dS = \frac{dq}{T} \tag{9.15}$$

エントロピーの単位は $J\,K^{-1}$ である. この式は, 同じ熱
量を系に加えても, その温度によってエントロピーの増
加量は異なることを意味し, 熱エネルギーは, 温度の高い
状態に移動するより, 低い状態に移動する方を選ぶこと
を表している. ① の例で熱力学第二法則を考えてみよう.

宇宙のエントロピー　断熱材に囲まれた，温度の低い
A ブロック (300 K) から温度の高い B ブロック (400 K)
に熱量 (1200 J) が移動することが熱力学第二法則に反す
ることを示してみよう（図 **9.6**）．この現象では断熱材中
のエネルギーは保存されるので，熱力学第一法則には反
していない．300 K の A ブロックの方は，1200 J の熱が
出て行くのでエントロピー変化 ΔS_A は

$$\Delta S_A = -1200\,\text{J}/300\,\text{K} = -4\,\text{J K}^{-1}$$

となる．400 K の B ブロックの方は，1200 J の熱が入っ
てくるのでエントロピー変化 ΔS_B は

$$\Delta S_B = +1200\,\text{J}/400\,\text{K} = +3\,\text{J K}^{-1}$$

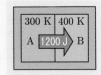

図 **9.6**　自発的で
ない熱の移動

である．孤立系になっている断熱材内部（宇宙）のエン
トロピー変化 $\Delta S_{宇宙}$ を求めることができる[†1]．

$$\Delta S_{宇宙} = \Delta S_A + \Delta S_B = -1\,\text{J K}^{-1}$$

[†1] 熱力学第二法則は
$\Delta S_{宇宙} \geqq 0$
と表現される．

300 K のブロックから 400 K のブロックに熱量が移動す
ると，宇宙のエントロピーは減少する．これは，熱力学
第二法則に反しているので自発的に起こらない．

例題 8　8 章の例題 1（p.161）の理想気体の膨張過程 **1**
と **2** それぞれについて ΔS, $\Delta S_{外界}$, $\Delta S_{宇宙}$ を求めよ．

解　可逆である過程 **1** では，系と外界の温度は常に等し
く，$T = T_{外界} = 720\,\text{K}$ で，$q\ (= 415\,\text{J})$ を T で割って $\Delta S =$
$415\,\text{J}/720\,\text{K} = 0.58\,\text{J K}^{-1}$ と求められる．$\Delta S_{外界}$ は $q_{外界} = -q$
より，$\Delta S_{外界} = q_{外界}/T_{外界} = -0.58\,\text{J K}^{-1}$ となり，$\Delta S_{宇宙} =$
$\Delta S + \Delta S_{外界} = 0$ となる．よって，可逆過程では $S_{宇宙}$ は変化し
ない．不可逆な過程 **2** では，系の温度 T や圧力 P は不均一で，
決定できないため，q から ΔS は計算できない．しかし，ΔS は
状態量なので，過程 **2** の ΔS は可逆過程で求めた $0.58\,\text{J K}^{-1}$
と同じ値である．$\Delta S_{外界}$ は $q_{外界} = -300\,\text{J}$，$T_{外界} = 720\,\text{K}$ よ
り $\Delta S_{外界} = -0.42\,\text{J K}^{-1}$ と求められる．

$$\Delta S_{宇宙} = \Delta S + \Delta S_{外界} = 0.16\,\text{J K}^{-1} > 0$$

となって，不可逆過程では $S_{宇宙}$ は増大することが示される[†2]．

[†2] $\Delta S_{宇宙} \geqq 0$ より
$\Delta S + \Delta S_{外界} \geqq 0$
$\Delta S + \dfrac{q_{外界}}{T_{外界}} \geqq 0$
$q_{外界} = -q$ より
$\Delta S \geqq \dfrac{q}{T_{外界}}$

等号は可逆過程で
のみ成立して，式
(9.15) となる．熱
力学第二法則を定
式化した，この式
をクラウジウスの
不等式とよぶ．

モルエントロピー
molar entropy

† 熱力学第三法則か
ら絶対零度の極限
で $S_m(0) = 0$ であ
る．
『基礎物理化学 II
［新訂版］』
3 章 p.52

物質のエントロピー　　すべての物質は，温度と圧力を
決めると，$1\,\mathrm{mol}$ あたりの**モルエントロピー** S_m という正
の数値が定まる．標準状態で，特定の温度のときの物質
$1\,\mathrm{mol}$ あたりのエントロピーを，**標準モルエントロピー**
S_m° で表す．S_m° の単位は $\mathrm{J\,K^{-1}\,mol^{-1}}$ であり，気体定数
と同じである．S_m° の値は，その物質の定圧モル熱容量
C_P を用いて計算で求めることができる．

$$S_m^\circ(T) = S_m(0) + \int_0^T \frac{C_P}{T} dT \,^\dagger \qquad (9.16)$$

標準状態，25°C における，いくつかの物質の S_m° を
表 **9.3** にまとめた．$1\,\mathrm{bar}, 25$°C で全ての気体は理想気
体に近似できるため，気体はほぼ同じ値を示す．S_m° 値
は，液体や固体より大きい．これは，気体のエネルギーが
気体分子の運動によるもので，しかもこのエネルギーが
大きな体積に拡がっているからである．一方，固体のエ
ネルギーは，その体積に相当する狭い領域に押し込まれ
ていて，原子はその場で振動するだけであるために，S_m°
は小さくなる．ただし，ショ糖（$C_{12}H_{22}O_{11}$）のような
複雑な分子の固体は，分子内に多くの原子があってエネ
ルギーが拡がっているため，大きな値になっている．液
体は，気体と固体の中間の S_m° 値をとっている．それは，
液体の運動性や構造が，気体と固体の中間に位置するも
のだからである．

表 **9.3**　25°C における標準モルエントロピー
$S_m^\circ/\mathrm{J\,K^{-1}\,mol^{-1}}$

固体		液体		気体	
C	5.7	Hg	76.0	H_2	130.7
Fe	27.3	H_2O	69.9	N_2	191.6
Cu	33.2	C_2H_5OH	160.7	O_2	205.1
NaCl	72.1	C_6H_6	173.3	CO_2	213.7
Fe_2O_3	87.4	CH_3COOH	159.8	CH_4	186.3
$C_{12}H_{22}O_{11}$	360.2	Br_2	152.2	NH_3	192.5

相転移における熱力学第二法則　次に ② の水の相転移について熱力学第二法則を考えてみる．標準状態，25°C における氷の融解において，まず，水自身（系）のエントロピー変化を求める．$H_2O(s)$ の S_m° を $48\,J\,K^{-1}\,mol^{-1}$，$H_2O(\ell)$ の S_m° を $70\,J\,K^{-1}\,mol^{-1}$ とする．

$$H_2O(s) \longrightarrow H_2O(\ell) \qquad \Delta H^\circ = 6000\,J\,mol^{-1}$$

$$S_m^\circ \quad 48 \qquad\qquad 70 \quad J\,K^{-1}\,mol^{-1}$$

25°C で氷が水に変化すると，H_2O のエントロピーは $48 \to 70\,J\,K^{-1}\,mol^{-1}$ へと増加する．すなわち

$$\Delta S_系^\circ = +22\,J\,K^{-1}\,mol^{-1}$$

である．次に，外界のエントロピー変化を求める．氷の融解に伴って ΔH° にあたる熱量が外界から系へ吸収されるため（図 **9.7**），外界のエントロピー変化は

$$\Delta S_{外界}^\circ = -6000\,J\,mol^{-1}/298\,K = -20\,J\,K^{-1}\,mol^{-1}$$

となる．宇宙全体のエントロピー変化は

$$\Delta S_{宇宙}^\circ = \Delta S_系^\circ + \Delta S_{外界}^\circ = 2\,J\,K^{-1}\,mol^{-1} > 0$$

となる．25°C で氷が水へ変化すると $S_{宇宙}^\circ$ は増加することになるので，これは自発的な変化である．逆に，25°C で水が氷へと凝固する変化は，符号がすべて逆になり $\Delta S_{宇宙}^\circ < 0$ となるので，自発的には起こらない．

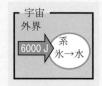

図 **9.7** 氷の融解と熱の移動

例題 9　1 bar での氷の融解について問いに答えよ．ただし，ΔH°, ΔS° は 25°C と同じ値を用いよ．
(1)　−20°C において $\Delta S_{宇宙}^\circ$ はどうなるか説明せよ．
(2)　$\Delta S_{宇宙}^\circ = 0$ となる温度を求めよ．

解　$\Delta S_{宇宙}^\circ = \Delta S^\circ - \Delta H^\circ/T$ より
(1)　$\Delta S_{宇宙}^\circ = (+22\,J\,K^{-1}\,mol^{-1})$
$\qquad\qquad - 6000\,J\,mol^{-1}/253\,K < 0$
宇宙のエントロピーは減少するので，−20°C において氷が水に変化することは自発的に起こらない．

(2)　$\Delta S_{宇宙}^\circ = 0$ とおくと $T = 273\,K$ となる．
273 K においては，氷が水に変化しても宇宙のエントロピーは変化しないので，2 相が安定に共存できる（相平衡）．

ギブズエネルギー
Gibbs energy

ギブズエネルギーの導入

宇宙のエントロピー $S_{宇宙}$ が増加するか（$\Delta S_{宇宙} > 0$），減少するか（$\Delta S_{宇宙} < 0$）によって反応が自発的に起こるかどうかが判断できることが示された．その過程において，外界のエントロピー変化 $\Delta S_{外界}$ を求めることが必要である．定圧下，温度 T において $\Delta S_{外界}$ と $\Delta S_{宇宙}$ を求めると

吸熱反応であれば
$\Delta S_{外界} < 0$
発熱反応であれば
$\Delta S_{外界} > 0$

$$\Delta S_{外界} = -\Delta H_{系}/T$$

$$\Delta S_{宇宙} = \Delta S_{系} + \Delta S_{外界} = \Delta S_{系} + (-\Delta H_{系})/T$$

となる．両辺に $-T$ をかけると

$$-T\Delta S_{宇宙} = \Delta H_{系} - T\Delta S_{系}$$

左辺の $-T\Delta S_{宇宙}$ を ΔG とおくと

$$\Delta G = \Delta H_{系} - T\Delta S_{系} \tag{9.17}$$

ΔG を導入すると外界のエントロピー変化を考えることなく，系のパラメーターである $\Delta H_{系}$ と $\Delta S_{系}$ によって反応が自発的に進行するかどうかを判断できることになるため便利である．G は，系から「仕事の形で自由に」取り出せるエネルギーで，**ギブズエネルギー**とよばれる[†]．ΔG はギブズエネルギー変化である．$\Delta S_{宇宙}$ と ΔG の符号は逆になるので，熱力学第二法則は，次のように言い換えることができる．

[†] そのため，G は
ギブズ自由エネルギーともよばれる.
$G = H - TS$

「一定温度，一定圧力下で自発的に進む反応（現象）では，ギブズエネルギーは減少する」

ギブズエネルギーと化学ポテンシャル

標準状態，25°C における氷 1 mol の融解を再考してみよう．

$\Delta G°$ は標準状態におけるギブズエネルギー変化である.

$$H_2O(s) \longrightarrow H_2O(\ell)$$

$\Delta H° = 6\,kJ\,mol^{-1}$，$\Delta S° = 22\,J\,K^{-1}\,mol^{-1}$ から $\Delta G°$ は

$$\Delta G° = \Delta H° - T\Delta S° = -560\,J\,mol^{-1}$$

となる．これは 25°C で 1 mol の氷が 1 mol の水になると，G は 560 J 減少することを意味し，融解は自発的に進む（図 9.8）．この融解において G がどのように減少していくかを詳しくみてみよう．標準状態での純氷および純水

図 **9.8**　25°C での氷の融解 $\Delta G°$

の 1 mol あたりのギブズエネルギーを $\mu_{固}^{\circ}, \mu_{液}^{\circ}$ とする.

最初に，n mol の氷があったとすると，融解前のギブズエネルギーは $n\mu_{固}^{\circ}$ である．氷 ξ mol が融解したときの，氷と水の 1 mol あたりのギブズエネルギーを $\mu_{固}, \mu_{液}$ とする．氷 ξ mol モルが融解した時点のギブズエネルギー G は

$$G = (n - \xi)\mu_{固} + \xi\mu_{液} \qquad (9.18)$$

となる．この反応が自発的に，かつ，氷が完全に融解するまで進むためには，$0 < \xi < n$ の範囲で G が ξ に対して単調に減少すること，言い換えると，G を ξ で 1 階微分した $dG/d\xi$ が負であることが必要である．相転移においては，固体と液体がどのような割合で混ざっていても，$\mu_{液} = \mu_{液}^{\circ}$, $\mu_{固} = \mu_{固}^{\circ}$ と考えられるので $dG/d\xi$ は

$$dG/d\xi = \mu_{液}^{\circ} - \mu_{固}^{\circ} \qquad (9.19)$$

となる．氷の融解反応においては，$0 < \xi < n$ の範囲で $(\mu_{液}^{\circ} - \mu_{固}^{\circ})$ は，常に $\Delta G^{\circ}(< 0)$ に等しい．そのため，ギブズエネルギー G は図 **9.9** のように単調に減少することになり，氷はすべて融解することになる．すなわち，1 bar, 25°C においては $\mu_{液}^{\circ} < \mu_{固}^{\circ}$ ということになる．

もう気づいていると思うが，1 mol あたりのギブズエネルギーが，物質の三態で導入した化学ポテンシャル μ であり，単位は $J\,mol^{-1}$ である．また，式 (9.18) は，エタノールと水の混合溶液の体積 V を，それぞれの部分モル体積 $\overline{V}_A$, $\overline{V}_B$ で示した式（7 章例題 11 参照）

$$V = n_A\overline{V}_A + n_B\overline{V}_B \qquad (9.20)$$

と本質的に同じである．化学ポテンシャルは**部分モルギブズエネルギー**ともよばれる示強性変数である．

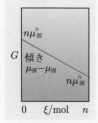

図 **9.9** 25°C, 1 bar において n mol の氷が水に変化するときのギブズエネルギー

部分モルギブズエネルギー
partial molar
Gibbs energy

例題 10 6.3 節で純物質の相転移を，「三相のうちで化学ポテンシャルの最も低い相が安定相として現れる」と表現したが，熱力学第二法則とギブズエネルギーを用いて表現せよ．

解 三相のうちで化学ポテンシャルの最も低い相に移る変化が起こると，系のギブズエネルギーは減少する．そのような相転移は熱力学第二法則に従って自発的に進む．

気体の拡散とエントロピー

温度 T において間仕切りのある部屋の方に n mol の理想気体 ($P° = 1$ bar) があり，他方は真空であるとする（図 9.10）．間仕切りをとると，気体は部屋全体に拡がる．エネルギーは保存され，$\Delta H = 0$ であるこの現象を熱力学第二法則で説明してみよう．

ある温度 T における $P° = 1$ bar の気体の化学ポテンシャルを $\mu°$ とすると，間仕切りをとる前の気体のギブズエネルギー G は $n\mu°$ である．間仕切りをとると気体の体積が増加し，圧力は低下して P となる．そのときの化学ポテンシャルを μ とすると，ギブズエネルギーは $n\mu$ となる．

圧力が $P°$ から P へと減少したときに，化学ポテンシャルがどのように変化するかがわかれば，ギブズエネルギー G の増減がわかることになる．

6.3 節で述べたように，「**定温条件下，圧力が上がるほど μ は増加し，その増加はモル体積に比例する**」ので，気体の圧力が $P°$ から P へと減少すれば，化学ポテンシャルも $\mu°$ から μ へと減少する（図 9.11）．よって，ギブズエネルギー G は $n\mu°$ から $n\mu$ へと減少するので，熱力学第二法則よりこの現象は自発的に進む．言いかえると「温度一定の条件下で，気体の体積が増加し，圧力が低下する現象においては，ギブズエネルギー G は減少するので，自発的に進行する．」

数式で書くと，気体 1 mol あたりの体積を V_m とすると

$$\frac{d\mu}{dP} = V_m \tag{9.21}$$

気体では $V_m = RT/P$ と書けるので，式 (9.21) を $P°$ から P まで積分して μ を求め，ΔG を求めると

$$\mu = \mu° + RT \ln(P/P°) \tag{9.22}$$

$$\Delta G = n\mu - n\mu° = nRT \ln(P/P°) < 0 \tag{9.23}$$

となる[†]．$\Delta H = 0$ なので $\Delta G = -T\Delta S$ であり，気体の拡散はエントロピー変化の寄与によって起こることがわかる．そのエントロピー変化 ΔS は次のようになる．

$$\Delta S = -\Delta G/T = -nR \ln(P/P°) > 0 \tag{9.24}$$

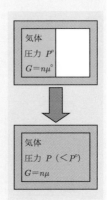

図 9.10
気体の拡散

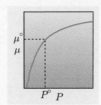

図 9.11　気体の化学ポテンシャルの圧力依存性

[†] $P < P°$ より $\ln(P/P°) < 0$

気体の混合とエントロピー　　間仕切りのある部屋に
図 9.12 のように n_A mol の理想気体 A と n_B mol の理想
気体 B が入っている．間仕切りをとると，どうなるか？
隣の部屋に何がどれだけいるかは関係なく，気体 A は全
体に拡がり，気体 B も全体に拡がる．十分時間が経過す
ると A の化学ポテンシャルは μ_A° から μ_A へと変化する．
μ_A は，真空への拡散と同じく，分圧 P_A を用いて

$$\mu_A = \mu_A^\circ + RT \ln (P_A/P^\circ) \tag{9.25}$$

となる．A のモル分率を X_A とすると $P_A = X_A P^\circ$ より

$$\mu_A = \mu_A^\circ + RT \ln X_A \tag{9.26}$$

とも表すことができる．B についても同様に

$$\mu_B = \mu_B^\circ + RT \ln X_B \tag{9.27}$$

となる．間仕切りをとって十分時間が経過したときのギ
ブズエネルギー $G_{終状態}$ は，$n = n_A + n_B$ とおくと

$$G_{終状態} = n_A \mu_A + n_B \mu_B \tag{9.28}$$

$$= (n_A \mu_A^\circ + n_B \mu_B^\circ) + RT(n_A \ln X_A + n_B \ln X_B)$$

$$= (n_A \mu_A^\circ + n_B \mu_B^\circ) + nRT(X_A \ln X_A + X_B \ln X_B)$$

となる．$(n_A \mu_A^\circ + n_B \mu_B^\circ)$ は間仕切りをとる前のギブズ
エネルギー $G_{始状態}$ に等しいので

$$G_{終状態} - G_{始状態} = nRT(X_A \ln X_A + X_B \ln X_B)$$

ここで，$X_A < 1, X_B < 1$ より $\ln X_A < 0, \ln X_B < 0$ で
あるので，$(X_A \ln X_A + X_B \ln X_B)$ は必ず負になる[†]．
よって

$$G_{終状態} - G_{始状態} = \Delta G < 0$$

となる．これは，気体 A, B が混合して均一となること
で，ギブズエネルギーは減少することを示しており，熱
力学第二法則からこの現象は自発的に起こる．このとき，
$\Delta H = 0$ より $\Delta S = -\Delta G/T > 0$ であり

$$\Delta S = -nR(X_A \ln X_A + X_B \ln X_B) \tag{9.29}$$

となる．この ΔS を混合エントロピーとよぶ．

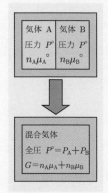

図 **9.12**
気体の混合

$$X_A = \frac{n_A}{n_A + n_B}$$

$$X_B = \frac{n_B}{n_A + n_B}$$

[†] この理想気体の拡散と混合の考え方は，理想溶液に拡張できる．

混合エントロピー
entropy of
mixing

9.4　化学反応における熱力学第二法則

　化学平衡で説明した通り，すべての化学反応は，原則的には可逆反応であり，質量作用の法則に従って平衡に達する．熱力学第二法則は化学反応がどこまで進むかを

$$\Delta_r G^\circ = -RT \ln K$$

という式で，教えてくれることを本節で学ぶ.

　我々は皆，坂を下ることはできても坂を上ることはできない箱（熱力学第二法則）に乗っている（図 9.13）．現在位置 A 点（すべて反応物）より $\Delta_r G^\circ$ だけ高い崖 B 点（すべて生成物）が谷底 E の向こう側に見えている．A 点から B 点へはもちろん登っていけないが，谷底までは下り坂なので E（平衡）点までは行ける．B 点にいると低い A 点まで「自発的に」行けそうに見えるが，やはり E 点で止まる．E 点が A-B 間のどこにあるかは，A と B の高さの差 $\Delta_r G^\circ$ で決まっていて，この差が大きくなると E 点は A 点のすぐ近くになる．このたとえ話を少し頭の中において以下を読み進めてほしい.

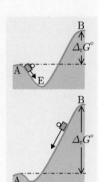

図 9.13　$\Delta_r G^\circ$ と平衡位置の変化

標準反応エントロピー
standard
reaction
entropy

標準反応エントロピー　標準状態において，化学反応において反応物と生成物のモルエントロピー差を，**標準反応エントロピー** $\Delta_r S^\circ$ とよぶ．$\Delta_r S^\circ$ の計算方法は，$\Delta_r H^\circ$ と同じで，各物質の S_m° に化学式の係数 ν をかけて，右辺の総和から左辺の総和を引く．25℃ における水の生成反応 $H_2(g) + \frac{1}{2}O_2(g) \longrightarrow H_2O(\ell)$ の $\Delta_r S^\circ$ を計算すると以下のようになる.

注意
化学式の係数をかけるのを忘れないように.

単体の物質の S_m° は 0 でない.

$$\begin{aligned}
\Delta_r S^\circ &= \{\text{右辺の}\nu S_m^\circ\text{の総和}\} - \{\text{左辺の}\nu S_m^\circ\text{の総和}\} \\
&= 1 \times S_m^\circ(H_2O, \ell) - \{1 \times S_m^\circ(H_2, g) + \frac{1}{2}S_m^\circ(O_2, g)\} \\
&= 1 \times 70\,\mathrm{J\,K^{-1}\,mol^{-1}} \\
&\quad - (1 \times 131 + 1/2 \times 205)\,\mathrm{J\,K^{-1}\,mol^{-1}} \\
&= -164\,\mathrm{J\,K^{-1}\,mol^{-1}}
\end{aligned}$$

この反応では，気体から液体が生じる反応なので，反応エントロピー $\Delta_r S^\circ$ は負の値となっている.

標準反応ギブズエネルギーの求め方　標準状態，25°C において化学反応式の左辺の反応物が，すべて右辺の生成物へと変化するときのギブズエネルギー変化を**標準反応ギブズエネルギー** $\Delta_r G°$ とよぶ．また，標準生成エンタルピー $\Delta_f H°$ と同じく，標準状態にある単位物質量の物質が，同じく標準状態にある単体から生成される場合の反応ギブズエネルギーを，**標準生成ギブズエネルギー** $\Delta_f G°$ とよぶ．単位は $kJ\,mol^{-1}$ である．単体の $\Delta_f G°$ は，単体の $\Delta_f H°$ と同じく 0 とする．

$\Delta_r G°$ の計算方法は 2 通りある．

① $\Delta_r H°$ と $\Delta_r S°$ を求めて，$\Delta_r G° = \Delta_r H° - T \times \Delta_r S°$ を計算する．

② 各物質の $\Delta_f G°$ に化学式の係数 ν をかけて，右辺の総和から左辺の総和を引く（$\Delta_r H°$ の計算と同じ）．

$\Delta_r G° = \{右辺の\nu\Delta_f G°の総和\} - \{左辺の\nu\Delta_f G°の総和\}$

$CH_4(g) + 2O_2(g) \longrightarrow CO_2(g) + 2H_2O(\ell)$ の 25°C における標準反応ギブズエネルギー $\Delta_r G°$ を求めるためには

$$\Delta_r G° = \{1 \times \Delta_f G°(CO_2, g) + 2 \times \Delta_f G°(H_2O, \ell)\}$$
$$- \{1 \times \Delta_f G°(CH_4, g) + 2 \times \Delta_f G°(O_2, g)\}$$

を計算すればよい（化学式の係数を忘れないように）．

> **例題 11**　標準状態，25°C において，N_2O_4 の分解反応
> $$N_2O_4(g) \longrightarrow 2NO_2(g)$$
> について表 **9.4** の値を用いて $\Delta_r H°$，$\Delta_r S°$，$\Delta_r G°$ を求めよ．

解　$\Delta_r H° = 2 \times \Delta_f H°(NO_2, g) - 1 \times \Delta_f H°(N_2O_4, g)$
$\qquad\qquad = 57.2\,kJ\,mol^{-1}$

$\Delta_r H° > 0$ なので吸熱反応である．

$\qquad \Delta_r S° = 2 \times S_m°(NO_2, g) - 1 \times S_m°(N_2O_4, g)$
$\qquad\qquad = 176\,J\,K^{-1}\,mol^{-1}$

$\Delta_r S° > 0$ なので系のエントロピーは増大する．$\Delta_r G°$ は $\Delta_r G° = \Delta_r H° - T\Delta_r S°$ に $\Delta_r H°$，$\Delta_r S°$ を代入すると

$\qquad \Delta_r G° = 57.2\,kJ\,mol^{-1} - 298\,K \times 176\,J\,K^{-1}\,mol^{-1}$
$\qquad\qquad = 4.75\,kJ\,mol^{-1}$

標準反応ギブズエネルギー
standard reaction Gibbs energy

標準生成ギブズエネルギー
standard Gibbs energy of formation

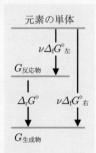

元素の単体

$\nu\Delta_f G°_左$

$G_{反応物}$

$\Delta_r G°$　　$\nu\Delta_f G°_右$

$G_{生成物}$

図 **9.14**
$\Delta_r G°$ と $\Delta_f G°$
$\Delta_f G°$ が正の物質もある．

表 **9.4**
$\Delta_f H°$ および $S_m°$

	$\Delta_f H°$ /$kJ\,mol^{-1}$
N_2O_4	9.2
NO_2	33.2

	$S_m°$ /$J\,K^{-1}\,mol^{-1}$
N_2O_4	304
NO_2	240

反応ギブズエネルギー $\Delta_r G^\circ$ の符号の意味

25°C において，N_2O_4 の分解反応 $N_2O_4(g) \longrightarrow 2NO_2(g)$ の標準反応ギブズエネルギー $\Delta_r G^\circ$ は正なので，この反応は自発的には進まない，といいたくなる．しかし，容器の中に無色の N_2O_4 を入れておくと，徐々に分解反応が進み，NO_2 が生じて褐色になってくる．この反応の進行を熱力学第二法則で，どう解釈すればよいのだろうか？

まず，理解しなければならないのは，$\Delta_r G^\circ$ の意味である．反応 $N_2O_4(g) \longrightarrow 2NO_2(g)$ の $\Delta_r G^\circ > 0$ は「1 bar，25°C において 1 mol の $N_2O_4(g)$ がすべて分解して 2 mol の NO_2 になることは自発的に起こらない」ということであって，反応が全く進行しない，ということではない．この反応がどこまで進み，それは熱力学第二法則でどのように説明されるのかを考えてみよう．

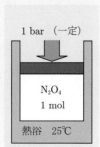

初期状態 $\xi = 0$ mol

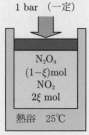

平衡状態 $\xi = ?$ mol

図 **9.15**　平衡状態への変化

反応の進行とギブズエネルギー G の変化

1 bar，25°C で N_2O_4 1 mol を初期状態とする．N_2O_4 の解離反応は，系のギブズエネルギー G が減少する間は自発的に進行する．標準状態 $(P^\circ = 1\,\text{bar})$ での N_2O_4 の化学ポテンシャルを μ_a° とし，NO_2 の化学ポテンシャルを μ_b° とする．N_2O_4 1 mol だけが存在する初期状態では $G(0) = 1\,\text{mol} \times \mu_a^\circ$ である．

N_2O_4 が ξ mol だけ解離すると NO_2 は 2ξ mol 生じるので，その時点でのギブズエネルギー $G(\xi)$ は

$$G(\xi) = (1-\xi)\mu_a + 2\xi\mu_b \qquad (9.30)$$

と表される．すべて NO_2 になった場合 $(\xi = 1\,\text{mol})$，$G(1) = 2\,\text{mol} \times \mu_b^\circ$ である．$\Delta_r G^\circ = 4.75\,\text{kJ}\,\text{mol}^{-1}$ より

$$G(1) - G(0) = 4.75\,\text{kJ}$$

$$G(1) - G(0) = (2\mu_b^\circ - \mu_a^\circ) \times 1\,\text{mol}$$

となるので，$(2\mu_b^\circ - \mu_a^\circ) = 4.75\,\text{kJ}\,\text{mol}^{-1}$ を得ることができる．$G(\xi)$ の一次導関数 $(dG/d\xi)$ を計算し $0 < \xi < 1$ の範囲で $G(\xi)$ の形状を調べれば，反応がどこまで進むかわかる．

$(2\mu_b^\circ - \mu_a^\circ)$ と $\Delta_r G^\circ$ は，値は等しいが単位は異なる．

例題 12 式 (9.30) の $G(\xi)$ のグラフを $0 < \xi < 1$ の範囲で描け.

解 N_2O_4 も NO_2 も気体なので反応が進行するにつれてそれぞれの分圧 P_a, P_b が変化し, N_2O_4 と NO_2 の化学ポテンシャル μ_a も μ_b も ξ の関数として変化する (p.187).

$$\mu_a(\xi) = \mu_a^\circ + RT \ln \frac{P_a}{P^\circ} = \mu_a^\circ + RT \ln \frac{1-\xi}{1+\xi}$$

$$\mu_b(\xi) = \mu_b^\circ + RT \ln \frac{P_b}{P^\circ} = \mu_b^\circ + RT \ln \frac{2\xi}{1+\xi}$$

$\qquad\qquad\qquad\qquad\qquad\qquad\qquad\qquad (9.31)$

以上を式 (9.30) に代入して, その式を微分して $(dG/d\xi)$ を求めると, 以下のように簡単になる.

$$\frac{dG}{d\xi} = G'(\xi) = 2\mu_b(\xi) - \mu_a(\xi)$$

$$= 2\mu_b^\circ - \mu_a^\circ + RT \ln \frac{P_b^2}{P_a P^\circ}$$

$$= \Delta_r G^\circ + RT \ln \frac{4\xi^2}{1-\xi^2} \qquad (9.32)$$

$$= 4.75\,\text{kJ}\,\text{mol}^{-1} + 8.31\,\text{J}\,\text{K}^{-1}\,\text{mol}^{-1} \times 298\,\text{K} \times \ln \frac{4\xi^2}{1-\xi^2}$$

$dG/d\xi = 0$, すなわち $\xi = 0.19\,\text{mol}$ のときに $G(\xi)$ は極小値をとる. $0 < \xi < 1$ の範囲で関数 G の増減表を書くと

ξ /mol	0		0.19		1
G'		$-$	0	$+$	
G/kJ	μ_a°	$\searrow$	極小値	$\nearrow$	$2\mu_b^\circ$

$G(0) = 0$ として, $G(\xi)$ を描くと図 **9.16** のようになる. $\xi < 0.19\,\text{mol}$ の範囲では $G(\xi)$ は減少するので, 反応は進行する. $\xi = 0.19\,\text{mol}$ で $G(\xi)$ は極小値をとって平衡になる.

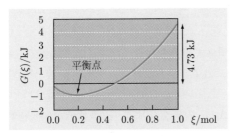

図 **9.16** N_2O_4 の分解反応の $G(\xi)$ のグラフ

dG
$= \mu_a(-d\xi) + \mu_b(2d\xi)$
$= (2\mu_b - \mu_a)d\xi$

$dG/d\xi = 2\mu_b - \mu_a$
と導出してもよい.
『基礎物理化学 II [新訂版]』
5 章 p.86

他の教科書の中には, $dG/d\xi$ を ΔG と表記するものがあるが, $\Delta_r G^\circ$ と混乱するので, 1 次導関数の表記のままにしておく.

平衡反応と熱力学第二法則

図 9.16 について考察しよう. 反応開始当初は, NO_2 の分圧 P_b が非常に低く, $RT \ln P_b$ が負の大きな値になり, $dG/d\xi < 0$ となる (図 9.17). G は減少するので熱力学第二法則に従って, 反応は自発的に進む. 反応進行に伴って $2\mu_b$ と μ_a の差は減少していき, 0.19 mol 解離したところで $dG/d\xi = 0$ となり, G は極小値をとる. これ以上解離するとギブズエネルギーが増加 (= 宇宙のエントロピーは減少) して熱力学第二法則に反することになるので, 見かけ上, ここで反応は停止して平衡状態となる[†1]. 9.1 節で説明した通り, 見かけ上, 反応は止まるが, 分解反応と結合反応の速度が等しい動的平衡状態である. 逆反応 $2NO_2(g) \longrightarrow N_2O_4(g)$ について考えてみると, $\Delta_r G° < 0$ であるが, 2 mol の NO_2 が完全に反応して 1 mol の N_2O_4 になることはなく, やはり平衡点で反応は止まる. このように, 平衡にいたる過程においても, 熱力学第二法則は完全に成立している.

【重要ポイント】
定温・定圧で
$\dfrac{dG}{d\xi} < 0$ であれば反応は自発的に進む.

[†1] $\dfrac{dG}{d\xi} = 0$ となる点が平衡である.

図 9.17 は, 7 章例題 11 の部分モル体積のグラフに類似する.

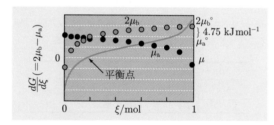

図 9.17　$dG/d\xi$（実線, 左軸）と化学ポテンシャルの変化

平衡点では $dG/d\xi = 0$ で $K_P = P_b^2/P_a P°$ であるので, 式 (9.32) $dG/d\xi = \Delta_r G° + RT \ln(P_b^2/P_a P°)$ から

$$\Delta_r G° = -RT \ln K_P \qquad (9.33)$$

という関係式が得られる. この式は, 標準反応ギブズエネルギー $\Delta_r G°$ がわかれば, 平衡定数 K が計算できることを示している. このことから $\Delta_r G°$ について再考すると「$\Delta_r G°$ の値や符号は, 平衡状態が生成物側と反応物側の間のどこに位置しているかを示していて, 反応が自発的にどこまで進行するかを示している.」

$\Delta_r G° = -100 \,\mathrm{kJ\,mol^{-1}}$ や $+100 \,\mathrm{kJ\,mol^{-1}}$ といった反応では G の形状は図 **9.18** のようになるので，その化学反応は「自発的に完全に進行する」とか「全く進行しない」と表現される．蛇足であるが，図 **9.16** のギブズエネルギー $G(\xi)$ を $(-T)$ で割ってやれば，$S_{宇宙}(= S_{外界}+S_{系})$ のグラフとなる．$S_{宇宙}(\xi)$ は $G(\xi)$ と同じく $\xi = 0.19 \,\mathrm{mol}$ のところで極値をとる．ただし，極大値である．この点で宇宙のエントロピーは最大になっている．

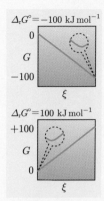

図 **9.18** 不可逆にみえる反応

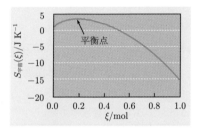

図 **9.19**
$N_2O_4(g) \longrightarrow 2NO_2(g)$ における $S_{宇宙}$ のグラフ

例題 13 25°C での $N_2O_4(g) \longrightarrow 2NO_2(g)$ の $\Delta_r G°$ は $+4.75 \,\mathrm{kJ\,mol^{-1}}$ である．25°C における K_P を計算せよ．

解 $K_P = 0.15$（$K_P \fallingdotseq 1$ になった人は単位を見直そう）

例題 14 1 bar，25°C における反応 $2NO_2(g) \longrightarrow N_2O_4(g)$ について，初期状態 2 mol の NO_2 から平衡に至る過程について，図 **9.16** にならって $G(\xi)$ を $0 < \xi < 2$ の範囲で描き，平衡状態について説明せよ．

解 $\Delta_r G°$ は $-4.75 \,\mathrm{kJ}$ であり，$G(0) = 0$ とすると $G(\xi)$ は図 **9.20** となる．$\xi = 1.62 \,\mathrm{mol}$（$NO_2$ は 0.38 mol，N_2O_4 は 0.81 mol）のとき $G(\xi)$ は極小値をとって平衡になることがわかる．

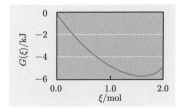

図 **9.20**
$2NO_2(g) \longrightarrow N_2O_4(g)$ の $G(\xi)$ のグラフ

平衡定数は
$K_P = 6.7$ で反応は右にかたよっている．

9.5 平衡反応と温度

$\Delta_r G°$ への $\Delta_r H°$ と $\Delta_r S°$ の寄与　　定温・定圧，特に大気圧下で化学反応が進行すると，反応ギブズエネルギー $\Delta_r G°$ と平衡定数 K の間の関係式

$$\Delta_r G° = -RT \ln K \qquad (9.34)$$

を満たす平衡状態へ向かう．$\Delta_r G° < 0$ ならば $K > 1$ で，平衡は生成物側（右）にかたより，$\Delta_r G° > 0$ ならば $K < 1$ で，平衡は反応物側（左）にかたよる．

$$\Delta_r G° = \Delta_r H° - T\Delta_r S° \qquad (9.35)$$

より，$\Delta_r G°$ の符号は，$\Delta_r H°$ と $\Delta_r S°$ の符号と温度 T によって変化して，以下の4つのケースに分類される．

表 9.5　$\Delta_r H°$，$\Delta_r S°$ と $\Delta_r G°$ の符号の関係

	$\Delta_r H°$	$\Delta_r S°$	$\Delta_r G°$
1	−（発熱）	＋（増大）	常に −
2	−（発熱）	−（減少）	−（低温），＋（高温）
3	＋（吸熱）	＋（増大）	＋（低温），−（高温）
4	＋（吸熱）	−（減少）	常に ＋

1では，発熱反応の上に，系のエントロピーも増大するので，$\Delta_r G° \ll 0$ となり，エントロピー的にもエンタルピー的にも有利な反応とよばれる．平衡は一方的に生成物側にかたより，進行しやすい反応とされる．

4は，1の逆で，吸熱反応の上に，系のエントロピーも減少するので，$\Delta_r G° \gg 0$ で，エントロピー的にもエンタルピー的にも不利な反応とよばれる．平衡は反応物側にかたより（$K \ll 1$），ほとんど進行しない反応とされる．

2と3では $\Delta_r H°$ と $\Delta_r S°$ の符号が同じで，$\Delta_r G°$ の符号は温度によって変化する．2の反応例は

$$N_2(g) + 3H_2(g) \longrightarrow 2NH_3(g)$$

で，発熱反応でエンタルピー的には有利だが，エントロピー的には不利である．平衡を生成物側に寄せるためには，ルシャトリエの原理から，低温にする．

（欄外注）

$\Delta_r G° = 0$ なら $K = 1$

A → B ならば平衡時に [A] = [B] となる．

標準状態, 25°C
$\Delta_r H° =$
　$-92\,\text{kJ mol}^{-1}$
$\Delta_r S° =$
　$-199\,\text{J K}^{-1}\text{mol}^{-1}$

3 のケースには，N_2O_4 の分解反応があげられる．

$$N_2O_4(g) \longrightarrow 2NO_2(g)$$

吸熱反応でエンタルピー的には不利だが，エントロピー的には有利な反応である．平衡を生成物側に寄せるためには，高温にすればよい[†1].

標準状態，25°
$\Delta_r H° =$
$57.2\,\mathrm{kJ\,mol^{-1}}$
$\Delta_r S° =$
$176\,\mathrm{J\,K^{-1}\,mol^{-1}}$

反応ギブズエネルギーの温度依存性

$\Delta_r G°$ は温度 T に依存して直線的に変化する（図 **9.21**）．アンモニアの合成反応では，298 K では $\Delta_r G° < 0$ で $K \gg 1$ だが，高温にすると $\Delta_r G°$ は負から正に転じて $K \ll 1$ となる． $\Delta_r H°$ と $\Delta_r S°$ が温度変化しないと仮定すると $\Delta_r G° = 0$ となる温度は， $T = \Delta_r H°/\Delta_r S°$ より 462 K と求まる． $\Delta_r H°$ と $\Delta_r S°$ の温度依存性を考慮する場合は ΔC_P を計算して $\Delta_r H°(T)$ をキルヒホフの式で求め， $\Delta_r S°(T)$ は

$$\Delta_r S°(T) = \Delta_r S°(298\,K) + \int_{298}^{T} \frac{\Delta C_P}{T} dT \quad (9.36)$$

で求めて式 (9.35) で $\Delta_r G°(T)$ を計算する． $\Delta_r H°(T)$ と $\Delta_r S°(T)$ の温度依存性が打ち消し合うので $\Delta_r G°(T)$ は $\Delta C_P = 0$ の場合とほぼ重なる直線的な変化がえられる．

[†1] ただし，1〜4 のすべての場合において，現実に反応が進むかどうかは反応速度に依存する（10 章）.

キルヒホフの式
$\Delta_r H°(T) =$
$\Delta_r H°(298\,K)$
$+ \int_{298}^{T} \Delta C_P dT$
（8.4 節参照）

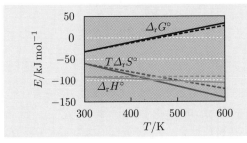

図 **9.21** NH_3 合成反応の熱力学パラメーターの温度変化
点線は $\Delta C_P = 0$，実線は $\Delta C_P = -45.3\,\mathrm{J\,K^{-1}\,mol^{-1}}$ [†2]

[†2] 8 章演習問題 10

例題 15 $N_2O_4(g) \longrightarrow 2NO_2(g)$ について，$\Delta_r H°$ と $\Delta_r S°$ が温度変化しないとして，$K = 1$ となる温度を求めよ．

解 $K = 1$ のとき $\Delta_r G° = 0$, $T = \Delta_r H°/\Delta_r S°$ より
$T = 57.2\,\mathrm{kJ\,mol^{-1}}/176\,\mathrm{J\,K^{-1}\,mol^{-1}} = 325\,\mathrm{K}$

平衡定数の温度依存性　温度を変化させた場合に平衡が移動する理由は平衡定数 K そのものが変化するからであり, 移動する方向は $\Delta H°$ で決まることを学んだ. これについてギブズエネルギーと平衡定数の関係式 $\Delta_r G° = -RT \ln K$ から考察してみよう. K を $\Delta_r G°$ で表すと

$$K = \exp\left(-\frac{\Delta_r G°}{RT}\right) \tag{9.37}$$

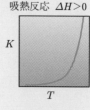

吸熱反応　$\Delta H > 0$

K

T

となり, K は $\Delta_r G°$ と T に依存して変化する. $\Delta_r G° = \Delta_r H° - T\Delta_r S°$ を式 (9.37) に代入する.

$$K = \exp\left(-\frac{\Delta_r H°}{RT}\right)\exp\left(\frac{\Delta_r S°}{R}\right) \tag{9.38}$$

式 (9.38) は, 吸熱反応（$\Delta_r H > 0$）の場合は, 反応温度 T を上げれば平衡定数 K は増加し, 発熱反応（$\Delta_r H < 0$）の場合は, 反応温度 T を上げれば平衡定数 K は減少する（図 **9.22**）, というルシャトリエの原理を意味している.

発熱反応　$\Delta H < 0$

K

T

図 **9.22**　平衡定数 K の温度変化

ファントホフの式　式 (9.38) には, 温度 T が逆数の形で, 指数の中に入っているのでわかりにくい. 式 (9.38) の両辺の自然対数をとれば見通しがよくなる.

$$\ln K = -\frac{\Delta_r H°}{RT} + \frac{\Delta_r S°}{R} \tag{9.39}$$

van't Hoff, J. H. p.155

$\Delta_r H°$ と $\Delta_r S°$ の値が温度に対して変化しないとすると

$$\ln K = -\frac{\Delta_r H°}{R}\left(\frac{1}{T}\right) + 定数 \tag{9.40}$$

となり, 温度依存して変化するのは $\Delta_r H°$ を含む第1項だけとなる. 式 (9.40) を**ファントホフの式**といい, $\ln K$ を $1/T$ に対してプロットすれば, 傾き $-\Delta_r H°/R$ の直線となる. すなわち, 何点かの温度において平衡定数を求めれば, $\Delta_r H°$ が求められる. また, 温度 T_1 のとき平衡定数が K_1, 温度 T_2 のとき平衡定数が K_2 とすると, 式 (9.40) は

† 正式には, ギブズ－ヘルムホルツの式から誘導される.『基礎物理化学 II[新訂版]』4章 p.68, 5章 p.91

$$\ln \frac{K_2}{K_1} = -\frac{\Delta_r H°}{R}\left(\frac{1}{T_2} - \frac{1}{T_1}\right) \tag{9.41}$$

と書ける. $\Delta_r H°$ が与えられ, ある温度 T_1 での平衡定数 K_1 が与えられれば, 異なる温度 T_2 での平衡定数 K_2

を計算で求めることができる

　吸熱反応（$\Delta_r H > 0$）であれば，グラフの傾きは負になる（図 **9.23(a)**）．すなわち，温度を T_1 から T_2 へ上げると平衡定数は K_1 から K_2 へと大きくなり，平衡は生成物側へ移動することを意味し，ルシャトリエの原理が成立する．発熱反応（$\Delta_r H < 0$）であれば直線の傾きは正になり，温度を上げると平衡定数は小さくなる（図 **9.23(b)**）．これもルシャトリエの原理が成立している．温度を変化させたときの，平衡移動の方向は，$\Delta_r H$ の符号により決まり，$\Delta_r S$ や $\Delta_r G$ の符号では決まらない．定圧下での熱量測定によって得られる $\Delta_r H$ は重要である．

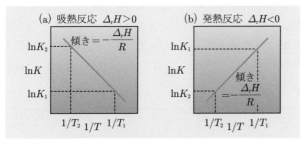

図 **9.23**　吸熱反応と発熱反応のファントホフプロット

例題 16　水の蒸気圧は 60°C で 19.9 kPa, 70°C で 31.2 kPa である．標準蒸発エンタルピー $\Delta_{vap} H°$ を求めよ．ただし，この温度範囲で $\Delta_{vap} H°$ は一定とせよ．

解　水の気液平衡を圧平衡定数 K_P で表現すると，液体の水の濃度は一定と考えられるので，K_P は水蒸気圧に等しい．

$$H_2O(\ell) \rightleftharpoons H_2O(g) \qquad K_P = P_{H_2O}/P° \qquad\qquad P° = 10^5\,\mathrm{Pa}$$

ファントホフの式 (9.41) に数値を代入すると

$$\ln \frac{3.12 \times 10^{-1}}{1.99 \times 10^{-1}} = -\frac{\Delta_{vap} H°}{8.31}\left(\frac{1}{343} - \frac{1}{333}\right)$$

よって，$\Delta_{vap} H° = 42.7\,\mathrm{kJ\,mol^{-1}}$ となる．このようにファントホフの式は相平衡についても適用できる．

9.6 電気化学

イオンの標準生成ギブズエネルギー　硫酸銅水溶液に金属亜鉛をつけると亜鉛は溶け出し，銅が金属亜鉛の表面に析出する.

$$Zn(s) + Cu^{2+}(aq) \longrightarrow Zn^{2+}(aq) + Cu(s) \quad (9.42)$$

このようなイオンを含む反応についてもギブズエネルギーの変化を求めることができる. 熱力学と電気化学との関係を考察してみよう.

基準イオンとして水素イオン H^+ をとり，その標準生成エンタルピーを 0 と決めて，標準状態における各イオンの標準生成エンタルピーを求めた (8 章). これと同様に，イオンの標準生成ギブズエネルギー $\Delta_f G^\circ$ を H^+ を基準として求めることができる. 反応式 (9.42) に関与する物質の熱力学データ $\Delta_f H^\circ$, S°, $\Delta_f G^\circ$ を以下の表にまとめた.

表 9.6　熱力学データ

	Zn(s)	Cu²⁺ (aq)	Zn²⁺ (aq)	Cu(s)
$\Delta_f H^\circ/\mathrm{kJ\,mol^{-1}}$	0	+64.8	−153.9	0
$S^\circ/\mathrm{J\,K^{-1}\,mol^{-1}}$	+41.6	−99.6	−112	+33.2
$\Delta_f G^\circ/\mathrm{kJ\,mol^{-1}}$	0	+65.5	−147.2	0

表の値を用いて，反応式 (9.42) の $\Delta_r H^\circ$, $\Delta_r S^\circ$, $\Delta_r G^\circ$ を計算すると以下のように求まる.

$$\Delta_r H^\circ/\mathrm{kJ\,mol^{-1}} = -153.9 - 64.8 = -218.7$$

$$\Delta_r S^\circ/\mathrm{J\,K^{-1}\,mol^{-1}} = (-112 + 33.2) - (41.6 - 99.6)$$
$$= -20.8$$

$$\Delta_r G^\circ/\mathrm{kJ\,mol^{-1}} = -147.2 - 65.5 = -212.7$$

$\Delta_r S^\circ < 0$ でエントロピー的には不利だが，$\Delta_r H^\circ \ll 0$ で大きな発熱を伴うことで，$\Delta_r G^\circ \ll 0$ となり，平衡は右（生成物）側に大きくかたよっている.

化学電池　この反応から仕事を取り出す装置が化学電池である. 図 **9.24** のように，$ZnSO_4(aq)$ に $Zn(s)$ を入

れ，$CuSO_4(aq)$ に Cu を差し込んだ 2 つの溶液を塩橋で
つないで電気的に接触させる．電極金属間で電圧が生じ
て**ダニエル電池**となる．金属電極において

　負極：$Zn(s) \longrightarrow Zn^{2+}(aq) + 2e^-$

　正極：$Cu^{2+}(aq) + 2e^- \longrightarrow Cu(s)$

という反応が起こっているので，電池全体としては

$$Zn(s) + Cu^{2+}(aq) \longrightarrow Zn^{2+}(aq) + Cu(s)$$

という，先ほどの化学反応と全く同じ反応が起きている．

電池の起電力　　標準状態での電池の起電力は，正極の
電位と負極の電位の差で決まる．25°C でイオン濃度が
ともに $1\,mol\,L^{-1}$ のダニエル電池の**標準起電力** $E°$ は

$(-)Zn\,|\,Zn^{2+}(1\,mol\,L^{-1})\,||\,Cu^{2+}(1\,mol\,L^{-1})\,|\,Cu(+)$

$E° = E°_{右} - E°_{左}$

$= E°(Cu, Cu^{2+}(1\,mol\,L^{-1})) - E°(Zn, Zn^{2+}(1\,mol\,L^{-1}))$

となる．$E°(Cu, Cu^{2+})$ と $E°(Zn, Zn^{2+})$ がわかれば，
ダニエル電池の起電力を求めることができる．25°C で
$1\,mol\,L^{-1}$ の濃度（正確には活量）の金属イオン溶液に，
同じ金属板を入れたときの電位を**標準電極電位**（これも
$E°$ と書く）という．標準電極電位の電極反応は還元反応
で書き，H^+ を基準として 0 V とする．（付録 8 参照）

$$2H^+ + 2e^- \longrightarrow H_2 \qquad E° = 0\,V$$

$$Zn^{2+} + 2e^- \longrightarrow Zn \qquad E° = -0.763\,V$$

$$Cu^{2+} + 2e^- \longrightarrow Cu \qquad E° = +0.337\,V$$

よって，ダニエル電池の標準起電力 $E°$ は

$$E° = +0.337 - (-0.763) = +1.100\,V$$

　標準電極電位 $E°$ が負の値の方が陽イオンになりやす
く，正の大きな値のイオンの方が陽イオンになりにくい．

強い	←	還 元 力	→	弱い
-3	$E°$/V	-2　-1　-0.5	0　+0.5　+1.0	

Li$^+$ K$^+$ Ca^{2+} Na$^+$ Mg^{2+} Al^{3+}　Zn^{2+} Fe^{2+} Sn^{2+} Pb^{2+} (H) Cu^{2+} Ag$^+$

大	←	イオン化傾向	→	小

Daniell, J. F.
(1790-1845，英)

図 **9.24**
ダニエル電池
起電力
electromotive
force

電池の式は負極を
左側，正極を右側に
書くと，$E°$ が正の
値になるので都合
がよい．

イオンの活量につ
いては
『基礎物理化学 II
[新訂版]』
8 章 p.146 を参照

電極電位
electrode
potential

起電力も電極電位
も示強変数で，化学
反応式の係数によ
らない．

イオン化傾向の順
番と同じである．

Nernst, W.
(1864-1941, 独)

ネルンストの式　　電池の標準起電力は溶液の濃度によっ
て変化する．ダニエル電池の電極反応を考えると

負極：$Zn(s) \longrightarrow Zn^{2+}(aq) + 2e^-$

陽極：$Cu^{2+}(aq) + 2e^- \longrightarrow Cu(s)$

なので，溶液中の Zn^{2+} の濃度は低く，Cu^{2+} の濃度は
高い方が起電力は高い．濃度 $[M^{z+}]$ の金属イオン溶液に
金属 M を入れたときの電極電位 E の濃度依存性は

†『基礎物理化学 II
　［新訂版］』8 章
　p.148-152

$$\frac{1}{z}M^{z+} + e^- \longrightarrow \frac{1}{z}M \qquad E = E^\circ + \frac{RT}{F}\ln[M^{z+}]^{1/z} \tag{9.43}$$

となる[†]．F はファラデー定数である．これから，任意の
イオン濃度でのダニエル電池の起電力は

ファラデー定数 F
9.648564×10^4
　　　　$C\,mol^{-1}$
電子 1 mol がもつ
電気量

$$E = E^\circ(Cu, Cu^{2+}) + \frac{RT}{F}\ln[Cu^{2+}]^{1/2}$$

$$- \left\{ E^\circ(Zn, Zn^{2+}) + \frac{RT}{F}\ln[Zn^{2+}]^{1/2} \right\}$$

$$E = E^\circ(Cu, Cu^{2+}) - E^\circ(Zn, Zn^{2+}) - \frac{RT}{2F}\ln\frac{[Zn^{2+}]}{[Cu^{2+}]} \tag{9.44}$$

と書ける．この式を**ネルンストの式**という．

電池と平衡　　電池を使用し続けると，「電池がなくなる」
という状態になって充電できない一次電池は使用不可能
になる．これはネルンストの式 (9.44) において

$$E = 0$$

となることを示す．なぜ電池はなくなってしまうのか？
ダニエル電池に話を戻せば

$$Zn(s) + Cu^{2+}(aq) \longrightarrow Zn^{2+}(aq) + Cu(s)$$

という反応が起こらなくなってしまうからである．起こ
らなくなってしまう，というのは正確でない．熱力学第二
法則で学んだように，すべての化学反応は平衡に向かっ
て進み，一旦平衡が達成されると動的平衡となる．電池
がなくなる正確な理由は，「平衡状態に達するから」であ
る．すなわち，ネルンストの式 (9.44) において

固体は平衡定数に表れない．p.174 参照

$$\frac{[Zn^{2+}]}{[Cu^{2+}]} = K \qquad (9.45)$$

となることを示す．平衡達成時のネルンストの式は

$$0 = E^\circ - \frac{RT}{2F} \ln K \qquad (9.46)$$

となり，これから平衡定数 K を電池の標準起電力 E° から求める式が導き出せる．

$$\ln K = \frac{2FE^\circ}{RT} \quad \text{または} \quad K = \exp\left(\frac{2FE^\circ}{RT}\right) \qquad (9.47)$$

実際，イオンが関与する平衡反応の平衡定数 K は起電力から求めている．

標準起電力と $\Delta_r G^\circ$ 平衡定数 K が標準起電力から決定されるということは，熱力学の $\Delta_r G^\circ$ と K の関係

$$\Delta_r G^\circ = -RT \ln K \qquad (9.48)$$

を使えば，$\Delta_r G^\circ$ も標準起電力 E° から決定できる．

$$\Delta_r G^\circ = -zFE^\circ \qquad (9.49)$$

ダニエル電池ならば，$z = 2$，$E^\circ = E^\circ(Cu, Cu^{2+}) - E^\circ(Zn, Zn^{2+})$ である．イオンの標準反応ギブズエネルギーも電気化学測定から決定している．

例題 17 ダニエル電池の標準起電力 E° を求め，以下のイオン平衡の 25°C における平衡定数 K と $\Delta_r G^\circ$ を求めよ．

$$Zn(s) + Cu^{2+}(aq) \rightleftarrows Zn^{2+}(aq) + Cu(s)$$

解 ダニエル電池を以下のように電池式で書くと

$$(-)Zn \,|\, Zn^{2+}(1\,mol\,L^{-1}) \,||\, Cu^{2+}(1\,mol\,L^{-1}) \,|\, Cu(+)$$
$$E^\circ = +0.337 - (-0.763) = +1.100\,V$$

となる．平衡が成立する場合のネルンストの式 (9.46) から

$$0 = E^\circ - \frac{RT}{2F} \ln K \quad \text{より} \quad K = \exp\left(\frac{2FE^\circ}{RT}\right)$$

よって平衡定数 K は 1.6×10^{37}

$\Delta_r G^\circ = -RT \ln K$ より，$\Delta_r G^\circ = -2FE^\circ$ となるので

$\Delta_r G^\circ = -2 \times 96,500\,C\,mol^{-1} \times 1.100\,V = -212,300\,C\,V\,mol^{-1}$

$1\,C \times 1\,V = 1\,J$ より $\Delta_r G^\circ = -212.3\,kJ\,mol^{-1}$

演 習 問 題
第9章

1　熱力学第二法則を説明せよ.

2　アンモニアの合成反応の平衡を生成物側にかたよらせるためには，温度，圧力をどうすればよいかをルシャトリエの原理に基づいて述べよ.　$N_2(g) + 3H_2(g) \rightleftarrows 2NH_3(g)$

3　一定温度において, a mol の $N_2O_4(g)$ と b mol の $NO_2(g)$ を混合し, p bar で以下の平衡に達した. その温度での平衡定数を K_P としたとき, 平衡達成時の $N_2O_4(g)$ と $NO_2(g)$ の物質量を a, b, p および K_P で表せ.

$$N_2O_4(g) \rightleftarrows 2NO_2(g)$$

4　反応 (1)〜(4) の 25°C での $\Delta_r G°$ を求め, $\Delta_r G°$ への $\Delta_r H°$ および $\Delta_r S°$ の寄与を議論せよ.

(1)　$N_2O_4(g) \longrightarrow 2NO_2(g)$

(2)　$3O_2(g) \longrightarrow 2O_3(g)$

(3)　$\frac{1}{2}N_2(g) + \frac{3}{2}H_2(g) \longrightarrow NH_3(g)$

(4)　$H_2O_2(\ell) \longrightarrow H_2O(\ell) + \frac{1}{2}O_2(g)$

5　NaCl の水への溶解反応の 25°C での $\Delta_r H°, \Delta_r S°, \Delta_r G°$ を求めて, NaCl の溶解の過程について議論せよ.

$$NaCl(s) + aq \longrightarrow Na^+(aq) + Cl^-(aq)$$

6　1 bar, 25°C における反応 A(g) $\longrightarrow$ B(g) について, $\Delta_r G°$ が (1) $+3$ kJ mol^{-1}, (2) 0, (3) -3 kJ mol^{-1} の場合におけるギブズエネルギーのグラフを $0 < \xi < 1$ の範囲で描け. ただし, 初期状態では 1 mol の A だけが存在するとせよ.

7　$N_2O_4(g) \longrightarrow 2NO_2(g)$ について, 100°C での平衡定数 K を求めよ. ただし, 25°C, $K = 0.15$ で, 25°C から 100°C の範囲で $\Delta_r H° = 57$ kJ mol^{-1} とせよ.

8　富士山山頂付近では 90°C で水が沸騰する. そこでの気圧を求めよ. ただし, 水の蒸発エンタルピーは 41 kJ mol^{-1} とせよ.

$E°(Cu^{2+}, Cu)$ $= 0.337$ V

$E°(Ag^+, Ag)$ $= 0.799$ V

9　次のイオン平衡の 25°C における平衡定数 K と $\Delta_r G°$ を標準起電力 $E°$ から求めよ.

$$Cu(s) + 2Ag^+(aq) \longrightarrow Cu^{2+}(aq) + 2Ag(s)$$

第10章

反応速度論

　熱力学第二法則から，定温，定圧でギブズエネルギーが減少する反応は自発的に進行することが示された．しかしながら，現実の世界では，自発的に進行する反応すべてが実際に進行するわけではない．例えば，ダイヤモンドがグラファイトに変化する反応は自発的な反応であるが，標準状態では起こらない．反応速度についての重要な事項は，高校の化学 II の教科書にほぼ網羅されているので，本章を読み始める前に，その範囲をもう一度，読み直してみよう．1 次反応，2 次反応の微分速度式はいつでも積分速度式まで解けるようになることが必要である．さらにアレニウスの式は，衝突理論や活性錯合体理論との関連で定着させ，反応速度の温度変化を説明できるようになろう．

10.1 反応速度の定義と速度式

反応速度の表し方　　化学反応の速さは，単位時間あた
りの物質の変化量（反応物の減少量または生成物の増加
量）で表される．これを**反応速度**といい，一定体積で反
応が進むときには，物質の濃度の変化量を用いて次のよ
うに表される．

反応速度　　　
$$\text{反応速度} = \frac{\text{物質の濃度の変化量}}{\text{反応時間}} \tag{10.1}$$

reaction rate

反 応 速 度 の 単 位 は，$\mathrm{mol\,dm^{-3}\,s^{-1}}$（も し く は，
$\mathrm{mol\,L^{-1}\,s^{-1}}$ や，$\mathrm{M\,s^{-1}}$）と な る．反応速度は正の
値で示す．$A \longrightarrow 2B$ という反応を例にとって，反応速
度を考えてみよう．

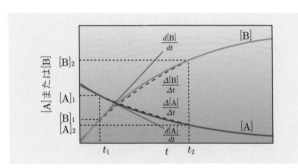

図 10.1　　反応 $A \longrightarrow 2B$ における [A] および [B]
　　　　の時間変化

　反応物 A のモル濃度が時刻 t_1 において $[A]_1$ であり，
時刻 t_2 において $[A]_2$ になったとすると，反応時間 $\Delta t = t_2 - t_1$ の間に，反応物質 A のモル濃度は

$$\Delta[A] = [A]_2 - [A]_1$$

だけ変化したことになる．反応速度は常に正の値で示す
約束になっているので，反応物の場合には全体に $-$（マ
イナス）の符号をつける．平均の反応速度 $\overline{v}_A$ は

$$\overline{v}_A = -\frac{\Delta[A]}{\Delta t} \tag{10.2}$$

と表される.生成物 B に対しても同様に反応速度 $\overline{v}_B$ を
求めると $\Delta[B] > 0$ なので,全体は $+$ の符号をつけて

$$\overline{v}_B = +\frac{\Delta[B]}{\Delta t} \tag{10.3}$$

となる.このとき,A が $1\,\mathrm{mol}$ 反応すれば,B が $2\,\mathrm{mol}$
生成することから,$\overline{v}_A : \overline{v}_B = 1 : 2$ となる.選ぶ物質の
種類によって反応速度が異なると混乱するので,単に反
応速度とあれば,与えられた化学反応式の係数で各物質
の反応速度を割ったものを反応速度とする.

$$\overline{v} = -\frac{1}{1}\frac{\Delta[A]}{\Delta t} = +\frac{1}{2}\frac{\Delta[B]}{\Delta t} \tag{10.4}$$

ある時刻 t の反応速度 v を求めるには,Δt を限りなく 0
に近づける必要がある.図 **10.1** の $[A]$ と $[B]$ の時間変化
における時刻 t_1 における接線の傾き,すなわち濃度変化
量を時間で微分した値から反応速度を求めることができ
る.この場合も化学反応式の係数で割る必要がある.

$$v = -\frac{1}{1}\frac{d[A]}{dt} = +\frac{1}{2}\frac{d[B]}{dt} \tag{10.5}$$

例題 1 H_2O_2 はカタラーゼという酵素によって H_2O
と O_2 に分解され,その濃度 c は表 **10.1** のように変化する.

$$H_2O_2 \longrightarrow H_2O + \frac{1}{2}O_2$$

各時間での平均反応速度 $\overline{v}$ と平均濃度 $\overline{c}$ を求めよ.

表 **10.1** H_2O_2 の濃度変化

t/s	$c/\mathrm{mol\,L^{-1}}$
0	0.500
240	0.426
600	0.335
1200	0.225
1800	0.151
2400	0.101

解 各時間間隔での H_2O_2 の平均反応速度 $\overline{v}$ と平均濃度 $\overline{c}$
を求めると以下のようになる.

表 **10.2** カタラーゼによる H_2O_2 の分解速度

t/s	$\Delta c/\mathrm{mol\,L^{-1}}$	$\overline{v}/\mathrm{mol\,L^{-1}\,s^{-1}}$	$\overline{c}/\mathrm{mol\,L^{-1}}$
$0 \sim 240$	0.074	3.08×10^{-4}	0.463
$240 \sim 600$	0.091	2.53×10^{-4}	0.381
$600 \sim 1200$	0.110	1.84×10^{-4}	0.280
$1200 \sim 1800$	0.074	1.23×10^{-4}	0.188
$1800 \sim 2400$	0.050	8.27×10^{-5}	0.126

この反応では,平均反応速度 $\overline{v}$ と平均濃度 $\overline{c}$ は比例関係にある
(図 **10.2** 参照).

反応速度式の定義　　例題 1 にある過酸化水素 H_2O_2 の H_2O と O_2 への分解反応

$$H_2O_2 \longrightarrow H_2O + \frac{1}{2}O_2$$

において，H_2O_2 の濃度 c を時刻 t に対してグラフにすると図 **10.2(a)** のように，指数関数を描いて減少する．また，各時間において，平均の反応速度 $\overline{v}$ とそれに対応する平均の濃度 $\overline{c}$ との関係をグラフに表すと，図 **10.2(b)** のような原点を通る直線となる．

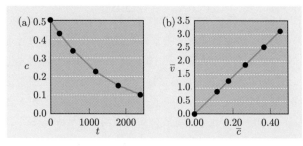

図 **10.2**　$[H_2O_2]$ の時間変化 (a) と反応速度の濃度変化 (b)

よって H_2O_2 の分解速度 v は，$[H_2O_2]$ に比例している．

$$v = k[H_2O_2] \tag{10.6}$$

式 (10.6) のように，反応速度と反応物質の濃度との関係を表した式を**反応速度式**という．反応速度式中の k は，**反応速度定数**とよばれる，正の比例定数 $(k > 0)$ で

● 反応の種類と温度によって決まる．
● 反応物質の濃度には無関係である．

それゆえ，反応を解析して k が求まると，いかなる濃度における反応速度も決定できる．

反応速度式の次数　　反応速度式が，H_2O_2 の分解のように，反応速度が反応物の濃度 $[A]$ によって

$$v = k[A] \tag{10.7}$$

と表される反応，つまり反応速度が反応物質の濃度の 1 乗に比例する反応を **1 次反応**という．

A についての **2 次反応**では以下の関係式がえられる.

$$v = k[A]^2 \qquad (10.8)$$

または,反応物が A と B の 2 種類ある 2 次反応は

$$v = k[A][B] \qquad (10.9)$$

となる.速度式の濃度の指数の和を**反応次数**とよぶ.$v = k[A][B]$ については,A について 1 次,B について 1 次で,合わせて 2 次反応である.2 次反応であるが,A に対して B が大過剰で,$[B]$ を一定とみなして $k' = k[B]$ とおける場合,1 次反応として表記できる.

$$v = k'[A] \qquad (10.10)$$

このような反応を**擬 1 次反応**という.これらの反応速度の解析については次節で詳しく述べる.

反応次数については,整数であるとは限らないし,化学反応式の係数と必ずしも一致しない.反応の速度式,反応次数は実験で求めるしかない.有名な例を挙げれば,H_2 と Br_2 から HBr が生成する反応の速度式は

$$v = \frac{k'[H_2][Br_2]^{1/2}}{1 + k''[HBr]/[Br_2]} \qquad (10.11)$$

と表される.反応の初期段階で,HBr の濃度が低く,分母が 1 で近似される場合には,この反応の反応次数は 3/2 となる.これは,Br_2 が 2 個の臭素原子に分裂して,それらの原子の 1 つが H_2 と反応することによる.このように,化学反応がいくつかの段階を経て進行する場合を**複合反応**といい,それぞれの段階の反応を**素反応**という.反応物から最終の生成物へといたる過程を**反応機構**といい,1 次反応であれば,1 つの分子が他の分子の影響を受けずに自発的に変化している,と考えることができる.一方,2 次反応であれば,2 分子が衝突することで進む反応であることが示唆される.このように反応速度を解析することで化学反応がどの様な順序で分子的に進行するかの反応機構を明らかにすることができる.

2 次反応
second-order
reaction

反応次数
reaction order

擬 1 次反応
pseudo-first-
order reaction

複合反応
complex
reaction

素反応
elementary
reaction

反応機構
reaction
mechanism

10.2　微分速度式と積分速度式

反応速度の解析において，反応次数とその反応速度定数を求めることが唯一無二の目的である．反応物 A の濃度変化のグラフが図 **10.3** のように得られたときに，このグラフからどのようにして反応次数とその反応速度定数を求めればよいのだろうか？ほとんどの反応は，1 次反応か 2 次反応のどちらかであり，これらについて明確に判断する方法を知っていればよい．

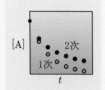

図 **10.3**　反応物濃度 [A] の時間変化

1 次反応の速度式　A の **1 次反応**において反応速度と濃度の関係を微分方程式で表すと以下のようになる．

$$v = -\frac{d[\mathrm{A}]}{dt} = k[\mathrm{A}] \tag{10.12}$$

この式を**微分速度式**とよぶ．この式を積分して

$$\int \frac{d[\mathrm{A}]}{[\mathrm{A}]} = -k \int dt \tag{10.13}$$

$$\ln [\mathrm{A}] = -kt + C \quad (C \text{ は積分定数})$$

$t = 0$ のとき $[\mathrm{A}] = [\mathrm{A}]_0$ とすると，$C = \ln [\mathrm{A}]_0$ となる．

$$\ln [\mathrm{A}] = -kt + \ln [\mathrm{A}]_0 \tag{10.14}$$

$$[\mathrm{A}] = [\mathrm{A}]_0 e^{-kt} \tag{10.15}$$

式 (10.14) や (10.15) を**積分速度式**という．

2 次反応の速度式　A の **2 次反応**の微分速度式は

$$v = -\frac{d[\mathrm{A}]}{dt} = k[\mathrm{A}]^2 \tag{10.16}$$

となる．積分して，$t = 0$ のとき $[\mathrm{A}] = [\mathrm{A}]_0$ とすると

$$\frac{1}{[\mathrm{A}]} = kt + \frac{1}{[\mathrm{A}]_0} \tag{10.17}$$

$$[\mathrm{A}] = \frac{[\mathrm{A}]_0}{k[\mathrm{A}]_0 t + 1} \tag{10.18}$$

1 次反応と 2 次反応の区別　(10.15) と (10.18) を比較すると，[A] の時間変化のグラフ（図 **10.3**）では，1 次反応は指数関数に従って減少するのに対し，2 次反応は

双曲線に従って減少しているはずである．明確に区別するために (10.14) と (10.17) の関係式を使用する．反応時間 t に対して，$\ln [A]$ を縦軸に示した図 **10.4(a)** と，$1/[A]$ を縦軸に示した図 **10.4(b)** を作成する．

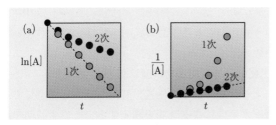

図 **10.4**　1 次 (a) と 2 次速度式 (b) によるプロット

図 **10.4(a)** において 1 次反応は直線になるが，2 次反応は直線にならない．それとは逆に，図 **10.4(b)** において，2 次反応は直線になるが 1 次反応は直線にならない．得られた直線の傾きから，反応速度定数 k を求めることができる．もし，両方のグラフにおいて直線にならないとすれば，1 次反応でも 2 次反応でもない，と結論する．

反応速度定数の単位は，反応次数で異なる．
1 次反応では s^{-1}
2 次反応では
$mol^{-1} dm^3 s^{-1}$
$(= M^{-1} s^{-1})$

例題 2　例題 1 の H_2O_2 の分解反応について，図 **10.4** のプロットを行って反応次数と反応速度定数を求めよ．

解　時間 t に対して $\ln c$ を縦軸にとったグラフが直線となるので反応次数は 1 次と決定できる．直線の傾きから反応速度定数 k は $6.7 \times 10^{-4} s^{-1}$ と求まる．

表 **10.1**　H_2O_2 の濃度変化（再掲）

t/s	$c/mol\,L^{-1}$
0	0.500
240	0.426
600	0.335
1200	0.225
1800	0.151
2400	0.101

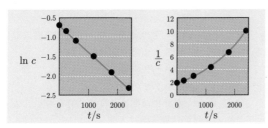

図 **10.5**　H_2O_2 の分解反応の 1 次および 2 次速度式によるプロット

半減期
half-life

半減期と寿命　　半減期 $t_{1/2}$ とは，反応物 A の濃度が初濃度の半分になる時間である．

　1 次反応では，式 (10.14) に，$t = t_{1/2}, [A] = \frac{1}{2}[A]_0$ を代入すると

$$t_{1/2} = \frac{\ln 2}{k} \qquad (10.19)$$

という式が得られる．この式の中には，$[A]_0$ が入っていないので，

「1 次反応の半減期は初濃度に依存しない．」

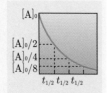

図 **10.6**　1 次反応の半減期

† $\ln 2 = 0693$ より
$k \fallingdotseq 0.7/t_{1/2}$

といえる．そのため，任意の時刻の濃度を測定して，その濃度が半分になる時間を測定することで半減期を決定し，k を見積もることができる†．注意しなければならないのは，この方法が使えるのは，1 次反応の場合だけである．2 次反応では，式 (10.17) に $t = t_{1/2}, [A] = \frac{1}{2}[A]_0$ を代入すると

$$t_{1/2} = \frac{1}{k[A]_0} \qquad (10.20)$$

となり，半減期が初濃度に依存する．そのため，反応が進行するにつれて半減期は長くなる．

寿命
lifetime

壊変
disintegration

　濃度が $1/e$ になる時間 τ は**寿命**とよばれ，放射性元素の**壊変**（崩壊）の指標として使用される．τ は 1 次反応定数 k の逆数である．

$$\tau = 1/k \qquad (10.21)$$

例題 3　　例題 1 の反応について図 **10.2** のグラフから半減期を複数読み取って，反応次数と反応速度定数を求めよ．

解　　グラフから以下の濃度変化に要する時間を読み取る．
濃度 $0.500 \, \mathrm{mol \, L^{-1}}$ が $1/2$ の $0.250 \, \mathrm{mol \, L^{-1}}$
濃度 $0.300 \, \mathrm{mol \, L^{-1}}$ が $1/2$ の $0.150 \, \mathrm{mol \, L^{-1}}$
濃度 $0.250 \, \mathrm{mol \, L^{-1}}$ が $1/2$ の $0.125 \, \mathrm{mol \, L^{-1}}$
いずれも約 $1000 \, \mathrm{s}$ となり半減期は濃度に依存しない．よって，1 次反応である．反応速度定数は

$$k = \ln 2/1000 = 6.9 \times 10^{-4} \, \mathrm{s^{-1}}$$

となる．この値は，例題 2 で得られた値とほぼ一致する．

擬1次反応　　AとBが衝突して反応が進行する素反応
A + B ⟶ P の反応の速度式は次式となる.

$$v = -\frac{d[A]}{dt} = k[A][B] \qquad (10.22)$$

この反応の積分速度式を求めて, 2 次反応速度定数 k を
求めることも可能である†. 反応物の一方が大過剰に存在
する条件 ([B]$_0$ ≫ [A]$_0$) ならば, **擬 1 次反応**として取
り扱って簡単に k を求めることができる. 反応において,
[B] は [B]$_0$ から [B]$_0$ − [A]$_0$ まで変化するが, [B]$_0$ ≫ [A]$_0$
ならば, [B] は常に [B]$_0$ であると近似してもよい.

$$-\frac{d[A]}{dt} = k[A][B] \fallingdotseq k[A][B]_0 \qquad (10.23)$$

$k[B]_0 = k'$ とおくと, 擬 1 次反応の微分速度式は

$$v = -\frac{d[A]}{dt} = k'[A] \qquad (10.24)$$

となり, 速度式は A の 1 次反応の速度式と一致する.

擬 1 次反応
pseudo-first-
order
reaction

† 付録 9(1) p.233
を参照

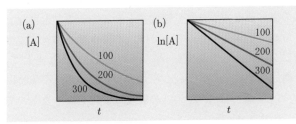

図 10.7　擬 1 次反応条件下における反応物の濃度変化
図中の数字は [B]$_0$/[A]$_0$ である. [B]$_0$/[A]$_0$ が
充分大きくないと図 **10.4(a)** のように誤差が大
きくなるので注意が必要.

反応時間 t に対して, ln [A] をプロットしたグラフ
(図 **10.7(b)**) から k' を決定し, [B]$_0$ で割ってやれば, k が
求まる. 実際には, [B]$_0$ を 3 点以上変化させて, 得られた
k' を [B]$_0$ に対してプロットする (図 **10.8**). $k' = k[B]_0$
なので原点を通る直線となり, その傾きが k となる.

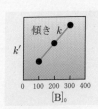

図 **10.8**　[B]$_0$ と
k' の比例関係

可逆反応　　いままでの化学反応では左から右へと進行する正反応の反応だけを考えたが，多くの反応ではその逆方向の反応も同時に進行する．以下の可逆反応について，反応速度定数 k_1, k_{-1} の求め方，それらと平衡定数 K との関係について考察しよう．

$$A \quad \underset{v_{-1}}{\overset{v_1}{\rightleftarrows}} \quad B \qquad (10.25)$$

ここで，v_1 は正反応の反応速度で，A の濃度に比例し，v_{-1} は逆反応の速さで，B の濃度に比例している．

$$v_1 = k_1[A], \quad v_{-1} = k_{-1}[B] \qquad (10.26)$$

実測される [A] の反応速度 v は $v = v_1 - v_{-1}$ である．

$$v = -\frac{d[A]}{dt} = v_1 - v_{-1} = k_1[A] - k_{-1}[B] \quad (10.27)$$

初濃度を $[A] = [A]_0$, $[B]_0 = 0$ とすると

$$v = -\frac{d[A]}{dt} = (k_1 + k_{-1})[A] - k_{-1}[A]_0 \qquad (10.28)$$

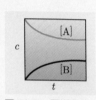

図 10.9　可逆反応における濃度変化

この微分速度式から積分速度式を計算することも可能であるが（例題参照），ここでは，十分時間が経過して平衡になったときの濃度を $[A] = [A]_e$, $[B] = [B]_e$ として，平衡成立条件から k_1, k_{-1}, K の関係を求める．平衡時には，$v_1 = v_{-1}$ となり，[A] の濃度は変化しなくなるので $v = 0$ である．

$$k_1[A]_e = k_{-1}[B]_e \quad \longrightarrow \quad [A]_e : [B]_e = k_{-1} : k_1$$

$$K = \frac{[B]_e}{[A]_e} = \frac{k_1}{k_{-1}} \qquad (10.29)$$

平衡濃度比は反応速度定数の比であり，平衡定数 K から k_1 と k_{-1} の比が求められる．$[B]_e = [A]_0 - [A]_e$ であるので，$k_1[A]_e = k_{-1}([A]_0 - [A]_e)$ となり，最終濃度 $[A]_e$ と $[B]_e$ も反応速度定数で表すことができる．

$$[A]_e = \frac{k_{-1}}{k_1 + k_{-1}}[A]_0, \quad [B]_e = \frac{k_1}{k_1 + k_{-1}}[A]_0$$

$$(10.30)$$

微分速度式 (10.28) から，[A] は反応速度定数 $(k_1 + k_{-1})$ で 1 次で減少していくので，図 **10.10** のグラフから半減期を読み取ると，次の式に従って $(k_1 + k_{-1})$ が求められる．

$$t_{1/2} = \frac{\ln 2}{k_1 + k_{-1}} \qquad (10.31)$$

この式と $K = \dfrac{k_1}{k_{-1}}$ から k_1, k_{-1} を求めることができる．

図 **10.10** 可逆反応の半減期

例題 4 可逆反応 (10.25) において平衡定数 $K = 2$ とする．時刻 $t = 0$ のとき A のみが存在するとして
(1) k_1 と k_{-1} の比を求めよ．
(2) A および B の濃度の時間変化をグラフに描け．
(3) v_1, v_{-1} と v の時間変化を，グラフに描け．
(4) 微分速度式 (10.28) を [A] および [B] について解け．

解 (1) 式 (10.29) に $K = 2$ を代入すると

$$k_1 : k_{-1} = 2 : 1$$

(2) 平衡時には $2[A]_e = [B]_e$ で，$[A]_e$ は $[A]_0$ の 1/3 である．

(3) 平衡時には $v_1 = v_{-1}, v = 0$ である．平衡時の v_1 は，$v_1 = k_1[A]_e$ より，$t = 0$ のときの 1/3 となる．

(4) $$[A] = \frac{k_1[A]_0}{k_1 + k_{-1}} e^{-(k_1 + k_{-1})t} + \frac{k_{-1}[A]_0}{k_1 + k_{-1}}$$

$$[B] = -\frac{k_1[A]_0}{k_1 + k_{-1}} e^{-(k_1 + k_{-1})t} + \frac{k_1[A]_0}{k_1 + k_{-1}}$$

付録 9(2) p.233 を参照

$t = \infty$ を代入すると第 1 項が消えて，式 (10.30) が得られる．

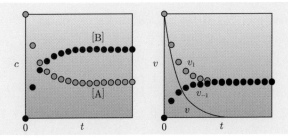

図 **10.11** 可逆反応の濃度の時間変化と反応速度の時間変化

10.3 反応速度と温度

Arrhenius, S.
p.88

アレニウスの式　　温度を上げるとすべての反応は速く進む．言いかえると，温度が上昇すれば反応速度定数 k が大きくなる．様々な反応における反応速度定数は温度に対して指数関数的に増加することをアレニウスが経験的に見出して，以下の反応速度定数と温度との関係式（アレニウスの式）を提案した．

図 **10.12**　反応速度定数の温度変化

$$k = A \exp \left(-\frac{E_\mathrm{a}}{RT} \right) \qquad (10.32)$$

ここで R は気体定数である．定数 A は**頻度因子**，E_a は**活性化エネルギー**という．活性化エネルギーとは図**10.13**のように，化学反応が進行するときに超えなければならないエネルギー障壁のことである．

頻度因子
frequency
factor

活性化エネルギー
activation
energy

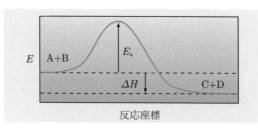

図 **10.13**　活性化エネルギー

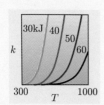

図 **10.14**　E_a の変化による k の温度依存性の変化

　活性化エネルギー E_a は指数部分に入っているので，活性化エネルギーが大きくなると，反応は図**10.14**のように極端に遅くなる．$500\,\mathrm{K}$ において活性化エネルギー E_a が，$10\,\mathrm{kJ\,mol^{-1}}$ 上昇すると反応速度は $e^{-10000/(8.31 \times 500)} = 9\%$ になる．指数関数のグラフからでは E_a を求めるのが難しいので，アレニウスの式の両辺の自然対数をとる．

$$\ln k = -\frac{E_\mathrm{a}}{R} \left(\frac{1}{T} \right) + \ln A \qquad (10.33)$$

E_a, A が温度によって変化しない場合，$\ln k$ を $1/T$ に対してプロットすれば，傾き $-E_\mathrm{a}/R$, y 切片 $\ln \mathrm{A}$ の直線となる（アレニウスプロット）．何点かの温度で反応

速度定数を求めれば，活性化エネルギーと頻度因子が求められる．温度 T_1 のとき反応速度定数を k_1，温度 $T_2\,(>T_1)$ のとき反応速度定数を k_2 とすると

$$\ln \frac{k_2}{k_1} = -\frac{E_a}{R}\left(\frac{1}{T_2} - \frac{1}{T_1}\right) \tag{10.34}$$

となる．E_a は常に正なので直線の傾きは負になり，$k_2 > k_1$ となることを示している（図 **10.15**）．すなわち，温度を T_1 から T_2 へ上げると反応速度定数は大きくなる．アレニウスプロットは吸熱反応のファントホフプロット（図 **10.16**）と同じ形状になる．

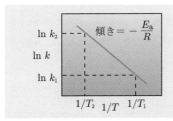

図 **10.15** アレニウスプロット

図 **10.16** 吸熱反応のファントホフプロット

例題 5 ある反応の活性化エネルギーが $50\,\mathrm{kJ\,mol^{-1}}$ のとき，37℃ と 27℃ における速度定数の比 $k_{37℃}/k_{27℃}$ を求めよ．

解 式 (10.34) に数値を代入すると

$$\ln \frac{k_{37℃}}{k_{27℃}} = -\frac{50\times10^3}{8.31}\left(\frac{1}{310} - \frac{1}{300}\right) より \quad \frac{k_{37℃}}{k_{27℃}} = 1.9$$

例題 6 ある 1 次反応の速度定数は 37℃ で $6.6\times10^{-4}\,\mathrm{s^{-1}}$，27℃ で $3.0\times10^{-4}\,\mathrm{s^{-1}}$ である．この反応の活性化エネルギー E_a と 17℃ における速度定数 $k_{17℃}$ を求めよ．

解 式 (10.34) に数値を代入すると

$$\ln \frac{6.6\times10^{-4}}{3.0\times10^{-4}} = -\frac{E_a}{8.31}\left(\frac{1}{310} - \frac{1}{300}\right)$$

$E_a = 61\,\mathrm{kJ\,mol^{-1}}$ となる．えられた E_a を用いて

$$\ln \frac{k_{17℃}}{3.0\times10^{-4}} = -\frac{61\times10^3}{8.31}\left(\frac{1}{290} - \frac{1}{300}\right)$$

よって，$k_{17℃} = 1.3\times10^{-4}\,\mathrm{s^{-1}}$

10.4 反応速度の理論

　反応速度と温度との関係は，アレニウスの式によって経験的に表現されたが，これを理論的に裏付ける試みがなされている．一つは気体分子の衝突による反応速度に関する**衝突理論**であり，もう一つは，溶液反応における活性錯合体を考えた**遷移状態理論**である．

衝突理論　　気体反応では，反応する分子同士が衝突することによって化学反応の可能性が生じる．しかも衝突に伴う運動エネルギーが反応の活性化エネルギーとして役立つと予想される．いま A 分子と B 分子が衝突によって A＋B ⟶ P が生成されるとする．衝突理論から導き出される反応速度 v は

$$v = p Z_{\mathrm{AB}} \exp\left(-\frac{E_{\mathrm{a}}}{RT}\right) \qquad (10.35)$$

となる．反応速度は A と B の単位時間の衝突数 Z_{AB} に比例し，活性化エネルギー E_{a} より大きな並進エネルギーをもつ分子の割合であるボルツマン因子にも比例する．高温では，その割合は急激に増大する（図 **10.17** 斜線部）．ここで，p は**立体因子**とよばれる数値で，衝突分子の大きさや形状，あるいは，衝突の仕方などを考慮した数値である．衝突理論で得られた式 (10.35) とアレニウスの式

$$k = A \exp\left(-\frac{E_{\mathrm{a}}}{RT}\right) \qquad (10.36)$$

との対応を考える．衝突数 Z_{AB} は気体の速度に比例し，その気体の速度は温度の平方根 $\sqrt{T}$ に比例する（6.1 節）．このため，衝突理論で得られる頻度因子にあたる部分は温度の関数になっている．10°C の温度上昇の影響をみてみよう．27°C から 37°C まで温度が上昇したときのその寄与は，$\sqrt{\frac{310}{300}} = 1.02$ となるので，ボルツマン因子部分の寄与（例題 5 参照）に比べると小さいといえる．

衝突理論
collision rate
theory

遷移状態理論
transition state
theory

『基礎物理化学 II
［新訂版］』
10 章 p.184 参照

立体因子
steric factor

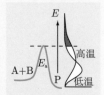

図 **10.17**　反応座標と分子の運動エネルギーのマクスウェル‑ボルツマン分布
点線以上のエネルギーの分子が反応する．

遷移状態理論　　反応が遷移状態にある活性錯合体 $X^\ddagger$ から生成系へ向かう速さが反応速度であると考える．$\ddagger$ は遷移状態を意味する．いま，A 分子と B 分子が反応し，$X^\ddagger$ を経て P ができる反応を遷移状態理論で考えてみよう．

① **A, B** と **$X^\ddagger$ の間には平衡が成立している．**

$$A + B \rightleftharpoons X^\ddagger \tag{10.37}$$

平衡定数を $K^\ddagger$，ギブズエネルギー変化を $\Delta G^{\circ\ddagger}$ とすると熱力学より以下の式が成立する．

$$\Delta G^{\circ\ddagger} = -RT \ln K^\ddagger \tag{10.38}$$

活性化エネルギーに対応する $\Delta H^{\circ\ddagger} > 0$ であるので，$K^\ddagger$ は温度 T に対して指数関数的に増加することになる．

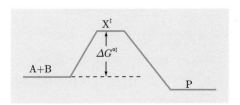

図 **10.18**　活性錯合体のエネルギー図

② **$X^\ddagger$ から生成物 P が $X^\ddagger$ の 1 次反応により生成する．**

この反応速度定数を $\nu\,(= kT/h)$ とすると，上の平衡関係と合わせて，反応速度 v は以下のように表される．

$$v = \nu[X^\ddagger] = \nu K^\ddagger[A][B] = \nu[A][B]\exp\left(-\frac{\Delta G^{\circ\ddagger}}{RT}\right) \tag{10.39}$$

$\Delta G^{\circ\ddagger} = \Delta H^{\circ\ddagger} - T\Delta S^{\circ\ddagger}$ より

$$v = \frac{kT}{h}[A][B]\exp\left(\frac{\Delta S^{\circ\ddagger}}{R}\right)\exp\left(-\frac{\Delta H^{\circ\ddagger}}{RT}\right) \tag{10.40}$$

$\Delta H^{\circ\ddagger}$ を ΔE_a とすると，遷移状態理論で得られた式はアレニウスの式とやはり対応している．ここでも頻度因子にあたる部分が温度の関数になっているが，ボルツマン因子に比べるとその寄与は小さい．

図 **10.19**　$K^\ddagger$ の温度依存性

---

‡（ダブルダガー）
double dagger

$\Delta G^{\circ\ddagger}$ は活性化ギブズエネルギーと呼ばれる．

同様に
$\Delta H^{\circ\ddagger}$ は活性化エンタルピー，
$\Delta S^{\circ\ddagger}$ は活性化エントロピーと呼ばれる．

10.5 律速段階と触媒

律速段階　　反応生成物が連続して次の反応に進む反応を**逐次反応**という．逐次反応のように，いくつかの連続した反応において，反応速度定数が最も遅い反応を**律速段階**という．以下の二段階の逐次反応

$$A \xrightarrow{k_1} B \xrightarrow{k_2} C \qquad (10.41)$$

において反応速度定数と活性化エネルギーの関係を示し，律速段階について考察してみよう．逐次反応の連立微分方程式を，$t = 0$ のとき $[A] = [A]_0$, $[B] = [C] = 0$ として解くと

$$[A] = [A]_0 e^{-k_1 t}, \quad [B] = \frac{k_1 [A]_0}{k_2 - k_1} \left(e^{-k_1 t} - e^{-k_2 t} \right)$$

$$[C] = [A]_0 + \frac{[A]_0}{k_2 - k_1} \left(k_1 e^{-k_2 t} - k_2 e^{-k_1 t} \right) \quad (10.42)$$

† 付録 9(3) p.234
を参照

となる†．時間 t に対して，それぞれの濃度をグラフにすると $k_1 = k_2$ のときは，反応中間体 B の濃度が高まった後ゆっくりと減少する．

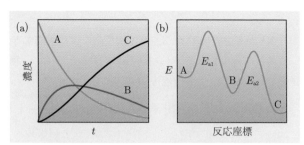

図 10.20　逐次反応における濃度の時間変化 (a) とポテンシャルエネルギーの反応座標による変化 (b)

二段階の反応速度が等しいので，アレニウスの式から活性化エネルギーは $E_{a1} = E_{a2}$ となる．逐次反応の反応座標に対してエネルギーの変化をグラフにすると図 **10.20(b)** のようになる．ただし，各段階は発熱反応で描いてある．

同様に, $k_1 \ll k_2$, $k_1 \gg k_2$ の 2 種類の場合について濃度の時間変化と活性化エネルギーを図 **10.21** に示す[†].

[†] $k_1 \ll k_2$ は
$k_1 : k_2 = 1 : 10$
$k_1 \gg k_2$ は
$k_1 : k_2 = 10 : 1$
のグラフである.

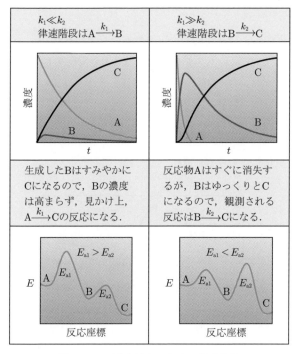

図 **10.21** 逐次反応における律速段階

例題 7 $k_1 \ll k_2$ および $k_1 \gg k_2$ の条件下で, 逐次反応 (10.41) の [C] の一般解 (10.42) を簡単な形で表現せよ.

解 $k_1 \ll k_2$ の場合は

$$k_2 - k_1 \fallingdotseq k_2, \ k_1 e^{-k_2 t} - k_2 e^{-k_1 t} \fallingdotseq -k_2 e^{-k_1 t}$$

と近似して, $[C] = [A]_0 (1 - e^{-k_1 t})$
$k_1 \gg k_2$ の場合は

$$k_2 - k_1 \fallingdotseq -k_1, \ k_1 e^{-k_2 t} - k_2 e^{-k_1 t} \fallingdotseq k_1 e^{-k_2 t}$$

と近似して,

$$[C] = [A]_0 (1 - e^{-k_2 t})$$

それぞれの [C] の時間変化は, 律速段階の反応速度定数で表される.

触媒
catalyst

図 10.22
可逆反応における
濃度変化

反応を遅くする負
触媒もあるがここ
では考慮しない.

触媒の効果 可逆反応を例にとって，**触媒**の効果を考えてみよう.

$$A \underset{k_{-1}}{\overset{k_1}{\rightleftharpoons}} B$$

正反応および逆反応の反応速度定数をそれぞれ，k_1, k_{-1} とし，平衡定数 K，平衡に達するまでの時間を t_e とする. 正反応の ΔH, ΔS, ΔG, 活性化エネルギー E_a とする. これらは，触媒を添加すると以下のように変化する.

増加 ：k_1, k_{-1}

減少 ：E_a, t_e

変化しない：K, ΔH, ΔS, ΔG

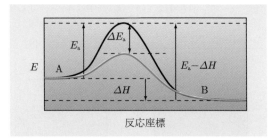

反応座標

図 10.23 触媒を添加前（黒線）と添加後（青線）

触媒は，E_a を減少させることによって反応速度を増加させる. 正反応の活性化エネルギーが $(E_a - \Delta E_a)$ に減少すると，逆反応の活性化エネルギーも $(E_a - \Delta H - \Delta E_a)$ へと減少する. そのため，正反応も逆反応も速くなる. 触媒なしのときの反応速度定数 k_1, k_{-1} が，触媒添加後にそれぞれ k_1', k_{-1}' に変化するとし，頻度因子はすべて同じと仮定して，k_1', k_{-1}' を k_1, k_{-1} で表すと

$$k_1' = A \exp\left(-\frac{E_a - \Delta E}{RT}\right) = k_1 \exp\left(\frac{\Delta E_a}{RT}\right) > k_1$$

(10.43)

$$k_{-1}' = A \exp\left(-\frac{E_a - \Delta H - \Delta E}{RT}\right) = k_{-1} \exp\left(\frac{\Delta E_a}{RT}\right)$$
$$> k_{-1}$$

となる．正反応も逆反応も $\exp\left(\dfrac{\Delta E_a}{RT}\right)$ 倍速くなるので，平衡に達する時間 t_e もそれだけ短くなる．しかしながら，平衡定数は $K=\dfrac{k_1}{k_{-1}}=\dfrac{k_1'}{k_{-1}'}$ となるので触媒添加前後で変化しない．$\Delta G=-RT\ln K$ だから K が変化しないのであれば ΔG も変化しない．もっとも，ΔG, ΔH, ΔS らは状態量であるので経路が変化しても変化しないのは当然である．298 K で活性化エネルギーの減少 ΔE_a に伴う反応速度の上昇度合 $\dfrac{k'}{k}=\exp\left(\dfrac{\Delta E_a}{RT}\right)$ は，表 10.3 のようになる．化学結合の平均エネルギー（約 $400\,\mathrm{kJ\,mol^{-1}}$）よりずっと低いエネルギーで反応は数万倍速くなる．酵素反応などでは，反応物と酵素が反応途中で共有結合などを形成することがある．そのため，酵素によっては百万倍以上反応が速くなるものがある．

表 10.3
触媒による反応速度の上昇

ΔE_a /kJ mol^{-1}	$\dfrac{k'}{k}$
2	2
4	5
8	25
16	640
32	409,253

例題 8 アンモニアの合成反応であるハーバー–ボッシュ法には鉄触媒が用いられ，200 bar 以上，500°C で反応させ，生じた NH_3 を冷却して液化させる．この反応条件について，$\Delta_r G°$，平衡移動，反応速度の観点から説明せよ．

解

$$N_2(g)+3H_2(g)\longrightarrow 2NH_3(g)$$

化学平衡の観点からいえば，ルシャトリエの原理より，低温かつ高圧にすれば平衡は右に移動する．25°C での $\Delta_r G°$ から判断すると，25°C, 1 bar でも平衡は著しく右（生成物）側にかたよっている．しかしながら，反応速度が遅すぎて全く反応しないため，温度を 500°C に上げる．その温度でも反応速度は充分でなく，平衡に達するまでの時間が長すぎるので鉄触媒を使用する．温度 500°C, 1 bar では $\Delta_r G°>0$ となっていて平衡が左にかたよっているため，圧力を 200 bar 以上に上げることで，$K_P=K_X P^{-2}$ の K_X を大きくして，平衡を右へ移動させる．しかし，そこまで圧力を上げても 40%程度しか NH_3 にならないので，生成した NH_3 を冷却して液化させて系外へ取り除き，平衡を右へ移動させている．

Haber, F. p.165
Bosch, C. (1874-1940, 独)

25°C での熱力学パラメーター
$\Delta_r H° = -92\,\mathrm{kJ\,mol^{-1}}$
$\Delta_r S° = -199\,\mathrm{J\,K^{-1}mol^{-1}}$
$\Delta_r G° = -33\,\mathrm{kJ\,mol^{-1}}$

500°C 以上では K_P が小さすぎて，圧力を 1000 bar 以上（プラントが傷む）にしても NH_3 は 20%以下しかできない．

演 習 問 題
第 10 章

1　25°C と 40°C で, 酢酸メチルを塩酸酸性水溶液に入れて加水分解した. 各時刻において反応溶液 5.00 mL をサンプリングして, 生じた酢酸を $0.1\,\mathrm{mol\,L^{-1}}$ NaOH で中和したところ, 表の結果が得られた.

$$CH_3COOCH_3 + H_2O \longrightarrow CH_3COOH + CH_3OH$$

(1)　各温度での擬 1 次反応速度定数は何 $\mathrm{s^{-1}}$ か.
(2)　活性化エネルギーは何 $\mathrm{kJ\,mol^{-1}}$ か.

25°C	t/min	0	40	80	120	∞
	V/mL	5.10	5.90	6.70	7.45	28.10
40°C	t/min	0	20	40	60	∞
	V/mL	5.10	6.40	7.60	8.75	28.10

2　ある 1 次反応の半減期は 40 s であった. 反応開始から
(1)　120 s 後　　(2)　60 s 後　　(3)　10 s 後
には, 初濃度の何%になっているか.

3　1 次反応 A $\longrightarrow$ B において, 27°C では反応開始後 100 s で A は 36% が反応した.
(1)　反応時間を 200 s とすると A は何%反応するか.
(2)　37°C で A が 36%反応するためには何秒かかるか. ただし, 活性化エネルギーを $60\,\mathrm{kJ\,mol^{-1}}$ とせよ.

4　2 次反応 A + B $\longrightarrow$ P について積分速度式を求めよ. ただし, 初濃度を $[A]_0$ および $[B]_0$ ($> [A]_0$) とせよ.

5　次の逐次反応に対する 2 種類の正触媒 X と Y がある.

$$A \xrightarrow{k_1} B \xrightarrow{k_2} C$$

X は反応 A → B だけを 10 倍速くし, Y は反応 B → C だけを 10 倍速くする. 触媒を入れる前の反応速度は $k_1 = k_2$ であり, 反応は図 **10.20(a)** のように進行した.
(1)　X だけを添加した場合の濃度の時間変化を描け.
(2)　X だけを添加した場合も, Y だけを添加した場合も C の生成速度は同じであった. その理由を述べよ.
(3)　X と Y を同時に添加した場合, 図 **10.20(a)** はどのように変化するか. ただし, X と Y の働きは独立であり, 両触媒同時添加後の速度定数を $10 \times k_1$ と $10 \times k_2$ とせよ.

付　　録

付録1　国際単位系 SI

国際単位系 (International System of Units) は 1954 年の国際度量衡総会で採択されたものである．SI 基本単位として 7 つの単位を下のように定義している（2019 年）．

付表1　SI 基本単位の名称，記号，定義

物　理　量	記　号	SI 単位の記号と名称	定　　義
時　　　間	t	s　秒	基底状態の ^{133}Cs 原子の超微細構造準位の間の遷移の周波数 $\Delta\nu_{Cs}$ を 9192631770 Hz $(=s^{-1})$ と定めることで設定される．
長　　　さ	l	m　メートル	真空中の光速度 c を 299792458 $m\,s^{-1}$ と定めることで設定される．
質　　　量	m	kg　キログラム	プランク定数 h を 6.62607015×10^{-34} J s$(=s^{-1}\,m^2\,kg)$ と定めることで設定される．
電　　　流	I	A　アンペア	電気素量 e を $1.602176634\times10^{-19}$ C $(=s\,A)$ と定めることで設定される．
熱力学温度	T	K　ケルビン	ボルツマン定数 k を 1.380649×10^{-23} J K$^{-1}(=s^{-2}\,m^2\,kg\,K^{-1})$ と定めることで設定される．
物　質　量	n	mol　モル	6.02214076×10^{23} 個の要素粒子を含む．
光　　　度	I_v	cd　カンデラ	周波数 540×10^{12} Hz の単色光の発光効率の数値を 683 s^{3}m^{-2}kg^{-1} cd sr と定めることによって設定される．

付表2　SI 接 頭 語

大きさ	接　頭　語		記号	大きさ	接　頭　語		記号
10^{-1}	デ　シ	deci	d	10	デ　カ	deca	da
10^{-2}	セ ン チ	centi	c	10^2	ヘ ク ト	hecto	h
10^{-3}	ミ　リ	milli	m	10^3	キ　ロ	kilo	k
10^{-6}	マイクロ	micro	μ	10^6	メ　ガ	mega	M
10^{-9}	ナ　ノ	nano	n	10^9	ギ　ガ	giga	G
10^{-12}	ピ　コ	pico	p	10^{12}	テ　ラ	tera	T
10^{-15}	フェムト	femto	f	10^{15}	ペ　タ	peta	P
10^{-18}	ア ッ ト	atto	a	10^{18}	エ ク サ	exa	E

付表 3　セルシウス温度（目盛）

物　理　量	単　位　の　名　称	単位記号	単位の定義
セルシウス温度	セルシウス度 degree Celsius	°C	$t/°\mathrm{C} = T/\mathrm{K} - 273.15$

付表 4　特別の名称をもつ SI 誘導単位と記号

物　理　量	SI 単位の名称		SI単位 の記号	SI 単位の定義
周　波　数	ヘ　ル　ツ	hertz	Hz	s^{-1}
力	ニュートン	newton	N	$\mathrm{m\ kg\,s}^{-2}$
圧力, 応力	パスカル	pascal	Pa	$\mathrm{m}^{-1}\,\mathrm{kg\,s}^{-2}\ (=\mathrm{N\,m}^{-2})$
エネルギー	ジュール	joule	J	$\mathrm{m}^2\,\mathrm{kg\,s}^{-2}$
仕　事　率	ワ　ッ　ト	watt	W	$\mathrm{m}^2\,\mathrm{kg\,s}^{-3}\ (=\mathrm{J\,s}^{-1})$
電　　荷	クーロン	coulomb	C	$\mathrm{s\,A}$
電　位　差	ボ　ル　ト	volt	V	$\mathrm{m}^2\,\mathrm{kg\,s}^{-3}\,\mathrm{A}^{-1}\ (=\mathrm{J\,A}^{-1}\mathrm{s}^{-1})$
電 気 抵 抗	オ　ー　ム	ohm	Ω	$\mathrm{m}^2\,\mathrm{kg\,s}^{-3}\,\mathrm{A}^{-2}\ (=\mathrm{V\,A}^{-1})$
電　導　度	ジーメンス	siemens	S	$\mathrm{m}^{-2}\,\mathrm{kg}^{-1}\,\mathrm{s}^3\,\mathrm{A}^2(=\mathrm{A\,V}^{-1}=\Omega^{-1})$
電 気 容 量	ファラッド	farad	F	$\mathrm{m}^{-2}\,\mathrm{kg}^{-1}\,\mathrm{s}^4\,\mathrm{A}^2(=\mathrm{A\,s\,V}^{-1})$
磁　　束	ウェーバー	weber	Wb	$\mathrm{m}^2\,\mathrm{kg\,s}^{-2}\,\mathrm{A}^{-1}(=\mathrm{V\,s})$
インダクタンス	ヘンリー	henry	H	$\mathrm{m}^2\,\mathrm{kg\,s}^{-2}\,\mathrm{A}^{-2}(=\mathrm{V\,A}^{-1}\mathrm{s})$
磁 束 密 度	テ　ス　ラ	tesla	T	$\mathrm{kg\,s}^{-2}\,\mathrm{A}^{-1}(=\mathrm{V\,s\,m}^{-2})$
光　　束	ルーメン	lumen	lm	$\mathrm{cd\ sr}$
照　　度	ル　ッ　ク　ス	lux	lx	$\mathrm{m}^{-2}\,\mathrm{cd\ sr}$

付表 5　そ　の　他

物　理　量	単　位　の　名　称	単位記号	単　位　の　定　数
長　　さ	オングストローム	Å	$10^{-10}\mathrm{m}, 10^{-1}\mathrm{nm}$
体　　積	リ　ッ　ト　ル	L	$10^{-3}\mathrm{m}^3,\ \mathrm{dm}^3$
力	ダ　イ　ン	dyn	$10^{-5}\mathrm{N}$
エネルギー	エ　ル　グ	erg	$10^{-7}\mathrm{J}$
エネルギー	電 子 ボ ル ト	eV	$1.602176634 \times 10^{-19}\mathrm{J}$（厳密に）
エネルギー	カ　ロ　リ　ー	cal	$4.184\,\mathrm{J}$（熱化学カロリー）
エネルギー	波　　数	cm^{-1}	$1.986445857 \times 10^{-23}\mathrm{J}$
濃　　度	モ ル ／ リ ッ ト ル	M	$10^3\mathrm{mol\ m}^{-3},\ \mathrm{mol\,dm}^{-3},\ \mathrm{mol\,L}^{-1}$
圧　　力	バ　ー　ル	bar	$10^5\,\mathrm{Pa}$
圧　　力	気　　圧	atm	$1.01325 \times 10^5\,\mathrm{N\,m}^{-2}$（厳密に）
圧　　力	ミリメートル水銀柱	mmHg	$101325/760\ \mathrm{Pa}$
質　　量	統一原子質量単位	Da (u)	$1.6605390666 \times 10^{-27}\mathrm{kg}$
電　　荷	静 電 単 位	esu	$3.33564 \times 10^{-10}\mathrm{C}$
双 極 子 モーメント	デ　バ　イ	D	$3.33564 \times 10^{-30}\mathrm{C\,m}$
磁 束 密 度	ガ　ウ　ス	G	$10^{-4}\mathrm{T}$

付録 2　　水素類似原子の波動関数

$$\psi(r,\theta,\varphi) = R_{nl}(r)\,\Theta_{lm_l}(\theta)\,\Phi_{m_l}(\varphi)$$

$$R_{nl}(\rho) = -\sqrt{\frac{4}{n^4}\frac{(n-l-1)!}{\{(n+l)!\}^3}}\left(\frac{Z}{a_0}\right)^{3/2}\left(\frac{2\rho}{n}\right)^l e^{-(\rho/n)} L_{n+l}^{2l+1}\left(\frac{2\rho}{n}\right)$$

$$\Theta_{lm_l}(\theta) = \sqrt{\frac{(2l+1)}{2}\frac{(l-|m_l|)!}{(l+|m_l|)!}}\,P_l^{|m|}(\cos\theta)$$

$$\Phi_{m_l}(\varphi) = \frac{1}{\sqrt{2\pi}}e^{im_l\varphi}$$

ここで $\rho = \dfrac{Zr}{a_0}$ である．$L_{n+l}^{2l+1}\left(\dfrac{2\rho}{n}\right)$ と $P_l^{|m|}(\cos\theta)$ はそれぞれ次式で与えられるラゲール陪関数とルジャンドル陪関数である．

$$L_\alpha^\beta(z) = \frac{d^\beta}{dz^\beta}\left\{e^z\frac{d^\alpha}{dz^\alpha}(z^\alpha e^{-z})\right\}$$

$$P_l^{|m|}(z) = \frac{(1-z^2)^{|m/2|}}{2^l\,l!}\frac{d^{l+|m|}}{dz^{l+|m|}}(z^2-1)^l$$

付録 3　原子の電子配置

周期	元素	K	L		M			N				O				P			Q
		1s	2s	2p	3s	3p	3d	4s	4p	4d	4f	5s	5p	5d	5f	6s	6p	6d	7s
1	1 H	1																	
	2 He	2																	
2	3 Li	2	1																
	4 Be	2	2																
	5 B	2	2	1															
	6 C	2	2	2															
	7 N	2	2	3															
	8 O	2	2	4															
	9 F	2	2	5															
	10 Ne	2	2	6															
3	11 Na	2	2	6	1														
	12 Mg				2														
	13 Al	同	同		2	1													
	14 Si				2	2													
	15 P				2	3													
	16 S	上	上		2	4													
	17 Cl				2	5													
	18 Ar				2	6													
4	19 K	2	2	6	2	6		1											
	20 Ca							2											
	21 Sc						1	2											
	22 Ti						2	2											
	23 V						3	2											
	24 Cr						5	1											
	25 Mn	同	同		同		5	2											
	26 Fe						6	2											
	27 Co						7	2											
	28 Ni						8	2											
	29 Cu						10	1											
	30 Zn	上	上		上		10	2											
	31 Ga						10	2	1										
	32 Ge						10	2	2										
	33 As						10	2	3										
	34 Se						10	2	4										
	35 Br						10	2	5										
	36 Kr						10	2	6										
5	37 Rb	2	2	6	2	6	10	2	6			1							
	38 Sr											2							
	39 Y									1		2							
	40 Zr									2		2							
	41 Nb	同	同		同			同		4		1							
	42 Mo									5		1							
	43 Tc									5		2							
	44 Ru									7		1							
	45 Rh	上	上		上			上		8		1							
	46 Pd									10									
	47 Ag									10		1							
	48 Cd									10		2							

▨：典型元素，▢：遷移元素，⬚：ランタノイド，アクチノイド

周期	元素	K 1s	L 2s 2p	M 3s 3p 3d	N 4s 4p 4d	4f	O 5s 5p 5d	5f	P 6s 6p 6d	Q 7s
5	49 In	2	2 6	2 6 10	2 6 10		2 1			
	50 Sn				10		2 2			
	51 Sb	同	同	同	10		2 3			
	52 Te				10		2 4			
	53 I	上	上	上	10		2 5			
	54 Xe				10		2 6			
6	55 Cs	2	2 6	2 6 10	2 6 10		2 6		1	
	56 Ba						2 6		2	
	57 La						2 6 1		2	
	58 Ce					1	2 6 1		2	
	59 Pr					3	2 6		2	
	60 Nd					4	2 6		2	
	61 Pm					5	2 6		2	
	62 Sm					6	2 6		2	
	63 Eu					7	2 6		2	
	64 Gd					7	2 6 1		2	
	65 Tb					9	2 6		2	
	66 Dy*	同	同	同	同	10	2 6		2	
	67 Ho*					11	2 6		2	
	68 Er*					12	2 6		2	
	69 Tm					13	2 6		2	
	70 Yb					14	2 6		2	
	71 Lu					14	2 6 1		2	
	72 Hf					14	2 6 2		2	
	73 Ta					14	2 6 3		2	
	74 W					14	2 6 4		2	
	75 Re	上	上	上	上	14	2 6 5		2	
	76 Os					14	2 6 6		2	
	77 Ir					14	2 6 7		2	
	78 Pt					14	2 6 9		1	
	79 Au					14	2 6 10		1	
	80 Hg					14	2 6 10		2	
	81 Tl					14	2 6 10		2 1	
	82 Pb					14	2 6 10		2 2	
	83 Bi					14	2 6 10		2 3	
	84 Po					14	2 6 10		2 4	
	85 At					14	2 6 10		2 5	
	86 Rn					14	2 6 10		2 6	
7	87 Fr	2	2 6	2 6 10	2 6 10	14	2 6 10		2 6	1
	88 Ra								2 6	2
	89 Ac								2 6 1	2
	90 Th								2 6 2	2
	91 Pa*							3	2 6	2
	92 U							3	2 6 1	2
	93 Np*	同	同	同	同		同	4	2 6 1	2
	94 Pu*							5	2 6	2
	95 Am							7	2 6	2
	96 Cm*							7	2 6 1	2
	97 Bk*							8	2 6 1	2
	98 Cf*	上	上	上	上		上	9	2 6 1	2
	99 Es*							10	2 6 1	2
	100 Fm*							11	2 6 1	2
	101 Md*							12	2 6 1	2
	102 No*							13	2 6 1	2
	103 Lr*							14	2 6 1	2

* 電子配置が若干不確実な元素

付録 4

物質の標準生成エンタルピー，標準生成自由エネルギーおよび標準エントロピー

物質名	$\Delta H_f^0/\text{kJ mol}^{-1}$	$\Delta G_f^0/\text{kJ mol}^{-1}$	$S^0/\text{J K}^{-1}\text{ mol}^{-1}$
Ag(s)	0	0	42.55
AgBr(s)	− 100.37	− 96.90	107.1
AgCl(s)	− 127.07	− 109.79	96.2
AgNO$_3$(s)	− 124.39	− 33.47	140.9
Ag$_2$O(s)	− 31.05	− 11.20	121.3
Al(s)	0	0	28.33
Al$_2$O$_3$(s)	− 1675.7	− 1582.3	50.92
Br$_2$(ℓ)	0	0	152.23
C(g)	716.68	671.26	158.10
C(s,graphite)	0	0	5.740
C(s,diamond)	1.895	2.900	2.377
CH$_3$OH(ℓ)	− 238.66	− 166.27	126.8
CH$_3$COOH(ℓ)	− 484.5	− 389.9	159.8
CH$_4$(g)	− 74.81	− 50.72	186.26
CCl$_4$(ℓ)	− 135.44	− 65.21	216.4
C$_2$H$_2$(g)	226.73	209.20	200.94
C$_2$H$_4$(g)	52.26	68.15	219.56
C$_2$H$_5$OH(ℓ)	− 277.69	− 174.78	160.7
C$_2$H$_6$(g)	− 84.68	− 32.82	229.60
C$_6$H$_6$(ℓ)	49.0	124.3	173.3
CO(g)	− 110.53	− 137.17	197.67
CO$_2$(g)	− 393.51	− 394.36	213.74
Ca(s)	0	0	41.42
CaCO$_3$(s)	− 1206.92	− 1128.84	92.9
CaCl$_2$(s)	− 795.8	− 748.1	104.6
CaO(s)	− 635.09	− 604.04	39.7
Ca(OH)$_2$(s)	− 986.09	− 898.5	76.1
Cl$_2$(g)	0	0	223.07
Cu(s)	0	0	33.15
CuO(s)	− 157.3	− 129.7	42.63
CuSO$_4$(s)	− 771.36	− 661.8	109
Fe(s)	0	0	27.28
Fe$_2$O$_3$(s)	− 824.2	− 742.2	87.4
Fe$_3$O$_4$(s)	− 1118.4	− 1015.4	146.4
H(g)	217.97	203.25	114.71
H$_2$(g)	0	0	130.684
HBr(g)	− 36.40	− 53.45	198.70
HCl(g)	− 92.312	− 95.303	186.91
HI(g)	26.48	1.70	206.59
H$_2$O(g)	− 241.82	− 228.57	188.83
H$_2$O(ℓ)	− 285.830	− 237.13	69.910
H$_2$O$_2$(ℓ)	− 187.78	− 120.35	109.6
H$_2$S(g)	− 20.63	− 33.56	205.79
H$_2$SO$_4$(ℓ)	− 813.99	− 690.00	156.90
He(g)	0	0	126.15

物質名	$\Delta H_f^0/\text{kJ mol}^{-1}$	$\Delta G_f^0/\text{kJ mol}^{-1}$	$S^0/\text{J K}^{-1}\text{ mol}^{-1}$
$Hg(\ell)$	0	0	76.02
$Hg_2Cl_2(s)$	-265.22	-210.75	192.5
$I_2(g)$	62.44	19.33	260.69
$I_2(s)$	0	0	116.14
$K(s)$	0	0	64.18
$KBr(s)$	-393.80	-380.66	95.90
$KCl(s)$	-436.75	-409.14	82.59
$KOH(s)$	-424.76	-379.08	78.9
$Mg(s)$	0	0	32.68
$MgCl_2(s)$	-641.32	-591.79	89.62
$MgO(s)$	-610.70	-569.44	26.94
$N(g)$	472.7	455.56	153.3
$N_2(g)$	0	0	191.61
$NH_3(g)$	-46.11	-16.45	192.45
$NH_4Cl(s)$	-314.43	-202.87	94.6
$NO(g)$	90.25	86.55	210.76
$NO_2(g)$	33.18	51.31	240.06
$N_2O(g)$	82.05	104.20	219.85
$N_2O_4(g)$	9.16	97.89	304.29
$Na(s)$	0	0	51.21
$NaCl(s)$	-411.15	-384.14	72.13
$NaOH(s)$	-425.61	-379.49	64.46
$Na_2CO_3(s)$	-1130.77	-1048.08	136
$Na_2SO_4(s)$	-1387.21	-1269.35	149.5
$O(g)$	249.17	231.73	161.06
$O_2(g)$	0	0	205.138
$O_3(g)$	142.7	163.2	238.93
$P(s, white)$	0	0	41.09
$PCl_3(g)$	-287.0	-267.8	311.7
$Pb(s)$	0	0	64.81
$PbCl_2(s)$	-359.41	-314.13	136.4
$PbO_2(s)$	-277.4	-217.33	68.6
$PbSO_4(s)$	-919.94	-813.20	147.3
$S(s, rhombic)$	0	0	31.80
$S(s, monoclinic)$	0.33	0.1	32.6
$SO_2(g)$	-296.83	-300.19	248.22
$S_8(g)$	102.30	49.66	430.87
$Si(s)$	0	0	18.83
$SiO_2(s, quartz)$	-910.9	-856.64	41.84
$Zn(s)$	0	0	41.6
$ZnCl_2(s)$	-415.05	-369.43	108.4
$ZnO(s)$	-348.28	-318.30	43.64
$ZnSO_4(s)$	-982.8	-874.5	119.7

イオンの標準生成エンタルピー，標準生成自由エネルギーおよび標準エントロピー

物質名	$\Delta H_f^0/\text{kJ mol}^{-1}$	$\Delta G_f^{\prime 0}/\text{kJ mol}^{-1}$	$S^0/\text{J K}^{-1}\text{ mol}^{-1}$
Ag^+	105.9	77.111	73.93
Ba^{2+}	-537.64	-560.74	12.6
Ca^{2+}	-543.0	-533.0	-55.2
Co^{2+}	-58.2	-54.4	-110
Co^{3+}	92	134	-305
Cu^{2+}	64.77	65.52	-99.6
Fe^{2+}	-87.9	-84.94	-113.4
Fe^{3+}	-47.7	-10.6	293
H^+	0	0	0
Hg^+	171	164.4	-32
K^+	-254.1	-283.3	103
Na^+	-240.1	-260.9	60.2
NH_4^+	-132.5	-79.37	113
Ni^{2+}	-54.0	-45.6	-129
Mg^{2+}	-461.96	-456.01	-118
Zn^{2+}	-153.9	-147.2	-112
Br^-	-121.5	-104.0	80.8
Cl^-	-167.16	-131.26	55.2
CH_3COO^-	-486.0	-369.4	86.8
CN^-	151.0	165.7	118.0
CO_3^{2-}	-677.1	-527.9	-53.1
F^-	-332.60	-278.8	-14
I^-	-55.18	-51.59	109.4
NO_3^-	-207.4	-111.3	146.4
OH^-	-229.99	-157.29	-10.5
S^{2-}	35.8	92.5	26.8
SO_4^{2-}	-909.27	-744.63	17.15

付録5　結合解離エンタルピー

結合	$\Delta H/\text{kJ mol}^{-1}$	結合	$\Delta H/\text{kJ mol}^{-1}$	結合	$\Delta H/\text{kJ mol}^{-1}$
$C-C$	347.7	$C\equiv N$	791	$N\equiv N$	941.8
$C=C$	607	$C-O$	351.5	$N-H$	390.8
$C\equiv C$	828	$C=O$	724	$O-O$	138.9
$C-H$	413.4	$H-Cl$	431.8	$O-H$	462.8
$C-Cl$	328.4	$H-H$	436.0	$S-S$	213.0
$C-N$	291.6	$N-N$	160.7	$S-H$	339

付録 6

溶解度積 $K_{sp}(25°C)$

AgCl	1.8×10^{-10}	Al(OH)$_3$	1.1×10^{-33}
PbCl$_2$	1.6×10^{-5}	Fe(OH)$_3$	2.5×10^{-39}
Hg$_2$Cl$_2$	1.3×10^{-18}	Mg(OH)$_2$	1.8×10^{-11}
BaCO$_3$	2.0×10^{-11}	Zn(OH)$_2$	2×10^{-15}
CaCO$_3$	2.9×10^{-9}	CdS	5×10^{-28}
SrCO$_3$	2.8×10^{-9}	CoS	4×10^{-21}
BaSO$_4$	2×10^{-11}	CuS	6×10^{-36}
CaSO$_4$	2.27×10^{-5}	FeS	6×10^{-18}
PbSO$_4$	7.2×10^{-8}	HgS	4×10^{-53}
Ag$_2$CrO$_4$	2.4×10^{-12}	NiS	2×10^{-21}
BaCrO$_4$	1.2×10^{-10}	ZnS	2×10^{-24}
PbCrO$_4$	1.8×10^{-14}	PbS	1×10^{-28}

付録 7

酸と塩基の解離定数 (25°C)

化合物		pK	化合物		pK
ホウ酸	pK_a	9.23	シュウ酸	pK_{a_1}	1.271
ギ酸	pK_a	3.752	〃	pK_{a_2}	4.266
酢酸	pK_a	4.757	EDTA	pK_{a_1}	2.0
安息香酸	pK_a	4.212	〃	pK_{a_2}	2.8
フェノール	pK_a	9.9	〃	pK_{a_3}	6.2
硫化水素	pK_{a_1}	7.02	〃	pK_{a_4}	10.3
〃	pK_{a_2}	14.00	グリシン	pK_a	9.778
炭酸	pK_{a_1}	6.34	〃	pK_b	11.646
〃	pK_{a_2}	10.33	アンモニア	pK_b	4.72
リン酸	pK_{a_1}	2.15	アニリン	pK_b	9.40
〃	pK_{a_2}	7.20	ピリジン	pK_b	8.78
〃	pK_{a_3}	12.38	メチルアミン	pK_b	3.32

付録 8

標準電極電位 (還元電位)(25°C)

電極	電極反応	E^0/V
$Li^+\|Li$	$Li^+ + e^- \rightleftarrows Li$	-3.045
$K^+\|K$	$K^+ + e^- \rightleftarrows K$	-2.925
$Cs^+\|Cs$	$Cs^+ + e^- \rightleftarrows Cs$	-2.923
$Ba^{2+}\|Ba$	$Ba^{2+} + 2e^- \rightleftarrows Ba$	-2.906
$Ca^{2+}\|Ca$	$Ca^{2+} + 2e^- \rightleftarrows Ca$	-2.866
$Na^+\|Na$	$Na^+ + e^- \rightleftarrows Na$	-2.714
$Mg^{2+}\|Mg$	$Mg^{2+} + 2e^- \rightleftarrows Mg$	-2.363
$Al^{3+}\|Al$	$Al^{3+} + 3e^- \rightleftarrows Al$	-1.662
$Mn^{2+}\|Mn$	$Mn^{2+} + 2e^- \rightleftarrows Mn$	-1.180
$Zn^{2+}\|Zn$	$Zn^{2+} + 2e^- \rightleftarrows Zn$	-0.763
$Cr^{3+}\|Cr$	$Cr^{3+} + 3e^- \rightleftarrows Cr$	-0.744
$Fe^{2+}\|Fe$	$Fe^{2+} + 2e^- \rightleftarrows Fe$	-0.440
$Cd^{2+}\|Cd$	$Cd^{2+} + 2e^- \rightleftarrows Cd$	-0.403
$Sn^{2+}\|Sn$	$Sn^{2+} + 2e^- \rightleftarrows Sn$	-0.136
$Pb^{2+}\|Pb$	$Pb^{2+} + 2e^- \rightleftarrows Pb$	-0.126
$Fe^{3+}\|Fe$	$Fe^{3+} + 3e^- \rightleftarrows Fe$	-0.036
$D^+\|D_2, Pt$	$2D^+ + 2e^- \rightleftarrows D_2$	-0.0034
$H^+\|H_2, Pt$	$2H^+ + 2e^- \rightleftarrows H_2$	0
$Sn^{4+}, Sn^{2+}\|Pt$	$Sn^{4+} + 2e^- \rightleftarrows Sn^{2+}$	$+0.15$
$Cu^{2+}, Cu^+\|Pt$	$Cu^{2+} + e^- \rightleftarrows Cu^+$	$+0.153$
$Cl^-\|AgCl\|Ag$	$AgCl + e^- \rightleftarrows Ag + Cl^-$	$+0.2225$
$Cu^{2+}\|Cu$	$Cu^{2+} + 2e^- \rightleftarrows Cu$	$+0.337$
$I^-, I_3^-\|Pt$	$I_3^- + 2e^- \rightleftarrows 3I^-$	$+0.545$
$I^-, I_2\|Pt$	$I_2 + 2e^- \rightleftarrows 2I^-$	$+0.5355$
$Fe^{3+}, Fe^{2+}\|Pt$	$Fe^{3+} + e^- \rightleftarrows Fe^{2+}$	$+0.771$
$Ag^+\|Ag$	$Ag^+ + e^- \rightleftarrows Ag$	$+0.799$
$Hg^{2+}\|Hg$	$Hg^{2+} + 2e^- \rightleftarrows Hg$	$+0.854$
$Hg^{2+}, Hg_2^{2+}\|Pt$	$2Hg^{2+} + 2e^- \rightleftarrows Hg_2^{2+}$	$+0.920$
$Br^-\|Br_2, Pt$	$Br_2 + 2e^- \rightleftarrows 2Br^-$	$+1.065$
$H^+\|O_2, Pt$	$\frac{1}{2}O_2 + 2H^+ + 2e^- \rightleftarrows H_2O$	$+1.229$
$Cl^-\|Cl_2, Pt$	$Cl_2 + 2e^- \rightleftarrows 2Cl^-$	$+1.3595$
$Co^{3+}, Co^{2+}\|Pt$	$Co^{3+} + e^- \rightleftarrows Co^{2+}$	$+1.82$
$S_2O_8^{2-}, SO_4^{2-}\|Pt$	$S_2O_8^{2-} + 2e^- \rightleftarrows 2SO_4^{2-}$	$+1.98$
$OH^-\|Ni(OH)_2\|Ni$	$Ni(OH)_2 + 2e^- \rightleftarrows Ni + 2OH^-$	-0.72
$OH^-\|H_2, Pt$	$2H_2O + 2e^- \rightleftarrows H_2 + 2OH^-$	-0.828
$OH^-, SO_4^{2-}, SO_3^{2-}\|Pt$	$SO_4^{2-} + H_2O + 2e^- \rightleftarrows SO_3^{2-} + 2OH^-$	-0.93

付録 9　反応速度式の数学的導出

(1)　2 次反応 $A + B \longrightarrow P$

初濃度を $[A]_0, [B]_0$ $([A]_0 < [B]_0)$ とする.

時間	A	B	P
$t=0$	$[A]_0$	$[B]_0$	0
$t=t$	$[A]$	$[B]$	$[P]$
$t=\infty$	0	$[B]_0 - [A]_0$	$[A]_0$

$$v = -\frac{d[A]}{dt} = -\frac{d[B]}{dt} = \frac{d[P]}{dt}$$

$[P] = [A]_0 - [A] = [B]_0 - [B]$ より

$$[B] = [A] + [B]_0 - [A]_0$$

2 次反応速度式 $v = k_2 [A][B]$ を $[A]$ の微分速度式で表して両辺を積分する.

$$-\frac{d[A]}{dt} = k_2 [A][B] = k_2 [A]\left([A] + [B]_0 - [A]_0\right)$$

$$-\int \frac{d[A]}{[A]\left([A] + [B]_0 - [A]_0\right)} = \int k_2 dt + C$$

左辺の積分は, 部分分数に分解して積分すると

$$左辺 = \int \frac{1}{[B]_0 - [A]_0}\left(\frac{1}{[A] + [B]_0 - [A]_0} - \frac{1}{[A]}\right)d[A]$$

$$= \frac{1}{[B]_0 - [A]_0}\ln\frac{[A] + [B]_0 - [A]_0}{[A]}$$

となり, 右辺の積分定数 C は, 初濃度 $(t=0)$ が $[A]_0, [B]_0$ より

$$C = \frac{1}{[B]_0 - [A]_0}\ln\frac{[B]_0}{[A]_0}$$

と決められる. 式を整頓すると, 2 次反応の速度式が導かれる.

$$\frac{1}{[B]_0 - [A]_0}\ln\frac{([A] + [B]_0 - [A]_0)[A]_0}{[A][B]_0} = k_2 t$$

t に対して左辺の値をプロットしてえられる直線の傾きから k_2 がえられる.

擬 1 次条件 $([B]_0 \gg [A]_0)$ のとき, $[B]_0 - [A]_0 = [B]_0$, $[A] + [B]_0 - [A]_0 = [B]_0$ となり $\frac{1}{[B]_0}\ln\frac{[A]_0}{[A]} = k_2 t$ から, 擬 1 次反応 $[A] = [A]_0 e^{-k_2 [B]_0 t}$ が導出される (p.211).

(2)　可逆反応 $A \underset{k_{-1}}{\overset{k_1}{\rightleftharpoons}} B$

初濃度を $[A]_0, [B]_0$ とする.

時間	A	B
$t=0$	$[A]_0$	$[B]_0$
$t=t$	$[A]$	$[B]$
$t=\infty$	$[A]_e$	$[B]_e$

$$v = -\frac{d[A]}{dt} = \frac{d[B]}{dt} = v_1 - v_{-1} = k_1[A] - k_{-1}[B]$$

$[A]_0 - [A] = -([B]_0 - [B])$ より $[B] = [A]_0 + [B]_0 - [A]$

可逆反応の微分速度式は

$$\frac{d[A]}{dt} = -k_1[A] + k_{-1}[B] = -k_1[A] + k_{-1}([A]_0 + [B]_0 - [A])$$

$$= -(k_1 + k_{-1})[A] + k_{-1}([A]_0 + [B]_0)$$

となり, 左辺に $[A]$ の項を集めて積分する.

$$\int \frac{d\,[\mathrm{A}]}{(k_1 + k_{-1})[\mathrm{A}] - k_{-1}([\mathrm{A}]_0 + [\mathrm{B}]_0)} = -\int dt + C$$

$$\frac{1}{k_1 + k_{-1}} \ln \left[[\mathrm{A}] - \frac{k_{-1}([\mathrm{A}]_0 + [\mathrm{B}]_0)}{k_1 + k_{-1}} \right] = -t + C$$

右辺の C は，初濃度 $(t = 0)$ が $[\mathrm{A}]_0$, $[\mathrm{B}]_0$ より $C = \dfrac{1}{k_1 + k_{-1}} \ln \dfrac{k_1[\mathrm{A}]_0 - k_{-1}[\mathrm{B}]_0}{k_1 + k_{-1}}$ とな

る．C を代入して，$[\mathrm{A}]$ について解くと

$$[\mathrm{A}] = \frac{k_1[\mathrm{A}]_0 - k_{-1}[\mathrm{B}]_0}{k_1 + k_{-1}} e^{-(k_1 + k_{-1})t} + \frac{k_{-1}([\mathrm{A}]_0 + [\mathrm{B}]_0)}{k_1 + k_{-1}}$$

となり，$t \to \infty$ のとき 1 項めは 0 となり，$[\mathrm{A}]_e = \dfrac{k_{-1}([\mathrm{A}]_0 + [\mathrm{B}]_0)}{k_1 + k_{-1}}$ がえられる．
$[\mathrm{B}] = [\mathrm{A}]_0 + [\mathrm{B}]_0 - [\mathrm{A}]$ で，$[\mathrm{B}]$ および $[\mathrm{B}]_e$ も求めることができる（p.212, 213）．

（3）　逐次反応 $\mathrm{A} \xrightarrow{\;k_1\;} \mathrm{B} \xrightarrow{\;k_2\;} \mathrm{C}$

初濃度を $[\mathrm{A}]_0$, $[\mathrm{B}]_0 = [\mathrm{C}]_0 = 0$ とする．微分速度式は以下の 3 つの式になる．

$$\frac{d\,[\mathrm{A}]}{dt} = -k_1\,[\mathrm{A}] \qquad \cdots \text{式 (1)}$$

$$\frac{d\,[\mathrm{B}]}{dt} = k_1\,[\mathrm{A}] - k_2\,[\mathrm{B}] \;\cdots\text{式 (2)}$$

$$\frac{d\,[\mathrm{C}]}{dt} = k_2\,[\mathrm{B}] \qquad \cdots\text{式 (3)}$$

式 (1) は 1 次反応の微分速度式なので，$[\mathrm{A}] = [\mathrm{A}]_0 e^{-k_1 t}$ がえられる．これを式 (2) に代入
して，両辺に $e^{k_2 t}$ をかけて，左辺に $[\mathrm{B}]$ を含む項を集める．

$$k_2 e^{k_2 t}\,[\mathrm{B}] + e^{k_2 t} \frac{d\,[\mathrm{B}]}{dt} = k_1[\mathrm{A}]_0 e^{(k_2 - k_1)t}$$

左辺は，$e^{k_2 t}\,[\mathrm{B}]$ の積の微分である．$\left[\dfrac{d}{dt} \left(e^{k_2 t}\,[\mathrm{B}] \right) = \dfrac{d}{dt} \left(e^{k_2 t} \right) [\mathrm{B}] + e^{k_2 t} \dfrac{d}{dt}\,[\mathrm{B}] \right]$

$$\frac{d}{dt} \left(e^{k_2 t}\,[\mathrm{B}] \right) = k_1[\mathrm{A}]_0 e^{(k_2 - k_1)t}$$

$$\int d \left(e^{k_2 t}\,[\mathrm{B}] \right) = k_1[\mathrm{A}]_0 \int e^{(k_2 - k_1)t} dt + C$$

$$e^{k_2 t}\,[\mathrm{B}] = \frac{k_1[\mathrm{A}]_0}{k_2 - k_1} e^{(k_2 - k_1)t} + C$$

初濃度 $[\mathrm{A}]_0$, $[\mathrm{B}]_0 = 0$ から $C = -\dfrac{k_1[\mathrm{A}]_0}{k_2 - k_1}$ を求め，両辺に $e^{-k_2 t}$ をかけて $[\mathrm{B}]$ を求める．

$$[\mathrm{B}] = \frac{k_1[\mathrm{A}]_0}{k_2 - k_1} \left(e^{-k_1 t} - e^{-k_2 t} \right)$$

えられた $[\mathrm{A}]$, $[\mathrm{B}]$ を $[\mathrm{C}] = [\mathrm{A}]_0 - [\mathrm{A}] - [\mathrm{B}]$ に代入すると

$$[\mathrm{C}] = [\mathrm{A}]_0 \left(1 - \frac{k_2 e^{-k_1 t} - k_1 e^{-k_2 t}}{k_2 - k_1} \right)$$

となり，式 (10.42)（p.218）がえられる．

参 考 書 籍

　「基礎 化学［新訂版］」では多くの書籍や文献を参考にした．出典をここに掲げて感謝すると共に，勉学・研究に役立てていただきたい．本書籍は基本的には新・物質科学ライブラリの第 1 巻（サイエンス社）にあたるので，そのシリーズの既刊書籍を参考にした．これについて先に記すと，

[1]　新・物質科学ライブラリ 2 「基礎 物理化学 I ［新訂版］ −原子・分子の量子論−」山内淳著（2017）

[2]　新・物質科学ライブラリ 3 「基礎 物理化学 II ［新訂版］ −物質のエネルギー論−」山内淳著（2017）

[3]　新・物質科学ライブラリ 5 「基礎 無機化学」花田禎一著（2004）

[4]　新・物質科学ライブラリ 6 「基礎 量子化学−量子論から分子をみる−」馬場正昭著（2004）

そのほかの書籍として以下に記す．

[5]　「マッカーリ・サイモン 物理化学 分子論的アプローチ（上・下）」千原秀昭，江口太郎，齋藤一弥訳，D.A. McQuarrie, J.D. Simon 著，東京化学同人（1999）

[6]　「原子と分子の量子論」首藤紘一訳，Matthews 著，廣川書店（1991）

[7]　「フレッシュマンのための化学結合論」西本吉助訳，M.J. Winter 著，化学同人（1996）

[8]　「化学概論──物質科学の基礎」杉浦俊男，中谷純一，山下茂，吉田壽勝著，化学同人（1987）

[9]　「フレンドリー物理化学」田中潔，荒井貞夫著，三共出版（2004）

[10]　「化学熱力学中心の基礎物理化学」杉原剛介，井上亨，秋貞英雄著，学術図書出版社（2003）

[11]　「物理化学の基礎」千原秀昭，稲葉章訳，P.W. Atkins, M.J. Clungston 著，東京化学同人（1984）

[12]　「アトキンス 物理化学要論 第 3 版」千原秀昭，稲葉章訳，P. Atkins 著，東京化学同人（2003）

演習問題略解

第1章

1 略　本文参照

2 CuO において，Cu : O = 3.972 : 1.000 で常に一定となる．79.89 g

3 NO の窒素：酸素の質量組成は 14 : 16，NO_2 の場合は 14 : 32 で，一定量の窒素と結合している酸素の量は NO と NO_2 では 1 : 2 となっている．

4 $_{18}$Ar と $_{19}$K，$_{27}$Co と $_{28}$Ni，$_{52}$Te と $_{53}$I，中性子数が多いから．

5 43 cm　　**6**　（ア）エネルギー　　（イ）エントロピー

7 （ア）X 線　　（イ）紫外線　　（ウ）赤外線　　（エ）ラジオ波　　**8**　0.301

9 $(\varepsilon_0\mu_0)^{-1/2}$ の単位は $(F\,m^{-1}\,N\,A^{-2})^{-1/2} = (m^{-3}\,kg^{-1}\,s^4\,A^2\,kg\,m\,s^{-2}\,A^{-2})^{-1/2}$ $= m\,s^{-1}$ より，次元は $L\,T^{-1}$．数値は $(8.854 \times 10^{-12} \times 1.2566 \times 10^{-6})^{-1/2}$ $= 2.998 \times 10^8$

10 $(760\,mm \times S\,m^2 \times 13.5951\,g\,cm^{-3} \times 9.80665\,m\,s^{-2})/(S\,m^2)$ $= 760 \times 13.5951 \times 9.80665(10^{-3}\,m)(10^{-3}\,kg)(10^{-2}m)^{-3}m\,s^{-2}$ $= 101325\,kg\,m^{-1}\,s^{-2} = 1.01325 \times 10^5\,Pa$

第2章

1 (1) $1.60 \times 10^3\,kg\,m^{-3}$　　(2) $1.60 \times 10^{18}\,kg\,m^{-3}$

2 (1) $^1H-^1H$，$^1H-^2H$，$^2H-^2H$ の3種類　　(2) $^1H : 99.98\%$，$^2H : 0.02\%$

3 $6.91 \times 10^{14}\,s^{-1}$，434.1 nm　　**4**　114.6 pm

5 $\dfrac{d(\sin kx)}{dx} = k\cos kx$，$\dfrac{d(\cos kx)}{dx} = -k\sin kx$ なので $\psi = A\sin\dfrac{2\pi x}{\lambda}$ を，x について微分すると $\dfrac{d\psi}{dx} = \dfrac{2\pi}{\lambda}A\cos\left(\dfrac{2\pi x}{\lambda}\right)$．もう一度 x について微分すると

$$\frac{d^2\psi}{dx^2} = -\frac{4\pi^2}{\lambda^2}A\sin\left(\frac{2\pi x}{\lambda}\right) = -\frac{4\pi^2}{\lambda^2}\psi$$

6 (1) 存在しない　　(2) 存在する　　(3) 存在しない

7 略　　**8** 図 **2.25** 参照

9 Be の電子配置 $1s^2 2s^2$ ではエネルギーの低い 2s 軌道だけが満たされているため，電子配置が $1s^2 2s^2 2p^1$ である B よりイオン化エネルギーが大きい．一方，N の電子配置は $1s^2 2s^2 2p^3$ で，$2p_x$, $2p_y$, $2p_z$ 軌道に1つずつ入っていて，これも安定なエネルギー状態にあるため，$1s^2 2s^2 2p^4$ の電子配置をもつ O よりもイオン化エネルギーが大きい．　　**10**　$1.616 \times 10^6\,m\,s^{-1}$

11 イオン化エネルギーは，正電荷をもつ原子核に束縛されている負の電荷をもつ電子を，クーロン引力に逆らって無限遠点まで移動させるために必要なエネルギーであるのに対し，電子親和力は，電気的に中性な原子に負の電荷をもつ電子を近づけたときに放出されるエネルギーである．そのため，電子親和力は第1イオン化エネルギーに比べてかなり小さな値をとる．

第3章

1 電荷は同じで距離が半分だから $1/2$ の -2 乗で 4 倍.

2 規格化条件

$$\int |\psi_{\rm b}|^2 d\tau = \int |\psi_{\rm a}|^2 d\tau = 1$$

に, $\psi_{\rm b} = C_{\rm b}(\varphi_{\rm A} + \varphi_{\rm B})$ および $\psi_{\rm a} = C_{\rm a}(\varphi_{\rm A} - \varphi_{\rm B})$ を代入すると

$$\int |\psi_{\rm b}|^2 d\tau = C_{\rm b}^2 \left(\int |\varphi_{\rm A}|^2 d\tau + 2 \int \varphi_{\rm A}\varphi_{\rm B} d\tau + \int |\varphi_{\rm B}|^2 d\tau \right) = C_{\rm b}^2 (2 + 2S) = 1$$

よって, $C_{\rm b} = \dfrac{1}{\sqrt{2(1+S)}}$ となる. 同様に, $C_{\rm a} = \dfrac{1}{\sqrt{2(1-S)}}$

3 $He_2 : 0,\quad He_2^{+} : 1/2$ **4** 図 3.11, 図 3.12 参照

5 (1) $O_2^{+} : 5/2$, $O_2 : 2$, $O_2^{-} : 3/2$, $O_2^{2-} : 1$, O_2^{+}, O_2, O_2^{-}, O_2^{2-} の順に, 反結合性軌道に入る電子の数が多くなって結合次数が小さくなる. 結合次数が小さくなると, 結合距離が長くなるとともに, 結合エネルギーが小さくなる.

(2) $O_2^{+} : 1$, $O_2 : 2$, $O_2^{-} : 1$, $O_2^{2-} : 0$, よって, O_2^{2-} 以外は常磁性.

6 (1) B の原子軌道は $1s^2 2s^2 2p^1$ で, B_2 分子の分子軌道の電子配置は $(\sigma_{1s})^2 (\sigma_{1s}^*)^2 (\sigma_{2s})^2 (\sigma_{2s}^*)^2 (\pi_{2p})^1 (\pi_{2p})^1$ となる. 結合次数が 1 で, 縮退した 2 つの π_{2p} 軌道に 1 つずつ不対電子が入るので, 常磁性を示す.

(2) B_2 分子では 2 つの π 軌道に 1 つずつ電子が入って安定化されているため, B 原子より第 1 イオン化エネルギーが大きいと考えられる. **7** 79.4%

第4章

1 略

2 平面型構造でも双極子モーメントは 0 になるので, 正四面体だとは決定できない.

3 sp^3 混成軌道 ψ_j の絶対値の 2 乗を計算する. 原子軌道は直交規格化されていることを利用すると

$$\int |\psi_j|^2 d\tau = \frac{1}{4} \int |\varphi_{\rm s}|^2 d\tau + \frac{1}{4} \int |\varphi_{{\rm p}x}|^2 d\tau + \frac{1}{4} \int |\varphi_{{\rm p}y}|^2 d\tau + \frac{1}{4} \int |\varphi_{{\rm p}z}|^2 d\tau$$

$$= \frac{1}{4} + \frac{1}{4} + \frac{1}{4} + \frac{1}{4} = 1$$

となるので, 図 4.3 に示してある, $\psi_1 \sim \psi_4$ のすべての sp^3 混成軌道は規格化されている. 2 つの sp^3 混成軌道 ψ_i, ψ_j $(i \neq j)$ の重なり積分を計算する. 例えば $i = 1$, $j = 2$ は

$$\int \psi_1 \psi_2 d\tau = \frac{1}{4} \int (\varphi_{\rm s} + \varphi_{{\rm p}x} + \varphi_{{\rm p}y} + \varphi_{{\rm p}z})(\varphi_{\rm s} + \varphi_{{\rm p}x} - \varphi_{{\rm p}y} - \varphi_{{\rm p}z}) d\tau$$

$$= \frac{1}{4} + \frac{1}{4} - \frac{1}{4} - \frac{1}{4} = 0$$

となる. 同様に, $i \neq j$ の場合はすべて $\int \psi_i \psi_j d\tau = 0$ となるので, sp^3 混成軌道は直交している.

4 図 4.8 より sp^2 混成軌道の xy 平面上の各ベクトルの成分は, 以下のとおりで, そ

のなす角度は $120°$ である.

$$\psi_1 = \left(\sqrt{\frac{2}{3}}, 0\right), \quad \psi_2 = \left(-\frac{1}{\sqrt{6}}, \frac{1}{\sqrt{2}}\right), \quad \psi_3 = \left(-\frac{1}{\sqrt{6}}, -\frac{1}{\sqrt{2}}\right)$$

5 2つの sp 混成軌道 $\psi(sp)$ の絶対値の2乗を計算して1であることを示す.

$$\int |\psi(sp)|^2 d\tau = \frac{1}{2}\int |\varphi_s \pm \varphi_{p_x}|^2 d\tau = \frac{1}{2}\int \left(|\varphi_s|^2 \pm 2\varphi_s\varphi_{p_x} + |\varphi_{p_x}|^2\right) d\tau$$

$$= \frac{1}{2}(1 + 0 + 1) = 1$$

6 エチレンは sp^2 混成. ホルムアルデヒドでは,O は C より電子が2個多い.sp^2 混成軌道の2つに電子を1つずつ追加すると CH_2 と O は同等と考えられる.エチレンと同じように C–O の二重結合ができ,$\angle OCH$ と $\angle HCH$ がほぼ $120°$ の平面状 HCHO 分子ができる.

7 アセチレンは sp 混成.アセチレンの CH 基の価電子は電子対が1個,不対電子が3個で,これは N 原子と同じ電子配置である.2組の CH からアセチレンができるのと同様に,シアン化水素の場合 CH と N とから直線状の HCN ができ,CN は σ 結合1つと π 結合2つからなる三重結合になる.

8 CH_3 は sp^3 混成,CN は sp 混成である.$\angle H-C-H = \angle H-C-C = 109.5°$ で,$\angle C-C-N = 180°$ と考えられる.

9 PCl_3 は同族の NH_3 と同じく,四面体型よりも少し開いた形の三角錐型である.

10 SO_2 の S 原子は sp^2 混成軌道をとり,O=S=O 型の分子で2つの S=O 結合と1つの非共有電子対が正三角形型に近い結合を作るので,$\angle O-S-O = 120°$ と予測される.

11 炭素は sp 混成軌道,酸素は sp^2 混成軌道である.

12 C も O も sp 混成状態で価電子の電子配置は,C : $(sp)^2(sp)^1(2p_y)^1(2p_z)^0$,O : $(sp)^2(sp)^1(2p_y)^1(2p_z)^2$ となる.C と O は,sp–sp で σ 結合を形成し,$2p_y$–$2p_y$ で1本の π 結合,さらに,O の $2p_z$ からの C の $2p_z$ の空の軌道への電子対の供与による π 結合を形成して三重結合となる.CO とアセチレンで異なっているのは,アセチレンで C–H 結合をつくっている結合電子対が非共有電子対になっている点である (図1).

13 P の周りに5組の共有電子対があるので,電子対反発則により,三方両錐型となる (図2).

図1 CO の点電荷式　　　　　図2 PCl_5 の点電荷式

第5章

1　0.287 nm　　　　**2**　略，図 **5.4** を参照．

3　(1)　PH_3，ルイス塩基　　　(2)　BF_3，ルイス酸　　　(3)　H_2S，ルイス塩基
(4)　HS^-，ルイス塩基　　　(5)　SO_2，ルイス酸，ただし，相手が BF_3 などでは
ルイス塩基としてふるまう場合もある．

4　$[NiCl_4]^{2-}$ 正四面体，$[Ni(CN)_4]^{2-}$ 平面四角形

5　(1)　O_2　　(2)　SO_2　　(3)　HF　　(4)　GeH_4　　(5)　H_2Se
(6)　n-オクタン（理由は略）

6　ベンゼンは非局在化した π 電子をもち無極性だが，トリエチルアミンは非共有電
子対を 1 つ持つ極性分子であり，電子供与性がベンゼンより大きい．そのため，ヨウ
素との間でベンゼンよりも安定な電荷移動錯体を形成する．

7　0.281 nm　　　**8**　74%　　　**9**　0.286 nm

10　(1)　NaCl の単位格子には 4 個の Na^+ と 4 個の Cl^- が含まれている．単位格
子の一辺の長さは，表 **5.5** より $0.116 \times 2 + 0.167 \times 2 = 0.566$ nm である．アボガ
ドロ定数を A とすると，密度は

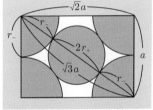

$$2.16 \times 10^6 \, \mathrm{g \, m^{-3}} = \frac{4 \times 58.5 \, \mathrm{g \, mol^{-1}}}{A \times (0.566 \times 10^{-9} \, \mathrm{m})^3}$$

と書けるので，$A = 6.0 \times 10^{23} \, \mathrm{mol^{-1}}$ となる．
(2)　図 **3** より CsCl 型の極限半径比は，

$$\frac{r_+}{r_-} = \sqrt{3} - 1 = 0.732$$

となる．NaCl の半径比は $\dfrac{r_+}{r_-} = 0.69$ なので
8 配位はとれない．

図 3　CsCl 型格子の極限半径比を
示す対角線を含む断面図

第6章

1　略　　　**2**　$410 \, \mathrm{m \, s^{-1}}$

3　マックスウェル-ボルツマン分布，図 **6.5** および本文参照．

4　同じエネルギー間隔のまま温度を上昇させると，分布は広がる．同じ温度でエネル
ギー間隔が広がると，下のエネルギー準位の割合が大きくなる（図 4）．

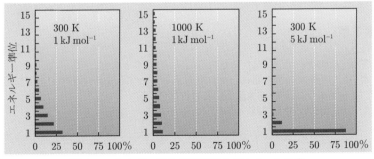

図 4　エネルギー準位が等間隔なボルツマン分布

5 （図5） **6** 1 atm では昇華曲線としか交わらないので昇華する. 二酸化炭素を液体にするには, 圧力を上げる (図6).

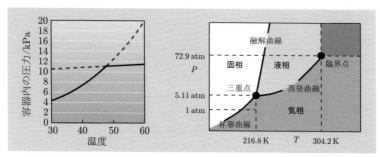

図5 容器内の圧力変化　　図6 二酸化炭素の状態図の概容

7 三重点での自由度は, $c-1$

8 融点 $\mu_固 = \mu_液 < \mu_気$, 沸点 $\mu_固 > \mu_液 = \mu_気$,
三重点 $\mu_固 = \mu_液 = \mu_気$, 臨界点 $\mu_固 > \mu_液 = \mu_気$.

9 （図7）

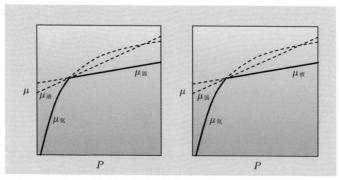

図7 水以外の物質 (左) と水 (右) の三重点の温度での $\mu-P$ 断面

第7章

1 略

2 $X_A = 0.40$ のとき $n_A^l/n_A^g = 0.5$, $X_A = 0.60$ のとき $n_A^l/n_A^g = 8$.

3 水-エタノールの混合物は, ラウールから正のずれを示す非理想溶液なので, 図7.13 左のような温度-組成図となる. 本文を参照.

4 窒素 $920\,cm^3$, 酸素 $490\,cm^3$

5 （図8）

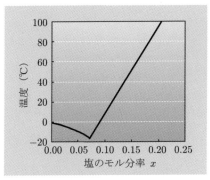

図 8　NH₄Cl–水系の状態図

6　図 **7.29**, **7.30** および本文を参照.

7　(1)　4.23×10^{-1} K　　　(2)　4.43×10^{-4} K　　　(3)　4.23×10^{-1} K
高分子の凝固点降下は小さすぎて正確な測定は難しく，高分子の分子量決定法としては不適当と考えられる．高分子の分子量決定では，例題 14 の浸透圧測定の方が正確である.

第 8 章

1　略　　**2**　示量性変数 (1), (3), (5), (7),　　　示強性変数 (2), (4), (6)

3　単原子分子の理想気体の内部エネルギーは $U = (3/2)nRT$ より $U = 3.7 \, \mathrm{kJ \, mol^{-1}}$

4　理想気体の内部エネルギーもエントロピーも温度のみの関数なので，$\Delta U = \Delta H = 0$

5　(1)　$+714.8 \, \mathrm{kJ \, mol^{-1}}$ 吸熱反応　　　(2)　$-92.2 \, \mathrm{kJ \, mol^{-1}}$ 発熱反応
　　(3)　$+57.2 \, \mathrm{kJ \, mol^{-1}}$ 吸熱反応　　　(4)　$-33.3 \, \mathrm{kJ \, mol^{-1}}$ 発熱反応

6　$-81.52 \, \mathrm{kJ \, mol^{-1}}$ であり，発熱反応である.

7　ボルン-ハーバーのサイクルから NaCl の格子エンタルピーは，$786 \, \mathrm{kJ \, mol^{-1}}$ となる（図 **9**）.

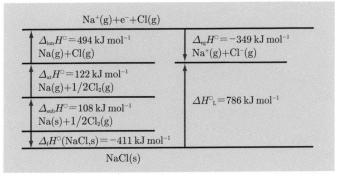

図 9　ボルン-ハーバーのサイクル

8 $416\,\mathrm{kJ\,mol^{-1}}$

9 水素化されると全て n-ブタンになるので，水素化に伴う発熱が少ない順番に安定である．よって安定性は，$trans$-2-ブテン $>$ cis-2-ブテン $>$ 1-ブテン と考えられる．

10 $-96.9\,\mathrm{kJ\,mol^{-1}}$

第9章

1 略 **2** この反応は発熱反応であり，気体のモル数は減少するので，ルシャトリエの原理より，低温かつ高圧にすれば平衡は生成物側に移動する．

3 $\mathrm{N_2O_4}$: $\left(a + \dfrac{b}{2}\right)\left(1 - \sqrt{\dfrac{K_P}{4p + K_P}}\right)$, $\quad$ $\mathrm{NO_2}$: $(2a + b) \times \sqrt{\dfrac{K_P}{4p + K_P}}$

4 (1) $\Delta_\mathrm{r}G^\circ = +4.73\,\mathrm{kJ\,mol^{-1}}$，エントロピー的には有利だが，エンタルピー的には不利で，平衡は左にかたよっている．

(2) $\Delta_\mathrm{r}G^\circ = +326.4\,\mathrm{kJ\,mol^{-1}}$，エンタルピー的にもエントロピー的にも不利で，平衡は左にかたよっている．

(3) $\Delta_\mathrm{r}G^\circ = -16.45\,\mathrm{kJ\,mol^{-1}}$，エントロピー的には不利だが，エンタルピー的には有利で，平衡は右にかたよっている．

(4) $\Delta_\mathrm{r}G^\circ = -116.8\,\mathrm{kJ\,mol^{-1}}$，エンタルピー的にもエントロピー的にも有利で，平衡は右にかたよっている．

5 NaCl の水への溶解反応 $\mathrm{NaCl(s)} + \mathrm{aq} \to \mathrm{Na^+(aq)} + \mathrm{Cl^-(aq)}$ において $\Delta_\mathrm{r}H^\circ = +3.9\,\mathrm{kJ\,mol^{-1}}$, $\Delta_\mathrm{r}S^\circ = 43\,\mathrm{J\,K^{-1}\,mol^{-1}}$, $\Delta_\mathrm{r}G^\circ = -8.0\,\mathrm{kJ\,mol^{-1}}$ である．吸熱反応でありエンタルピーでは不利な反応だが，溶解に伴うエントロピー増大の効果が上回り溶解する．

6 （図 10）

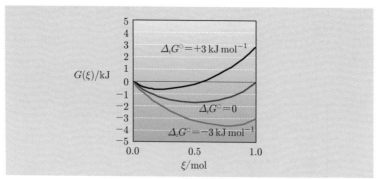

図 10 反応の進行にともなうギブズエネルギーの変化

7 $K_P = 15.2$

8 704 hPa

9 $K = 4.3 \times 10^{15}$ と $\Delta_\mathrm{r}G^\circ = -89.2\,\mathrm{kJ\,mol^{-1}}$

第 10 章

1 (1)　$25°C : 1.5 \times 10^{-5}\,s^{-1}$,　$40°C : 4.8 \times 10^{-5}\,s^{-1}$　　　(2)　$60\,kJ\,mol^{-1}$

2 (1)　12.5%　　(2)　35.4%　　(3)　84.1%

3 (1)　59%　　(2)　46 s

4 付録 9 (1) 参照.

5 (1)　(図 11)　　(2)　例題 7 参照.　　(3)　(図 12)

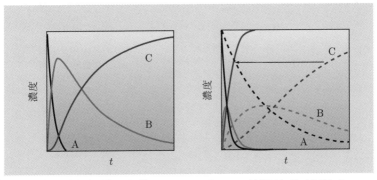

図 11　X を添加した後の　　　図 12　触媒添加前（点線）と
　　　　濃度の時間変化　　　　　　　　　添加後（実線）

索　引

著 者 略 歴

梶 原　篤
かじ　わら　あつし

1985 年　大阪大学理学部高分子学科卒業
　　　　　大阪大学理学部助手（高分子学科），奈良教育大学助教授 を経て
現　　在　奈良教育大学教授　理学博士

主 要 著 書

Advanced ESR Methods in Polymer Research（共著　Wiley Interscience）
ラジカル重合ハンドブック（共著　NTS）
基礎 化学演習（共著　サイエンス社）

金 折 賢 二
かな　おり　けん　じ

1988 年　京都大学理学部卒業
　　　　　日本チバガイギー（株）[現ノバルティスファーマ（株）] を経て
現　　在　京都工芸繊維大学分子化学系准教授　博士（理学）

主 要 著 書

量子化学—基礎から応用まで（講談社）
基礎 化学演習（共著　サイエンス社）

新・物質科学ライブラリ＝1

基礎 化　学 [新訂版]

2011 年 2 月 10 日 ©	初 版 発 行
2021 年 2 月 25 日	初版第 8 刷発行
2021 年 12 月 25 日 ©	新 訂 版 発 行
2023 年 2 月 25 日	新訂第 2 刷発行

著　者　梶原　篤　　　　　発行者　森 平 敏 孝
　　　　金 折 賢 二　　　　印刷者　篠 倉 奈緒美
　　　　　　　　　　　　　製本者　小 西 惠 介

発行所　**株式会社 サ イ エ ン ス 社**

〒 151-0051　東京都渋谷区千駄ヶ谷 1 丁目 3 番 25 号
営業 ☎ (03) 5474-8500（代）　振替 00170-7-2387
編集 ☎ (03) 5474-8600（代）　FAX (03) 5474-8900

印刷　（株）ディグ　　　製本　（株）ブックアート

《検印省略》

ISBN978-4-7819-1528-9

PRINTED IN JAPAN

サイエンス社のホームページのご案内
https://www.saiensu.co.jp
ご意見・ご要望は
rikei@saiensu.co.jp　まで.

原 子 量 表 （2021）

原子番号	元素名	元素記号	原子量	原子番号	元素名	元素記号	原子量
1	水素	H	[1.00784 , 1.00811]	60	ネオジム	Nd	144.242(3)
2	ヘリウム	He	4.002602(2)	61	プロメチウム*	Pm	
3	リチウム	Li	[6.938 , 6.997]	62	サマリウム	Sm	150.36(2)
4	ベリリウム	Be	9.0121831(5)	63	ユウロピウム	Eu	151.964(1)
5	ホウ素	B	[10.806 , 10.821]	64	ガドリニウム	Gd	157.25(3)
6	炭素	C	[12.0096 , 12.0116]	65	テルビウム	Tb	158.925354(8)
7	窒素	N	[14.00643 , 14.00728]	66	ジスプロシウム	Dy	162.500(1)
8	酸素	O	[15.99903 , 15.99977]	67	ホルミウム	Ho	164.930328(7)
9	フッ素	F	18.998403163(6)	68	エルビウム	Er	167.259(3)
10	ネオン	Ne	20.1797(6)	69	ツリウム	Tm	168.934218(6)
11	ナトリウム	Na	22.98976928(2)	70	イッテルビウム	Yb	173.045(10)
12	マグネシウム	Mg	[24.304 , 24.307]	71	ルテチウム	Lu	174.9668(1)
13	アルミニウム	Al	26.9815384(3)	72	ハフニウム	Hf	178.486(6)
14	ケイ素	Si	[28.084 , 28.086]	73	タンタル	Ta	180.94788(2)
15	リン	P	30.973761998(5)	74	タングステン	W	183.84(1)
16	硫黄	S	[32.059 , 32.076]	75	レニウム	Re	186.207(1)
17	塩素	Cl	[35.446 , 35.457]	76	オスミウム	Os	190.23(3)
18	アルゴン	Ar	[39.792 , 39.963]	77	イリジウム	Ir	192.217(2)
19	カリウム	K	39.0983(1)	78	白金	Pt	195.084(9)
20	カルシウム	Ca	40.078(4)	79	金	Au	196.966570(4)
21	スカンジウム	Sc	44.955908(5)	80	水銀	Hg	200.592(3)
22	チタン	Ti	47.867(1)	81	タリウム	Tl	[204.382 , 204.385]
23	バナジウム	V	50.9415(1)	82	鉛	Pb	207.2(1)
24	クロム	Cr	51.9961(6)	83	ビスマス*	Bi	208.98040(1)
25	マンガン	Mn	54.938043(2)	84	ポロニウム*	Po	
26	鉄	Fe	55.845(2)	85	アスタチン*	At	
27	コバルト	Co	58.933194(3)	86	ラドン*	Rn	
28	ニッケル	Ni	58.6934(4)	87	フランシウム*	Fr	
29	銅	Cu	63.546(3)	88	ラジウム*	Ra	
30	亜鉛	Zn	65.38(2)	89	アクチニウム*	Ac	
31	ガリウム	Ga	69.723(1)	90	トリウム*	Th	232.0377(4)
32	ゲルマニウム	Ge	72.630(8)	91	プロトアクチニウム*	Pa	231.03588(1)
33	ヒ素	As	74.921595(6)	92	ウラン*	U	238.02891(3)
34	セレン	Se	78.971(8)	93	ネプツニウム*	Np	
35	臭素	Br	[79.901 , 79.907]	94	プルトニウム*	Pu	
36	クリプトン	Kr	83.798(2)	95	アメリシウム*	Am	
37	ルビジウム	Rb	85.4678(3)	96	キュリウム*	Cm	
38	ストロンチウム	Sr	87.62(1)	97	バークリウム*	Bk	
39	イットリウム	Y	88.90584(1)	98	カリホルニウム*	Cf	
40	ジルコニウム	Zr	91.224(2)	99	アインスタイニウム*	Es	
41	ニオブ	Nb	92.90637(1)	100	フェルミウム*	Fm	
42	モリブデン	Mo	95.95(1)	101	メンデレビウム*	Md	
43	テクネチウム*	Tc		102	ノーベリウム*	No	
44	ルテニウム	Ru	101.07(2)	103	ローレンシウム*	Lr	
45	ロジウム	Rh	102.90549(2)	104	ラザホージウム*	Rf	
46	パラジウム	Pd	106.42(1)	105	ドブニウム*	Db	
47	銀	Ag	107.8682(2)	106	シーボーギウム*	Sg	
48	カドミウム	Cd	112.414(4)	107	ボーリウム*	Bh	
49	インジウム	In	114.818(1)	108	ハッシウム*	Hs	
50	スズ	Sn	118.710(7)	109	マイトネリウム*	Mt	
51	アンチモン	Sb	121.760(1)	110	ダームスタチウム*	Ds	
52	テルル	Te	127.60(3)	111	レントゲニウム*	Rg	
53	ヨウ素	I	126.90447(3)	112	コペルニシウム*	Cn	
54	キセノン	Xe	131.293(6)	113	ニホニウム*	Nh	
55	セシウム	Cs	132.90545196(6)	114	フレロビウム*	Fl	
56	バリウム	Ba	137.327(7)	115	モスコビウム*	Mc	
57	ランタン	La	138.90547(7)	116	リバモリウム*	Lv	
58	セリウム	Ce	140.116(1)	117	テネシン*	Ts	
59	プラセオジム	Pr	140.90766(1)	118	オガネソン*	Og	

「化学と工業」第74巻第4号より転載